高等学校电子信息类专业“十三五”规划教材

算法分析与设计技巧

Algorithm Analysis and Design Techniques

司存瑞　司　栋　苏秋萍　艾庆兴　编　著

Cunrui Si　Dong Si　Qiuping Su　Qingxing Ai

西安电子科技大学出版社

内 容 简 介

本书集作者多年的教学经验及国内外关于算法分析与设计的最新内容于一体。

全书共分5章，第1章介绍了算法的概念与评价，第2章介绍了递归法、分治法、贪心法、搜索法和回溯法等常用算法的概念、基本思想及其应用，第3章对动态规划算法的基本思想与概念、解题方法与步骤及其简单应用与优化等进行了全面深入的研究，第4章着重讨论了搜索算法中的优化技巧，第5章对图上的算法：并查集、生成树、最短路、强连通分量、2－SAT、差分约束、二分图以及网络流进行了全面梳理与分析。为了使学生尽快掌握算法分析与设计技巧，除第1章外，其余各章特意从近年来国际、国内信息学竞赛试题中精选了若干试题作为例题，对这些例题从算法分析、设计技巧到代码实现均给出了完整的解决方案。相信这些内容会给读者带来诸多方便。

本书内容深入浅出，层次清晰，不仅能帮助程序设计者掌握算法分析与设计技巧，更从启迪思维、开发智力的角度引导程序设计者使用计算机来分析问题和解决问题。

本书既可以作为ACM大学生程序设计竞赛及大专院校相关专业的参考教材，同时也可以作为软件开发者和广大工程技术人员的参考书。

图书在版编目(CIP)数据

算法分析与设计技巧/司存瑞等编著. 一西安：
西安电子科技大学出版社，2016.1
高等学校电子信息类专业"十三五"规划教材
ISBN 978－7－5606－3900－0

Ⅰ. ① 算… Ⅱ. ① 司… Ⅲ. ① 电子计算机－算法分析－高等学校－教材 ② 电子计算机－算法设计－高等学校－教材 Ⅳ. ① TP301.6

中国版本图书馆CIP数据核字(2015)第292074号

策　　划　云立实
责任编辑　云立实　张驰
出版发行　西安电子科技大学出版社(西安市太白南路2号)
电　　话　(029)88242885　88201467　　邮　　编　710071
网　　址　www.xduph.com　　电子邮箱　xdupfxb001@163.com
经　　销　新华书店
印刷单位　陕西华沐印刷科技有限责任公司
版　　次　2016年1月第1版　2016年1月第1次印刷
开　　本　787毫米×1092毫米　1/16　印张19.5
字　　数　465千字
印　　数　1～3000册
定　　价　35.00元

ISBN 978－7－5606－3900－0/TP

XDUP 4192001－1

前　言

Anany Levitin 在他的名著《算法设计与分析基础》第 1 章绪论中一开篇引用了 David Berlinski 对算法的评价：

科技殿堂里陈列着两颗熠熠生辉的宝石，一颗是微积分，另一颗就是算法。微积分以及在微积分基础上建立起来的数学分析体系成就了现代科学，而算法则成就了现代世界。

算法是当代信息技术的重要基石，同时也是计算科学的一个永恒主题。在计算机科学技术领域内，算法更是处于核心地位。用计算机解决实际问题，除了要求开发者具有扎实的基础知识、掌握计算机的程序设计语言、熟悉数据结构外，更需要算法的强力支持。这是因为，解决实际问题的一般过程遵循下面的流程：

理解问题并建立相应的数学模型

↓

根据数学模型的特点选用适当的数据结构与算法

↓

对算法进行分析与优化

↓

将算法用代码实现并调试正确

在实际中，往往会看到这样的情况：开发者找出了解决问题的算法，但在软件测试(时间与空间方面)时却难以通过。为什么会出现这样的情况呢？其主要原因就是开发者忽视了将算法转变为程序实现这一环节的重要性和必要性。

在解决实际问题的过程中，我们强调算法是首要的，具有战略性的地位。但是一个算法再好，如果不能转化为正确的程序，那么，对解决这一实际问题来说，其效果就是零。这就是算法用程序实现的必要性。与此同时，算法实现的快慢，决定了能否在有限时间和空间内去解决其他问题；算法实现的好坏，决定了算法的表现，这主要体现在对程序的测试过程中。在有很多人想到了正确算法的情况下，用优化了的算法编写高质量程序实现就尤为重要了。这就是算法用程序实现的重要性。

算法与其程序实现的关系，是战略与战术的关系，算法起决定性作用，从根本上决定了算法质量的优劣，但算法的程序实现反过来也影响着算法，并且在一定的条件下，这种影响超过了算法本身的作用。为此，我们组织了从事算法研究多年、具有丰富教学经验的一线教师共同精心编写了本书，试图从算法分析与设计技巧的高度来提高开发者的程序设计技能。

目前，国内外算法分析与设计方面的教科书大都是从理论上加以阐述，代码部分是以伪代码的形式给出，而读者和用户迫切需要了解的是：这种算法是否最优，它用程序如何实现？本书作者从事数据结构、算法分析与设计等课程教学多年，对这些内容本身有比较深刻的理解，对学生们学习该课程的需求和难点所在有着比较清楚的认识，因此，在本书的内容安排和知识点的处理方面我们作了一些尝试，力求体现以下特点：

(1) 对每一种算法的基本思想与概念给予完整的介绍，以方便读者掌握这些算法的适用范围及解决问题的思路和步骤。

(2) 在叙述各种算法内容时，穿插了算法设计和分析技巧，并在程序实现部分给出了完整代码。

(3) 文字简练明了，难点剖析详尽，对重点算法和典型问题的分析均给予注释，以方便读者彻底弄懂、弄通。

(4) 删繁就简，着力突出算法分析和设计的核心内容。事实上，算法分析和设计所涉及的内容还有很多，受篇幅所限，这里略去。

(5) 为了使学生尽快掌握算法分析与设计技巧，除第1章外，其余各章特意从近年来国际、国内信息学奥林匹克竞赛试题中精选了若干试题作为例题，对这些例题从算法分析、设计技巧到代码实现均给出了完整的解决方案。相信这些内容会给读者带来更多益处。

本书由司存瑞全面规划，司存瑞、司栋、苏秋萍、艾庆兴共同编写。王袤广、黄希敏等同志参加了部分章节的编写与程序调试，他们为本书的出版付出了辛勤的劳动。

本书的前身是课程讲义，作者在原基础上进行了大量修改。从某种程度上说，本书的出版要归功于使用讲义的读者们，是他们给出了许多很好的想法和一些困难问题的解决思路。尽管作者讲授数据结构、算法分析与设计等课程并从事软件开发多年，但由于水平有限，书中不妥之处在所难免，恳请各位读者批评指正。

作　者

2015年6月

目　　录

第 1 章　算法的概念

自从 1946 年世界上第一台计算机诞生以来，计算机科学与技术的飞速发展和广泛应用远远超出了人们的预料。如今，计算机的应用已经渗透到各个领域，一定程度上改变了人类的活动方式和思维习惯。与此同时，计算机处理的对象也从单纯的数值计算发展到各种不同形式的数据，如字符、表格、声音、图像等。

我们知道，应用计算机处理实际问题时，首先需要很好地分析问题，找出正确、合理的数学模型，据此设计相应的算法；其次一定要分析、估计算法的复杂程度，评价算法的优劣；最后才是编写程序并运行。所以，问题分析、算法设计、算法评价是一个系统工程，也是本书讨论的课题。

1.1　算法的概念和描述

算法，对于计算机专业人士来说，无论从理论还是从实践的角度，都是有必要学习和研究的。这是因为，从实践的角度来看，必须了解计算领域中不同问题的一系列标准算法，此外还要具备设计新的算法和分析其效率的能力；从理论的角度来看，对算法的研究已被公认为是计算机科学的基石。

对于非计算机的相关人士，学习算法的理由也是非常充分的，坦率地说，没有算法，计算机程序将不复存在，更不用说使用它了。而且，随着计算机日益渗透到我们的工作和生活的方方面面，需要学习算法的人也越来越多。

1.1.1　算法的概念

虽然对算法的概念没有一个大家公认的定义，但我们对它的含义还是有基本共识的。

算法是一系列解决问题的清晰指令，也就是对于符合一定规范的输入在有限步骤内求解某一问题所使用的一组定义明确的规则。通俗点说，就是计算机解题的过程。在这个过程中，无论是形成解题思路还是编写程序，都是在实施某种算法。前者是推理实现的算法，后者是操作实现的算法。

这个定义可以用一幅简明的图来说明，如图 1.1 所示。

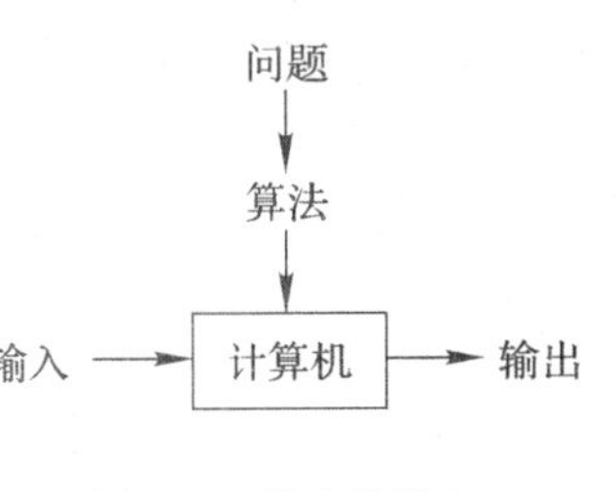

图 1.1　算法的概念

一个算法应该具有以下五个重要的特征：

① 有穷性：一个算法必须保证执行有限步之后结束，并且每一步都在有穷时间内完成。

② 确定性：算法的每一步骤都必须有确切的定义。

③ 输入：一个算法有零个或多个输入，以刻画运算对象的初始情况。

④ 输出：一个算法有一个或多个输出，以反映对输入数

据加工后的结果。没有输出的算法是毫无意义的。

⑤ 可行性：算法应该是可行的，这意味着所有待实现的算法都是能够理解和实现的，并可通过有限次运算完成。

为了阐明算法的概念，本节将以三种方法为例来解决同一个问题：计算两个整数的最大公约数。这些例子会帮助我们阐明以下几项要点：

① 算法的每一个步骤都必须没有歧义，不能有半点含糊。

② 必须认真确定算法所处理的输入的值域。

③ 同一算法可以用几种不同的形式来描述。

④ 同一问题，可能存在几种不同的算法。

⑤ 针对同一问题的算法可能会基于完全不同的解题思路而且解题速度也会有显著不同。

还记得最大公约数的定义吗？将两个不全为 0 的非负整数 m 和 n 的最大公约数记为 gcd(m，n)，代表能够整除(即余数为 0)m 和 n 的最大正整数。亚历山大的欧几里得(公元前 3 世纪)所著的《几何原本》，以系统论述几何学而著称，在其中的一卷里，他简要地描述了一个最大公约数算法。用现代数学的术语来表述，欧几里得算法基于的方法重复应用下列等式，直到 m mod n 等于 0。

$$\gcd(m, n)=\gcd(n, m \bmod n)\text{（m mod n 表示 m 除以 n 之后的余数）}$$

因为 gcd(m，0)＝m，m 最后的取值也就是 m 和 n 的初值的最大公约数。

举例来说，gcd(60，24)可以这样计算：

$$\begin{aligned}\gcd(60, 24)&=\gcd(24, 60 \bmod 24)=\gcd(24, 12)\\&=\gcd(12, 24 \bmod 12)=\gcd(12, 0)=12\end{aligned}$$

下面是该算法的一个更加结构化的描述。

用于计算 gcd(m，n)的欧几里得算法：

第一步：如果 n＝0，返回 m 的值作为结果，同时函数结束；否则，进入第二步。

第二步：m 除以 n，将余数赋给 r。

第三步：将 n 的值赋给 m，将 r 的值赋给 n，返回第一步。

我们也可以使用伪代码来描述这个算法：

```
算法 Euclid(m，n)
    //使用欧几里得算法计算 gcd(m，n)
    //输入：两个不全为 0 的非负整数 m，n
    //输出：m，n 的最大公约数
        while n≠0 do
        { r ←m mod n
          m ← n
          n ← r
        }
        return m
```

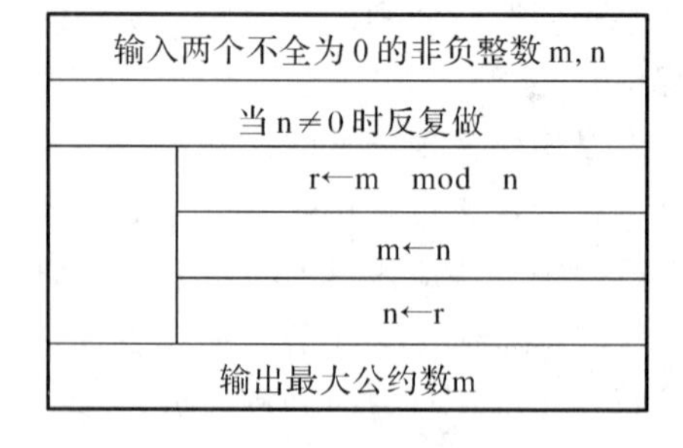

图 1.2 欧几里得算法的流程图

上面的伪代码也可以用流程图来加以描述，如图 1.2 所示。

我们怎么知道欧几里得算法最终一定会结束呢？通过观察，我们发现，每经过一次循环，参加运算的两个算子中的后一个都会变得更小，而且绝对不会变成负数。确实，下一次循环时，n 的新值是 m mod n，这个值总是比 n 小。所以，第二个算子的值最终会变成 0，此时，这个算法也就停止了。

就像其他许多问题一样，最大公约数问题也有多种算法。让我们看看解这个问题的另外两种方法。第一个方法只基于最大公约数的定义：m 和 n 的最大公约数就是能够同时整除它们的最大正整数。显然，这样一个公约数不会大于两数中的较小者，因此，我们先有：t=min{m，n}。现在可以开始检查 t 是否能够整除 m 和 n：如果能，t 就是最大公约数；如果不能，我们就将 t 减 1，然后继续尝试(我们如何确定该算法最终一定会结束呢?)。

例如，对于 60 和 24 这两个数来说，该算法会先尝试 24，然后是 23，这样一值尝试到 12，算法就结束了。我们给这种算法命名为连续整数检测算法，下面是该算法的具体描述。

用于计算 gcd(m，n)的连续整数检测算法：

第一步：将 min{m，n}的值赋给 t。

第二步：m 除以 t，如果余数为 0，进入第三步；否则，进入第四步。

第三步：n 除以 t，如果余数为 0，返回 t 的值作为结果；否则，进入第四步。

第四步：把 t 的值减 1。返回第二步。

注意：和欧几里得算法不同，按照这个算法的当前形式，当它的一个输入为 0 时，计算出来的结果是错误的。这个例子说明了为什么必须认真、清晰地规定算法输入的值域。

求最大公约数的第三种方法，我们应该在中学时就很熟悉了。

中学里计算 gcd(m，n)的方法：

第一步：找到 m 的所有质因数。

第二步：找到 n 的所有质因数。

第三步：从第一步和第二步求得的质因数分解式中找出所有的公因数(如果 p 是一个公因数，而且在 m 和 n 的质因数分解式分别出现过 pm 和 pn 次，那么应该将 p 重复 min {pm，pn}次)。

第四步：将第三步中找到的公因数相乘，其结果作为给定数 m 和 n 的最大公约数。

这样，对于 60 和 24 这两个数，我们得到：

$$60=2\times2\times3\times5$$

$$24=2\times2\times2\times3$$

$$\gcd(60, 24)=2\times2\times3=12$$

我们能够看到，第三种方法比欧几里得算法要复杂得多，也慢得多。撇开低劣的性能不谈，以这种形式表述的中学求解过程还不能称为一个真正意义上的算法。为什么？因为其中求质因数的步骤并没有明确定义。

上面的例子似乎有一些数学味道，尽管应用于计算机程序的算法不见得都涉及数学问题，但我们可以看到，无论是工作还是生活中，算法每天都在帮助我们处理各种事务。算法在当今社会是无处不在的，它是信息时代的引擎，希望这个事实能够使大家下定决心，深入地去学习。

1.1.2　算法的描述

我们一旦设计了一个算法，就需要用一定的方式对其进行详细描述。上一节中，我们已经用文字、伪代码及流程图分别描述了欧几里得算法。这是当今描述算法的三种最常用的做法。

使用自然语言描述算法显然很有吸引力，但是自然语言固有的不严密性使得要简单清晰地描述算法变得很困难。不过，这也是我们在学习算法的过程中需要努力掌握的一个重要技巧。

伪代码是自然语言和类编程语言组成的混合结构。伪代码往往比自然语言更精确，而且用伪代码描述的算法通常会更简洁。令人惊讶的是，计算机科学家从来没有就伪代码的形式达成过共识，而是让教材的作者去设计他们自己的"方言"。幸运的是，这些方言彼此十分相似，任何熟悉一门现代编程语言的人都完全能够理解。

在计算机应用早期，描述算法的主要工具是流程图。流程图使用一系列相连的几何图形来描述算法，几何图形内部包含对算法步骤的描述。实践证明，除了一些非常简单的算法以外，这种表示方法使用起来非常不便。如今，我们只能在早期的算法教材里找到它的踪影。

本书选择的描述方式力求不给读者带来困难，出于对简单性的偏好，我们忽略了对变量的定义，并使用了缩进来表示 for、if 和 while 语句的作用域。正像大家在前一节里看到的那样，我们将使用箭头"←"表示赋值操作，用双斜线"//"表示注释。

当代计算机技术还不能将自然语言或伪代码形式的算法描述直接"注入"计算机。我们需要把算法变成用特定编程语言编写的程序。尽管这种程序应当属于算法的具体实现，但我们也能将其看作算法的另一种表述方式。

1.2 算法的时间复杂度和空间复杂度

1.2.1 算法的评价

很多时候我们往往忽略或者轻视了分析算法的复杂程度，评价算法的优劣，但这很重要，也很必要。事实上，对同一个问题的不同算法、不同程序，有些时候，执行所花费的时间相差很大，有的程序的运行时间甚至无法接受，比如 30 分钟、40 分钟还没有完整的结果。这正是我们本节要讨论的问题——算法的复杂度，即估计、评价算法运行时所需要花费的时间及空间。

算法的时间复杂度和空间复杂度合称为算法的复杂度。

那么，算法一旦确定，如何计算它的复杂度，衡量其优劣呢？通常从下面几个方面来考虑：

(1) 正确性：也称有效性，是指算法能满足具体问题的要求。即对任何合法的输入，算法都会得出正确的结果。确认正确性的根本方法是进行形式化的证明。但对一些较复杂的问题，这是一件相当困难的事。许多计算机科学工作者正致力于这方面的研究，目前尚处于初级阶段。因此，实际中常常用测试的方法验证算法的正确性。测试是指用精心选定的输入(测试数据)去运行算法，检查其结果是否正确。但正如著名的计算机科学家 E. Dijkstra 所说的那样，"测试只能指出有错误，而不能指出不存在错误"。

(2) 可读性：指算法被理解的难易程度。人们常把算法的可读性放在比较重要的位置，主要是因为晦涩难懂的算法不易交流和推广使用，也难以修改、扩展与调试，而且可能隐藏较多的错误。可读性实质上强调的是越简单的东西越美。

(3) 健壮性：对非法输入的抵抗能力。它强调的是：如果输入非法数据，算法应能加以识别并做出处理，而不是产生误操作或陷入瘫痪。

(4) 时间复杂度与空间复杂度。时间复杂度是算法的计算复杂性的时间度量，粗略地讲，就是该算法的运行时间。同一个问题，不同的算法可能有不同的时间复杂度。问题规模较大时，时间复杂度就变得十分重要。尽管计算机的运行速度提高很快，但这种提高无法满足问题规模加大带来的速度要求。所以追求高速算法仍然是件重要的事情。空间复杂度是指算法运行所需的存储空间的多少。相比起来，人们一般会更多地关注算法的时间复杂度，但这并不是因为计算机的存储空间是海量的，而是由人们面临的问题的本质决定的。时间复杂度与空间复杂度往往是一对矛盾。常常可以用空间换取速度，反之亦然。

1.2.2　算法的时间复杂度

给定一个算法，如何确定该算法的时间复杂度呢？我们可以采用事后统计的办法得出执行算法所用的具体时间。因为很多计算机都有这种计时的功能，甚至可以获取精确到毫秒级的统计数据。但这种办法有两个缺陷：第一，必须先运行才能分辨出算法的好坏；第二，所得的时间的统计量过分依赖于计算机的硬件、软件等环境因素，这些因素容易掩盖算法本身的优劣，因为一个笨拙的算法在先进的大型机上运行可能比一个同功能的优化算法在微型机上运行更省时间。

因此，人们常常对算法进行事前的时间估算。可利用语句的“频度”和算法的渐进时间复杂度这两个与软、硬件无关的度量来讨论算法执行的时间消耗。

设 n 称为问题的规模，当 n 不断变化时，算法中的基本语句执行的频度(我们且称为时间频度)T(n)也会不断变化。一般情况下，算法中基本操作重复执行的次数是问题规模 n 的某个函数，用 T(n)表示，若有某个辅助函数 f(n)，使得当 n 趋近于无穷大时，T(n)/f(n)的极限值为不等于零的常数，则称 f(n)是 T(n)的同数量级函数。记作 T(n)＝O(f(n))，称 O(f(n))为算法的渐进时间复杂度，简称时间复杂度。

时间频度不同，但时间复杂度可能相同。如：$T(n)=n^2+3n+4$ 与 $T(n)=4n^2+2n+1$ 它们的频度不同，但时间复杂度相同，都为 $O(n^2)$。

用两个算法 A1 和 A2 来求解同一问题，时间复杂度分别是 $T1(n)=100n^2$，$T2(n)=5n^3$。

(1) 当输入量 $n<20$ 时，有 $T1(n)>T2(n)$，后者花费的时间较少。

(2) 随着问题规模 n 的增大，两个算法的时间开销之比 $5n^3/100n^2=n/20$ 亦随着增大。即当问题规模较大时，算法 A1 比算法 A2 要有效得多。它们的渐近时间复杂度 $O(n^2)$ 和 $O(n^3)$ 从宏观上评价了这两个算法在时间方面的质量。在算法分析时，往往对算法的时间复杂度和渐近时间复杂度不予区分，而经常是将渐近时间复杂度 T(n)＝O(f(n))简称为时间复杂度，其中的 f(n)一般是算法中频度最大的语句的频度。

研究算法的时间复杂度，通常考虑的是算法在最坏情况下的时间复杂度，称为最坏时间复杂度。一般不特别说明，讨论的时间复杂度均是最坏情况下的时间复杂度。这样做的原因是：最坏情况下的时间复杂度 T(n)＝O(n)，是算法在任何输入实例上运行时间的上界，即它表示对于任何输入实例，该算法的运行时间不可能大于 O(n)。

另一个衡量算法复杂度的指标是平均时间复杂度，它是指所有可能的输入实例均以等概率出现的情况下，算法的期望运行时间。

下面是一个 n×n 矩阵 A，求得 $B=A^2$ 的算法。

```
void MTXMCT(A, n, Var B);
//A是原始矩阵，B存放结果
{
1       for (i=1; i<=n; n++)
2       for (j=1; j<=n; n++)
3       {  b[i][j]=0;
4          for (k=1; k<=n; n++)
5          b[i][j]=b[i][j]+a[i][k] * a[k][j]
        }
}
```

上述算法中，语句 3 在二重循环之内，重复执行的次数为 n^2。语句 5 在三重循环之内，重复执行的次数为 n^3。假设语句 3 执行一次的时间是 t_1，语句 5 执行一次的时间是 t_2，若只考虑算法中这两个主要赋值语句的执行时间，而忽略步进语句中其他成分，如步长加 1、终值判断、控制转移等所需时间，则可以认为此算法耗用时间近似为

$$T(n)=t_1 n^2+t_2 n^3$$

式中，矩阵的阶 n 表示问题的规模，当 n 很大时，显然有

$$\lim_{n\to\infty}\frac{T(n)}{n^3}=\lim_{n\to\infty}\frac{t_1 n^2+t_2 n^3}{n^3}=t_2$$

这表明，当 n 充分大时，$T(n)/n^3$ 为一个常数，即 T(n)和 n^3 是同阶的，可记作 $T(n)=O(n^3)$。

下面分析几个程序中标有#语句的频度和该程序段的时间复杂度。

(1) 如果算法的执行时间不随着问题规模 n 的增加而增长，即使算法中有若干条语句，其执行时间也只是一个常数。我们认为这类算法的时间复杂度是 O(1)。

```
for (i=0; i<1000; i++)
#1 {if (i%5==0)printf("\n");
#2 printf("i=%5d", i);
}
```

显然，程序中的语句总共循环执行了 1000 次，但这段程序的运行是和 n 无关的，所以该程序段的时间复杂度为 T(n)=O(1)。

(2) 频度统计法。频度统计法指以程序中语句执行次数的多少作为算法时间度量分析的一种方法。通常情况下，算法的时间效率主要取决于程序中包含的语句条数和采用的控制结构这两者的综合效果。因此，最原始且最可靠的方法是求出所有主要语句的频度f(n)，然后求所有频度之和。当有若干个循环语句时，算法的时间复杂度是由嵌套层数最多的循环语句中最内层语句的频度决定的。

```
for(i=1; i<=n-1; i++)
{ #1 y=y+1;                     //基本语句
    for (j=1; j<=2*n; j++)      //控制语句
    #2 x=x+1;
}
```

这个由两个 for 语句构成的程序段，外循环的重复执行次数是 n－1 次，即语句＃1 的频度为 n－1，内循环的单趟重复执行次数是 2×n 次，则语句＃2 的频度为 $(n-1)(2n)=2n^2-2n$，所以

$$T(n)=O(\sum f(n))=(n-1)+(2n^2-n)=O(n^2)$$

(3) 频度估算法。先找出对于所求解的问题来说是共同的原操作，并求出原操作的语句频度 f(n)，然后直接以 f(n)衡量 T(n)。在使用频度估算法时应注意一个显著的标志，就是原操作往往是最内层循环的循环体，并且完成该操作所需的时间与操作数的具体取值无关。这种方法比较适用于带有多重循环的程序。

例如，对于有多个串行的循环语句的程序来说，算法的时间复杂度是由嵌套层次最多的循环语句的里层语句决定的。

```
x=1;
y=1;
for (k=1; k<=n; n++)
    #1 x=x+1;
for (i=1; i<=n; n++)
for (j=1; j<=n; n++)
    #2 y=y+1;
```

语句＃1 的频度为 n，语句＃2 的频度为 n^2，显然，此程序段的时间复杂度为 $T(n)=O(n^2)$。

对于一些复杂的算法，可以将算法分解成容易估算的几个部分，利用频度估算法分别求出这几部分的时间复杂度，然后利用求和的原则即可得到整个算法的时间复杂度。

频度估算法的结果较精确，方法简单且易掌握。

(4) 算法的时间复杂度不仅仅依赖于问题的规模，还与输入实例的初始状态有关。例如：

```
i=1;
while (i<n)and (x≠a[i])
      # i=i+1;
if a[i]=x then return(i)
```

此程序段中语句＃的频度不仅是 n 的函数，而且与 x 及数组 a 中各元素的具体值有关，在这种情况下，通常按最坏的情况考虑。由于 while 循环执行的最大次数为 n－1，则语句＃的频度的最大值为 f(n)＝n－1，则认为此程序段的时间复杂度为 T(n)＝O(n)。

(5) 递归算法的频度不容易估算，须由递推公式计算求得。其基本方法是：方程右边较小的项根据定义被依次替代，如此反复扩展，直到得到一个没有递归式的完整数列，从而将复杂的递归问题转化为了新的求和问题。

以有名的 Hanoi 塔问题为例，其解是一个递归形式的算法：

```
void hanoi(int n, char A, char B, char C)
{
    if(n==1)move(n, A, C);
    else
    { hanoi(n-1, A, C, B);
      move(n, A, C);
      hanoi(n-1, B, A, C);
    }
}
```

我们不打算分析这个算法的来龙去脉，只关心算法的时间复杂度。显见问题的规模是 n，move(n，A，C)语句的频度为 1，若整个算法的频度为 f(n)，则递归调用 hanoi(n−1，A，C，B)和 hanoi(n−1，B，A，C)语句的频度应为 f(n−1)，于是有

$$f(n)=f(n-1)+1+f(n-1)$$

即

$$f(n)=2f(n-1)+1,$$

进行递推，有

$$\begin{aligned} f(n)&=2(2f(n-2)+1)+1 \\ &=4f(n-2)+3 \\ &=4(2f(n-3)+1)+3 \\ &=8f(n-3)+7 \\ &\cdots \\ &=2kf(n-k)+2k-1 \end{aligned}$$

当 $n=k+1$ 时，$f(n)=2n-1f(1)+2n-1-1$。

f(1)是 n=1 时算法的频度，它只有 move(n，A，C)语句，其值为 1。最后得到 $f(n)=2n-1$。时间复杂度 $T(n)=O(2n)$。

总之，频度和时间复杂度虽不能精确地确定一个算法或程序的执行时间，但可以让人们知道随着问题的规模增大，算法耗用时间的增长趋势。由于讨论算法的好坏不是针对某个特定大小的问题(这样做本身没有意义)，因此，时间复杂度对算法来说是一个较恰当的量度。

较常见的时间复杂度有 O(1)(常量型)、O(n)、$O(n^2)$、…、$O(n^k)$(多项式型)、O(lbn)、O(nlbn)(对数型)和 O(n!)(阶乘型)。显然，时间复杂度为 $O(2^n)$或 $O(e^n)$的指数型算法的效率极低，在 n 较大时无法实用。如图 1.3 所示表明了各种时间复杂度的增长率。

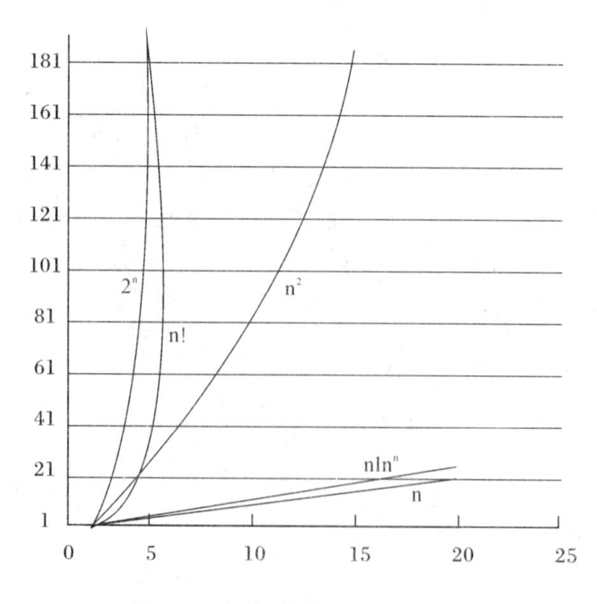

图 1.3　各种时间复杂度的增长率

表 1.1 是我们所熟悉的各种排序算法的复杂度，读者可以分析思考。

表 1.1　常用排序算法的时间复杂度和空间复杂度

排序法	最差时间分析	平均时间复杂度	稳定度	空间复杂度
冒泡排序	$O(n^2)$	$O(n^2)$	稳定	O(1)
快速排序	$O(n^2)$	O(n * lbn)	不稳定	O(nlbn)
选择排序	$O(n^2)$	$O(n^2)$	稳定	O(1)
二叉树排序	$O(n^2)$	O(n * lbn)	不稳定	O(n)
插入排序	$O(n^2)$	$O(n^2)$	稳定	O(1)
堆排序	O(n * lbn)	O(n * lbn)	不稳定	O(1)
希尔排序	$O(n^2)$	$O(n^2)$	不稳定	O(1)

实践中我们可以把事前估算和事后统计两种办法结合起来使用，例如，若上机运行一个 10×10 矩阵模型，执行时间为 12 ms，则由算法的时间复杂度 $T(n)=O(n^3)$ 可估算一个 31×31 矩阵自乘的时间大约为 $(31/10)^3\times 12$ ms≈358 ms。这种办法很有实用价值，它用小模型可推得大尺寸问题的耗用机时。

根据算法时间复杂度的定义，容易证明它有如下性质：

(1) $O(f)+O(g)=O(\max(f, g))$。

(2) $O(f)+O(g)=O(f+g)$。

(3) $O(f)\times O(g)=O(f\times g)$。

(4) 如果 $g(N)=O(f(N))$，则 $O(f)+O(g)=O(f)$。

(5) $O(Cf(N))=O(f(N))$，其中 C 是一个正常数。

有兴趣的读者可以探讨并具体证明。

对于多数问题，其时间复杂度是可以事先估算的。例如，读者可能熟悉的著名的 Fibonacci数列：

$$0, 1, 1, 2, 3, 5, 8, 13, 21, 34, 55\cdots\cdots$$

其数列中每个数都是其两个直接前项的和，下面的式子给出 Fibonacci 数列 F_n 的生成规律：

$$F_n=\begin{cases} F_{n-1}+F_{n-2}, & 若\ n>1 \\ 1, & 若\ n=1 \\ 0, & 若\ n=0 \end{cases}$$

欲求得 Fibonacci 数列的第 n 项，第一个解决问题的方法自然就是直接按照 Fibonacci 数列的定义写出相应的程序代码：

```
void fib1(int n)
{
    if(n==0)return 0;
    if(n==1)return 1;
    return fib1(n-1)+fib1(n-2);
}
```

对此解决方法，我们必须考虑如下三个问题：

问题 1：算法正确吗？

问题 2：它将耗费多少时间，时间复杂度是一个什么样的函数？

问题 3：这种算法还能改进吗？

考虑问题 1 实际上没有意义，因为该程序是严格按照 Fibonacci 数列的递归定义给出的。

对于问题 2，我们令函数 f(n)表示计算 fib1(n)所需要的基本操作次数，显然，当 $n\leqslant1$ 时，仅执行了几次操作，程序很快就结束了，从而有：当 $n\leqslant1$ 时，$f(n)\leqslant2$。

但当 $n>2$ 且逐渐增大时，fib1 将被递归调用两次，运行时间分别是 fib1(n－1)和 fib1(n－2)，另外还有三次(检查 n 的值和一个最终的加法操作)基本操作，从而有：当$n>1$时，$f(n)=f(n-1)+f(n-2)+3$。

将上式与 F_n 的递推关系式比较，我们发现 $f(n)\geqslant F_n$。

也就是说，fib1 运行时间增长的速度与 Fibonacci 数增长的速度一样快！由于 f(n)关于 n 是指数级的，这就意味着除了 n 取一些很小的值外，该算法将很慢，因此并不实用。

让我们用实际数据来说明 f(n)关于 n 是指数级时间的算法 fib1 并不实用的问题出在哪里。如果要计算 F_{200}，算法就要执行 f(200)次操作，其中 $f_{(200)}\geqslant F_{200}\geqslant 2^{138}$。其实际运行时间当然要依赖于所使用的计算机，假定你所使用的计算机的时钟频率是每秒 40 万亿次基本操作，f (200)至少要耗时 2^{92} 秒，这就意味着大约需要计算 157 019 284 536 451 074 940 年，这简直让人不可思议！

可见，这个简单的递归算法虽然正确，但却毫无效率，令人失望。那么，fib1 算法能改进吗？

首先，我们分析 fib1 算法为什么如此之慢呢？如图 1.4 所示提示了由一个单独的 fib1(n)调用过程触发的一系列递归操作。请注意很多计算步骤都是重复的！

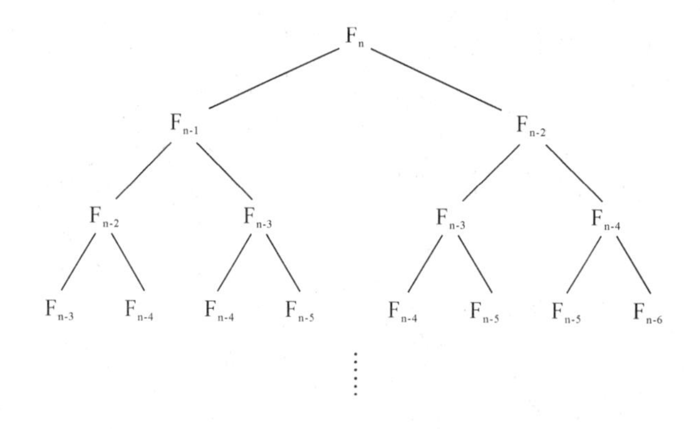

图 1.4　fib1(n)递归调用的扩张过程

正是由于重复计算才导致了 fib1 算法如此之慢。一种更合理的算法是随时存储中间计算结果——F_0，F_1，…，F_{n-1}的值。

```
void fib2(int n)
{
        if(n==0)return 0;
        f[0]=0; f[1]=1;
```

```
    for i=2 to n do
    f[i]=f[i-1]+f[i-2];
    return f[n];
}
```

与 fib1 算法一样，由于该算法直接应用了 Fn 的定义，其正确性是显而易见的。那么它的时间复杂度如何呢？由于其内层循环内包含了一个单独的操作，并且执行了 n−1 次，因此，fib2 的操作次数 n 是线性的。这就是说，现在我们从 fib1 的指数时间降至 fib2 的多项式时间，我们在时间复杂度上取得了巨大的突破。现在我们完全可以在可接受的时间内计算 F_{200}，甚至更大的 n 了。

由此可见，一个好的算法将使问题的解决变得完全不同，这也正是我们编写此书的目的。

1.2.3　算法的空间复杂度

空间复杂度(Space Complexity)是对一个算法在运行过程中临时占用存储空间大小的量度，它也是问题规模 n 的函数。一个算法在计算机存储器上所占用的存储空间，包括存储算法本身所占用的存储空间，算法的输入/输出数据所占用的存储空间和算法在运行过程中临时占用的存储空间这三个方面。

(1) 固定部分。这部分空间的大小与输入/输出的数据的个数多少、数值无关。其主要包括指令空间(即代码空间)、数据空间(常量、简单变量)等所占的空间。这部分属于静态空间。

(2) 可变空间。这部分空间主要包括动态分配的空间以及递归栈所需的空间等。这部分的空间大小与算法有关。

一个算法所需的存储空间用 f(n)表示。S(n)=O(f(n))，其中 n 为问题的规模，S(n)表示空间复杂度。

算法的输入/输出数据所占用的存储空间是由要解决的问题决定的，它不随着算法的不同而改变。存储算法本身所占用的存储空间与算法书写的长短成正比，要压缩这方面的存储空间，就必须编写出较短的算法。算法在运行过程中临时占用的存储空间随算法的不同而异，有的算法只需要占用少量的临时工作单元，而且不随问题规模的大小而改变，是节省存储空间的算法，可表示为 O(1)。O(1)是说算法规模和临时变量数目无关，并不是说仅仅定义一个临时变量。如这一节介绍过的几个算法都是如此。有的算法需要占用的临时工作单元数，与解决问题的规模 n 有关，它随着 n 的增大而增大，当 n 较大时，将占用较多的存储单元，当一个算法的空间复杂度与以 2 为底的 n 的对数成正比时，可表示为 O(lbn)；当一个算法的空间复杂度与 n 成线性比例关系时，可表示为 0(n)。例如快速排序算法的空间复杂度为 O(nlbn)。

举个例子，判断某年是不是闰年，我们常写的算法是对每一个年份，都要通过计算得到是否是闰年的结果。还可以设计另一个算法，事先建立一个有 2050 个元素的数组(年数略比现实多一点)，然后把所有的年份按下标的数字对应，如果是闰年，此数组项的值就是 1，否则值为 0。这样，所谓的判断某一年是否是闰年，就变成了查找这个数组的某一项的值是多少的问题。此时，我们的运算是最小化了，但是内存中需要存储这 2050 个 0 和 1。

可见对算法的空间复杂度考虑具有实质的重要性，因为实际运行的计算机系统的内存空间总是有限的，有时甚至是很小的(如在某些嵌入式系统中)。另外，算法的时间复杂度和空间复杂度是密切相关的，在许多情况下往往是矛盾的，无法构造出二者都很好的算法。我们在以后各章会看到很多这样的例子。这时，就必须根据实际应用的需要进行综合平衡和折中。

相对于算法的空间复杂度，本书更着重于讨论算法的时间复杂度。一方面是因为通常时间是算法性能的关键，在目前的技术水平下，无法无限地提高硬件的速度，而空间则可以以较小的代价换得，故时间更显得珍贵；另一方面，也是因为空间复杂度的分析方法类似于时间复杂度的分析方法，考虑到这些因素，本书不对算法的空间复杂性问题展开详细讨论。

习 题 1

1. 分析下列算法的时间复杂度。

(1)
```
for(int i=0; i<n; i++)
{
    if (i%3==0)printf("i=%d", i);
}   //O(n)
```

(2)
```
int count=1;
while(count<n)
{
    count+=2;
    printf("count=%d", count)
}   //O(n)
```

(3)
```
int count=1;
while(count<n)
{
    count*=2;
    printf("count=%d", count)
}   //O(lbn)
```

(4)
```
for(count1=0; count1<n; count1++)
{ for(count2=0; count2<n; count2++)
    { count3=count1+count2;
      printf("sum=%d", count3);
    }
}            //O(n^2)
```

2. 下面程序是对数组 a 中矩阵按每行(第 1 个下标代表行)的最大值从小到大进行排序，即排序后第一行的最大值是各行最大值中最小的，最后一行最大值是各行最大值中最大的。试分析算法的时间复杂度。

例如：若原矩阵为

$$\begin{bmatrix} 1 & 3 & 7 & 9 & 2 \\ 4 & 3 & 8 & 1 & 6 \\ 0 & 1 & 1 & 2 & 3 \\ 4 & 0 & 2 & 0 & 1 \end{bmatrix}$$

则排序后为

$$\begin{bmatrix} 0 & 1 & 1 & 2 & 3 \\ 4 & 0 & 2 & 0 & 1 \\ 4 & 3 & 8 & 1 & 6 \\ 1 & 3 & 7 & 9 & 2 \end{bmatrix}$$

```
#define n 4
#define m 5
    int maxone(int *b)
    { int a, k;
        a=b[0];
        for  (k=1; k<m; k++)
            if  a<b[k]  a=b[k];
        return a;
    }
void swap(int *a, int *b)
{ int k, x;
        for (k=0; k<m; k++)
        {x=a[k]; a[k]=b[k]; b[k]=x }
}

void arraysort(int *a)
{ int i, j, k;
    for ( i=0; i<n; i++)
        for ( j=i+1; j<n; j++)
        if maxone(a[i])>maxone(a[j])swap(a[i], a[j]);
}
main()
{ int a[m][n]; int i, j;
  for (i=1; i<=n; i++)
  for (j=1; j<=m; j++)
      scanf("%d", a[i][j]);
  arraysort(a);
  for (i=1; i<=n; i++)m; j++)
      printf("5d", a[i][j]);
  printf("\n");
}
```

3. 设一维数组 a 中有 n 个整数，下面给出的两个算法都是将数组 a 中的非零元素移到前面来，零元素移到后面去，各非零元素间的相对位置不变。试分析两个算法各自的时间复杂度。

算法 1：从前往后检查每一个元素，若发现某元素为零，就将它后面的所有元素前移一个位置。

```
#define n  10
void del_a()
{  int i, j, k;
   i=0; k=n-1;
   while(i<=k)
   {  if a[i]==0
        { for (j=i+1; j<=k; j++)
                a[j-1]=a[j];
            a[k]=0;
            k=k-1;
        }
        else i=i+1;
   }
}
void main()
{  int a[n], i;
   for (i=0; i<n; i++)
       scanf("%d", a[i]);
   del_a();
   for (i=0; i<n; i++)
       printf("%5d", a[i]);
   printf("\n");
}
```

算法 2：找到第一个零元素 a[i]，j 从 i+1 开始，往后检查第 j 个元素 a[j]，若 a[j]不是零元素，就将 a[j]存入 a[i]中，再将 a[j]置为零，并令 i 加 1。在检查了 a[n]之后，结束算法。

```
#define  n  10
void del_a()
{ int i, j;
    i=0;
    while (i<n)&&(a[i]!=0)
        i=i+1;
    j=i+1;
    while (j<n)
    { if (a[j]<>0)
        { a[i]=a[j];   i=i+1;   a[j]=0; }
        j=j+1;
    }
}
void main()
```

```
{ int a[n], i;
for ( i=0; i<n; i++)
    scanf("%d", &a[i]);
    del_a();
    for ( i=0; i<n; i++)
        printf("%5d", a[i]);
    printf("\n");
end.
```

4. 下面程序是在图采用邻接表存储时，求最小生成树的 Prim 算法，试分析该算法的时间复杂度。

```
#define  vex_num 8
typedef struct
{
        char vexs[vex_num];
        int  edges[vex_num][vex_num];
        int  vexnum;
        int  edgenum;
}graph;
struct vertex
{
    char adjvex;
    int lowcost;
};
void tree_prim(graph g, char begin)
{
    int k, j, i;
    struct vertex closedge[vex_num];
    k=locate(g, begin);
    for(j=0; j<g.vexnum; j++)
        if(j!=k)
        {
            closedge[j].lowcost=g.edges[k][j];
            closedge[j].adjvex=g.vexs[k];
        }
    closedge[k].lowcost=0;
    for(i=1; i<g.vexnum; i++)
    {
        k=min_weight(closedge);
        printf("\nMin_tree's NO.%d is edge:
            (%c, %c)", i, closedge[k].adjvex, g.vexs[k]);
        closedge[k].lowcost=0;
        for(j=0; j<g.vexnum; j++)
            if(g.edges[k][j]<closedge[j].lowcost)
```

```
            {
                closedge[j].lowcost=g.edges[k][j];
                closedge[j].adjvex=g.vexs[k];
            }
        }
    }
```

5. 下面是字符串模式匹配(即在一个字符串中定位另一个串)的两种算法，试分别分析其时间复杂度。

(1) 简单匹配算法。

```
int Index_BF ( char S[ ], char T[ ], int pos )
{
    int i=pos, j=0;
    while ( S[i+j]!='\0'&& T[j]!='\0')
    if ( S[i+j]==T[j] )
        j++; // 继续比较后一字符
    else
    { i++; j=0; // 重新开始新的一轮匹配 }
    if ( T[j]=='\0')
        return i; // 匹配成功 返回下标
    else
        return-1; // 串 S 中(第 pos 个字符起)不存在和串 T 相同的子串
}
```

(2) KMP 匹配算法。

```
void get_nextval(const char *T, int next[])
{
    // 求模式串 T 的 next 函数值并存入数组 next
    int j=0, k=-1;
    next[0]=-1;
    while ( T[j]!='/0' )
    {
        if (k==-1 || T[j]==T[k])
        {
            ++j; ++k;
            if (T[j]!=T[k])
                next[j]=k;
            else
                next[j]=next[k];
        }
        else  k=next[k];
    }
}
```

下面是 KMP 模式匹配程序：

```
int KMP(const char * Text, const char * Pattern)//const 表示函数内部不会改变
                                              //这个参数的值
{
    if(! Text||! Pattern|| Pattern[0]=='\0' || Text[0]=='\0' )
    return-1;              //空指针或空串，返回-1
    int len=0;
    const char * c=Pattern;
    while( * c++ !='\0')     //移动指针比移动下标快
    ++len;                   //字符串长度
    int * next=new int[len+1];
    get_nextval(Pattern, next);   //求 Pattern 的 next 函数值
    int index=0, i=0, j=0;
    while(Text[i]!='\0' && Pattern[j]!='\0' )
    {
        if(Text[i]==Pattern[j])
        {   ++i; // 继续比较后继字符
            ++j;
        }
        else
        {
            index+=j-next[j];
            if (next[j]!=-1)
                j=next[j];        // 模式串向右移动
            else
            { j=0;   ++i;   }
        }
    }      //while
    delete []next;
    if(Pattern[j]=='\0')
        return index;      // 匹配成功，返回匹配首字符下标
    else  return-1;
}
```

测试程序：

```
int main()
{
    char * text="abcdefgh123456789465asdac789asd4654qw5e46a1";
    char * pattern="4654qw";
    int pos=KMP(text, pattern);
    if(pos==-1)
        printf("无法找到匹配字符串! \n");
    else
        printf("匹配成功! 匹配首字符下标：%d\n", pos);
    system("pause");
    return 0;
}
```

第2章　常用算法

本章我们将介绍程序设计中的常用算法，包括递归法、分治法、贪心法、搜索法和回溯法。这些常用算法被广泛应用于信息学竞赛中，是信息学竞赛选手必须要掌握的内容。本章内容难度不大，但这些算法经常用于辅助其他更为复杂的算法解决问题。

很多更为复杂的算法利用了本章介绍的五个算法。例如，Dijkstra 算法和 Kruskal 算法利用了贪心法的思想，Dinic 算法利用了递归法、搜索法以及回溯法的思想，线段树利用了分治法的思想。

2.1　递　归　法

2.1.1　递归的概念与基本思想

递归(Recursion)即是一个函数直接或间接调用自己本身的过程。使用递归时必须符合以下三个条件：

① 可将一个问题转化为新问题，而新问题的解决方法仍然与原问题的方法相同，只不过所处理的对象不同而已，即它们只是规律的递增和递减。

② 可以通过转化过程使问题回到对原问题的求解。

③ 必须要有一个明确的递归结束条件，否则递归会无休止地进行下去。

递归的思想就是把复杂的问题层层分解成简单的问题去解决。

生活中也有递归的影子。例如，两面相对的镜子，镜中的图像就是无限递归嵌套。递归的思想广泛应用于信息学竞赛以及软件设计等很多方向。应用递归法的最典型的例子就是深度优先搜索(Depth-First-Search，简称 DFS)，将在第 2 章第 4 节搜索法中详细介绍这个算法。

函数的递归会用到系统栈，而系统给程序分配的栈空间是有限的(可以调整分配栈空间的大小，但是往往信息学竞赛中不允许选手自己调整)，所以当递归层数很多或者函数参数很多的时候会造成栈溢出，这时我们需要用手工栈模拟系统栈来避免栈溢出的问题。

使用递归法往往可以使程序简洁明了，程序易读性提高。虽然可以用手工栈模拟系统栈来提高程序的运行效率，但是手工栈模拟系统栈程序繁琐，易读性差，给调试带来了难度。

我们用几个经典例子说明递归的思想。

阶乘函数 f(n)＝n！按照递归的思想可以定义为

$$\begin{cases} f(0)=1, & n=0 \\ f(n)=f(n-1)\times n, & n>0 \end{cases}$$

对应的递归函数：

```
int f(int n)
{
    if (n==0)
```

```
        return 1;
    else
        return f(n-1) * n;
}
```

斐波那契数列按照递归的思想可以定义为：

$$
\begin{cases}
f(1)=1, & n=1 \\
f(2)=1, & n=2 \\
f(n)=f(n-1)+f(n-2), & n>2
\end{cases}
$$

对应的递归函数：

```
int f(int n)
{
    if (n==1)
        return 1;
    if (n==2)
        return 1;
    else
    return f(n-1)+f(n-2);
}
```

然而用心的读者会发现用递归的方法计算斐波那契数列（见第 1 章）的某一项效率会比普通的循环来计算慢很多。看起来很简洁明了的程序运行效率却不理想，问题到底出现在哪里？

我们发现递归计算斐波那契数列的某一项进行了很多冗余的运算。数列中很多项的值被重复计算，造成了时间复杂度的上升，导致程序整体运行效率低下（可以用记忆化搜索的方法解决这个问题，可以达到普通的循环来计算的速度，具体内容读者可以参见第 4 章的内容）。

可见评价一个算法的优劣，要多方面评价，递归算法虽然简洁而优美但是由于时间复杂度增大往往不是最好的方案。

2.1.2　递归法的应用

【例 2.1】 计算两个数的最大公约数。

【算法分析】 我们用 gcd(n, m)来表示两个数的最大公约数，那么我们有公式：

$$gcd(n, m)=gcd(m, n-m)$$

进而我们可以按照递归的思想写出新的公式：

$$gcd(n, m)=gcd(m, n\%m)$$

有了这个公式我们就可以写出程序了。

【设计技巧】 可以利用?：表达式来简化程序。

【程序实现】

下面是用 if 语句完成的程序。

```
/*
prog: gcd
lang: c++
*/
```

```
#include<iostream>
using namespace std;

int gcd(int a, int b)
{
    if (b==0)
        return a;
    else
        return gcd(b, a % b);
}

int main()
{   int a, b;
    cin>>a>>b;
    cout<<gcd(a, b)<<endl;
    return 0;
}
```

下面是用?:表达式完成的程序。

```
/*
prog: gcd
lang: c++
*/
#include<iostream>
using namespace std;

int gcd(int a, int b)
{
    return b==0 ? a : gcd(b, a % b);
}

int main()
{   int a, b;
    cin>>a>>b;
    cout<<gcd(a, b)<<endl;
    return 0;
}
```

【例 2.2】 将十进制正整数 n 转化为 m 进制数。$2 \leqslant m \leqslant 20$。

【算法分析】 连续除以 m 直到商为 0，从底向上记录余数即可得到结果。

如图 2.1 所示，将 12 转化为 2 进制数，$(12)_{10}=(1100)_2$

观察这个过程，它就是一个递归的过程，递归的边界条件是当前数为 0，只需按照上图的思路设计程序即可。

【设计技巧】 需要注意 n=0 时是特殊情况，需要特殊处理保证程序的正确性。

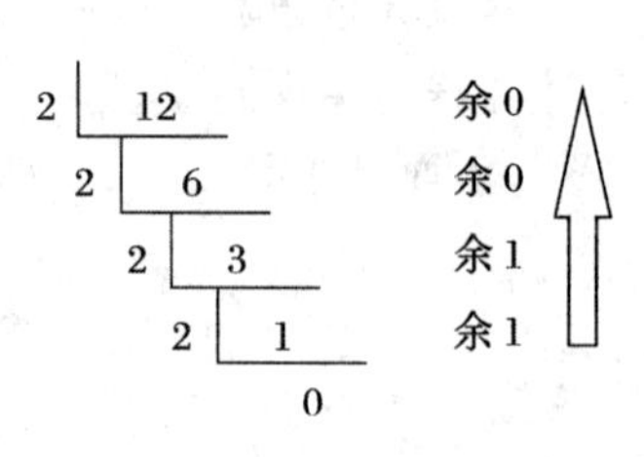

图 2.1　12 转换为 2 进制数

可以提前存储代码，减少程序代码量。

在递归更深层结束后再将这一层对应的余数加入答案，即回溯时再将这一层的余数加入答案。

【程序实现】

```
/*
prog：进制转换
lang：c++
*/
#include<iostream>
using namespace std;

string Num[20];
string S;

void PreWork(void)
{   for (int i=0; i<20; i++)Num[i]=".";
    for (int i=0; i<10; i++)Num[i][0]=(char)('0'+i);
    for (int i=10; i<20; i++)Num[i][0]=(char)('A'+i-10);
}

void NumberConver(int n, int m)
{   if (n==0)return;
    NumberConver(n / m, m);
    S+=Num[n % m];
}

int main()
{   int n, m;
    cin>>n>>m;
    if (n==0)cout<<0<<endl;
    else
     {  PreWork();
        NumberConver(n, m);
        cout<<S<<endl;
     }
    return 0;
}
```

【例 2.3】 输入正整数 n，输出全排列。

【算法分析】 按照前面程序的递归方法，我们需要定义一个布尔数组，来记录哪些数已经使用过(因为数字使用不能重复)。但是我们发现将这个数组作为参数传递是非常消耗空间的。那么我们有没有更好的办法解决这个问题呢?

答案是肯定的。很明显，递归到下一层的时候，这个布尔数组只会改变一个值，那么我们传递那些不改变的值显然是多余的。也就是说，我们只需要记录布尔数组哪个值改变了即可。需要注意的是，我们需要在回溯的时候将布尔数组被改变的值再改回来。这样我们就避免了过多的空间开销。

【设计技巧】 需要注意布尔数组要定义为全局变量。

用一个单独的数组去记录答案以方便输出。

【程序设计】

```
/*
prog: 全排列
lang: c++
*/
#include<iostream>
#include<cstring>
using namespace std;

int N, res[15];
bool flag[15];

void Permutation(int deep)
{
    if (deep>=N)
    {
        for (int i=0; i<N; i++)
        {
            cout<<res[i]<<(i==N-1 ? '\n' : ' ');
        }
        return;
    }
    for (int i=1; i<=N; i++)
    {   if (! flag[i])
        {   flag[i]=true;
            res[deep]=i;
            Permutation(deep+1);
            flag[i]=false;
        }
    }
}

int main()
{
    cin>>N;
    memset(flag, false, sizeof(flag));
    Permutation(0);
    return 0;
}
```

2.2 分治法

2.2.1 分治的概念与基本思想

分治法是一种很重要的算法。字面上的解释是“分而治之”，其基本思想就是把一个复杂的问题分成两个或更多的相同或相似的子问题，再把子问题分成更小的子问题，直到最后子问题可以简单的直接求解，原问题的解即子问题的解的合并。这个技巧是很多高效算法的基础，如排序算法(快速排序，归并排序)，傅立叶变换(快速傅立叶变换)。

任何一个可以用计算机求解的问题所需的计算时间都与其规模有关。问题的规模越小，越容易直接求解，解题所需的计算时间也越少。例如，对于 n 个元素的排序问题，当 n=1时，不需任何计算；n=2 时，只要作一次比较即可排好顺序；n=3 时只要作三次比较即可。而当 n 较大时，问题就不那么容易处理了，要想直接解决一个规模较大的问题，有时是相当困难的。

分治法的设计思想：将一个难以直接解决的大问题，分割成一些规模较小的相同问题，以便各个击破，分而治之。

分治策略：对于一个规模为 n 的问题，若该问题可以容易地解决(比如说规模 n 较小)则直接解决，否则将其分解为 k 个规模较小的子问题，这些子问题互相独立且与原问题形式相同，递归地解这些子问题，然后将各子问题的解合并得到原问题的解。这种算法设计策略叫做分治法。

如果原问题可分割成 k 个子问题，$1<k\leqslant n$，且这些子问题都可解并可利用这些子问题的解求出原问题的解，那么这种分治法就是可行的。由分治法产生的子问题往往是原问题的较小模式，这就为使用递归技术提供了方便。在这种情况下，反复应用分治手段，可以使子问题与原问题类型一致而其规模却不断缩小，最终使子问题缩小到很容易直接求出其解。这自然导致递归过程的产生。分治与递归像一对孪生兄弟，经常同时应用在算法设计之中，并由此产生许多高效算法。

分治法所能解决的问题一般具有以下几个特征：

(1) 该问题的规模缩小到一定的程度就可以容易地解决。

(2) 该问题可以分解为若干个规模较小的相同问题，即该问题具有最优子结构性质。

(3) 利用该问题分解出的子问题的解可以合并为该问题的解。

(4) 该问题所分解出的各个子问题是相互独立的，即子问题之间不包含公共的子问题。

上述的第一条特征是绝大多数问题都可以满足的，因为问题的计算复杂性一般是随着问题规模的增加而增加；第二条特征是应用分治法的前提它也是大多数问题可以满足的，此特征反映了递归思想的应用；第三条特征是关键，能否利用分治法完全取决于问题是否具有第三条特征，如果具备了第一条和第二条特征，而不具备第三条特征，则可以考虑用贪心法或动态规划法。第四条特征涉及到分治法的效率，如果各子问题是不独立的则分治法要做许多不必要的工作，重复地解公共的子问题，此时虽然可用分治法，但一般用动态规划法较好。

分治法的基本步骤。

分治法在每一层递归上都有三个步骤：

(1) 分解：将原问题分解为若干个规模较小、相互独立并且与原问题形式相同的子问题；

(2) 解决：若子问题规模较小而容易被解决则直接解，否则递归地解各个子问题；

(3) 合并：将各个子问题的解合并为原问题的解。

它的一般的算法设计模式如下：

Divide－and－Conquer(P)

① if |P|≤n0；

② then return(ADHOC(P))；

③ 将 P 分解为较小的子问题 P1，P2，…，Pk；

④ for i←1 to k；

⑤ do yi ← Divide－and－Conquer(Pi)；　　　// 递归解决 Pi

⑥ T ← MERGE(y1，y2，…，yk)；　　　// 合并子问题

⑦ return(T)。

其中|P|表示问题 P 的规模；n0 为一阈值，表示当问题 P 的规模不超过 n0 时，问题已容易直接解出，不必再继续分解。ADHOC(P)是该分治法中的基本子算法，用于直接解小规模的问题 P。因此，当 P 的规模不超过 n0 时直接用算法 ADHOC(P)求解。算法 MERGE(y1，y2，…，yk)是该分治法中的合并子算法，用于将 P 的子问题 P1，P2，…，Pk 的相应的解 y1，y2，…，yk 合并为 P 的解。

分治法的过程如图 2.2 所示。

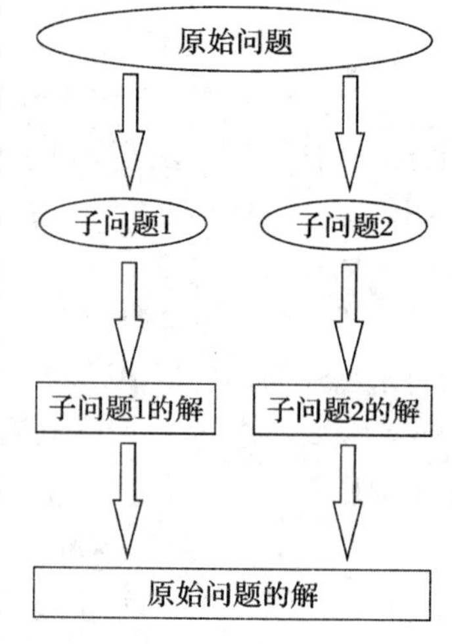

图 2.2　分治法的过程

很多时候我们都是把原始问题划分为若干规模相等的子问题。怎么样将子问题总结到一起得到原始问题的答案是分治法的难点和精髓。

实际中分治法的应用很广泛，信息学竞赛中有很多经典的应用。例如，归并排序算法、快速排序算法和二分查找算法。下面我们介绍归并排序算法和二分查找算法来更详细的解释分治法。

1. 归并排序算法

归并排序是一种利用了分治法的排序算法。其可以分为三个步骤：

① 将序列分为规模相等的两部分。

② 对两部分分别进行排序。

③ 将已经排过序的两部分整合起来得到有序的原序列。

其中②可以继续递归下去处理，整个递归树只有 O(lnn)层，故如果我们能在 O(n)时间复杂度内完成③，则整个算法时间复杂度为 O(nlnn)。如何在 O(n)时间复杂度内完成③超出了本节的内容，这里不再赘述，有兴趣的读者可以查找相关资料。

归并排序非常巧妙的应用了分治法，将原序列排序这个大问题，层层分治最后变成容易解决的小规模问题。归并排序是分治法的经典应用之一。

下面给出归并排序算法的程序：

```
/*
prog: merge sort
lang: c++
*/
#include<iostream>
#include<cstdio>
using namespace std;
const int maxn=100005;

int n, A[maxn], tmp_A[maxn];

void MergeSort(int l, int r)
{
    if (l==r)return;
    int mid=(l+r)>>1;
    MergeSort(l, mid);
    MergeSort(mid+1, r);
    int p1=l, p2=mid+1;
    for (int i=l; i<=r; i++)
    {
        if (p1>mid)tmp_A[i]=A[p2], p2++;
        else
        {   if (p2>r)tmp_A[i]=A[p1], p1++;
            else
            {   if (A[p1]<A[p2])tmp_A[i]=A[p1], p1++;
                else tmp_A[i]=A[p2], p2++;
            }
        }
    }
    for (int i=l; i<=r; i++)A[i]=tmp_A[i];
}

int main()
{   cin>>n;
    for (int i=0; i<n; i++)scanf("%d", &A[i]);
    MergeSort(0, n-1);
    for (int i=0; i<n; i++)printf("%d%c", A[i], i==n-1 ? '\n' : ' ');
    return 0;
}
```

2. 二分查找算法

现在有一个严格单调递增数列，要求在其中查找元素 X(保证 X 一定存在)。数列中有 n 个数。

我们把数列从头到尾查找一遍，时间复杂度 O(n)。但是没有用到严格单调递增这个条件，利用二分查找算法可以在时间复杂度 O(lnn)内解决问题。

二分查找算法可以分为三个部分：

① 如果当前区间只有一个数，那么必然是要查找的数。

② 将要查找的数与区间最中间的数进行比较，根据区间单调性可以确定要查找的数在左半部分区间还是在右半部分区间。

③ 在新的区间内继续查找。

整个递归树只有 O(lnn)层，故我们在时间复杂度 O(lnn)内解决了问题。细心的读者会发现，读入这个数列都需要 O(n)时间，将查找算法优化至 O(lnn)有意义吗？实际应用中，绝大多数都需要多次查找，如果查找很多次，查找算法的时间复杂度就显得至关重要。

二分查找算法在程序设计中有广泛的应用，读者应熟练掌握。

下面给出二分查找算法的程序：

```
/*
prog: binary search
lang: c++
*/
#include<iostream>
#include<cstdio>
using namespace std;

const int maxn=100005;

int n, A[maxn], K;

void Binary_Search(int l, int r)
{
    if (l==r)
    {   cout<<l<<endl;
        return;
    }
    int mid=(l+r)>>1;
    if (K>A[mid])Binary_Search(mid+1, r);
    else Binary_Search(l, mid);
}

int main()
{   cin>>n>>K;
    for (int i=0; i<n; i++)scanf("%d", &A[i]);
    Binary_Search(0, n-1);
    return 0;
}
```

2.2.2　分治法的应用

【例 2.4】 比赛安排(NOIP 1996 提高组)。

设有 2^n($n \leqslant 6$)个球队进行单循环比赛，计划在 2^n-1 天内完成，每个队每天进行一场比赛，且在 2^n-1 天内每个队都与不同的对手比赛。请编写程序设计比赛安排表并按下表的格式输出。

例如下面是 n=2 时的比赛安排表，见表 2.1。

表 2.1　n=2 时的比赛安排表

队伍	第一天	第二天	第三天
1	2	3	4
2	1	4	3
3	4	1	2
4	3	2	1

【算法分析】 题目貌似很难下手，我们不妨尝试一下找规律。

下面是 n=1 时的比赛安排表，见表 2.2。

表 2.2　n=1 时的比赛安排表

队伍	第一天
1	2
2	1

对比两个表，我们容易发现规律：

① 表 2.1 的左上角与右下角和表 2.2 一样。

② 表 2.1 的左下角和右上角一样，且是表 2.2 每个值均加上 2 得到。

按照这两个规律我们可以构造出 n=3 时的比赛安排表，注意这里要加上 2^2，见表 2.3。

表 2.3　n=3 时的比赛安排表

队伍	第一天	第二天	第三天		第四天	第五天	第六天	第七天
1	2	3	4		5	6	7	8
2	1	4	3		6	5	8	7
3	4	1	2		7	8	5	6
4	3	2	1		8	7	6	5
5	6	7	8		1	2	3	4
6	5	8	7		2	1	4	3
7	8	5	6		3	4	1	2
8	7	6	5		4	3	2	1

经过验证这个表是正确的，这也验证了规律的正确性(具体数学证明这里不再赘述)。

有了这个规律我们就可以用分治法解决问题。将规模为 n 的问题分为规模为 n－1 的问题。这样整个问题已经迎刃而解。

【设计技巧】 可以用递归法的技巧完成程序。

【程序实现】

```
/*
prog: NOIP1996
lang: c++
*/
#include<iostream>
#include<cstdio>
using namespace std;

int A[105][105];

void Arrangement(int n)
{
    if (n==1)
    {
        A[0][0]=A[1][1]=1;
        A[0][1]=A[1][0]=2;
        return;
    }
    Arrangement(n-1);
    int m=(1<<(n-1));
    for (int i=m; i<2 * m; i++)
        for (int j=m; j<2 * m; j++)A[i][j]=A[i-m][j-m];
    for (int i=0; i<m; i++)
        for (int j=m; j<2 * m; j++)A[i][j]=A[i][j-m]+m;
    for (int i=m; i<2 * m; i++)
        for (int j=0; j<m; j++)A[i][j]=A[i-m][j]+m;
}

int main()
{   int n;
    cin>>n;
    Arrangement(n);
    for (int i=0; i<(1<<n); i++)
    {   for (int j=0; j<(1<<n); j++)
            printf("%d%c", A[i][j], j==(1<<n)-1 ?'\n' : '');
    }
    return 0;
}
```

【例 2.5】 棋盘覆盖问题。

用 L 型骨牌覆盖 $2^n \times 2^n$ ($n \leqslant 10$) 的棋盘，如图 2.3 所示。其中有一个特殊方格不能被覆盖，输出覆盖方案。

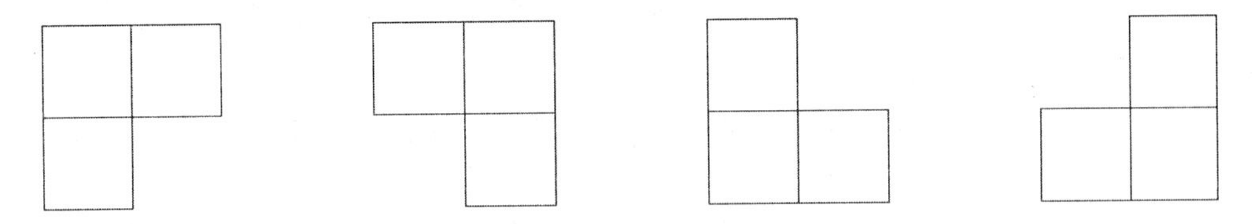

图 2.3　L 型骨牌

覆盖方案要求输出 $2^n \times 2^n$ 的矩阵(代表棋盘)，特殊方格用 −1 表示，骨牌用自然数顺序编号，一个骨牌覆盖的三个格子对应的数字是这个骨牌的编号。只要输出任意满足题意的方案即可。

【算法分析】 题目的难点在于有一个特殊方格不能被覆盖。

那么我们怎么样分治才能巧妙的将这个特殊方格处理掉是解决问题的关键。

按照分治的一般方法，我们将棋盘分为四个大小相等的部分，大小均为 $2^{n-1} \times 2^{n-1}$。

那么我们相当于将棋盘分为了一个包含一个特殊方格的部分和三个不包含特殊方格的部分。我们把特殊方格当作已经被骨牌覆盖的方格，那么我们可以分以下四种情况。

(1) 若特殊方格不在左上部分，那么将左上部分右下角的方格设为特殊方格。

(2) 若特殊方格不在左下部分，那么将左下部分右上角的方格设为特殊方格。

(3) 若特殊方格不在右上部分，那么将右上部分左下角的方格设为特殊方格。

(4) 若特殊方格不在右下部分，那么将右下部分左上角的方格设为特殊方格。

那么我们新添加的特殊方格必定组成一个 L 型骨牌，如图 2.4 所示。即相当于我们通过在棋盘中央放置一个 L 型骨牌使得四个部分均变成包含一个特殊方格的部分。

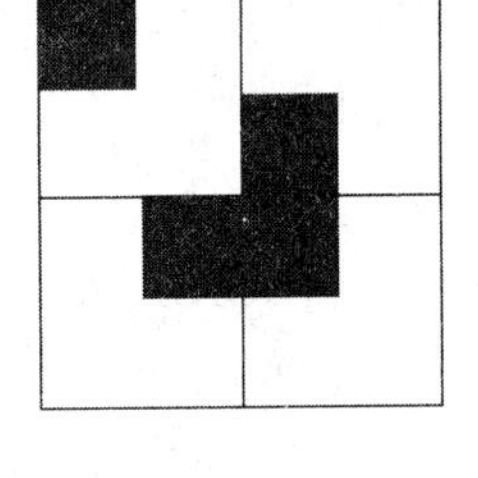

图 2.4　分治法

问题分析到这里已经迎刃而解，可以用递归法求解。

【设计技巧】 利用递归法的技巧，分类讨论，将区域及特殊格子位置作为参数传递。

【程序实现】

```
/*
prog：棋盘覆盖
lang：c++
*/
#include<iostream>
#include<cstdio>
using namespace std;

int A[2005][2005], tot=0;

void Cover(int x1, int y1, int x2, int y2, int X, int Y)
```

```
{
    if (x1==x2 && y1==y2)return;
    int midx=(x1+x2)>>1, midy=(y1+y2)>>1;
    if (X<=midx && Y<=midy)
    {
        A[midx][midy+1]=A[midx+1][midy]=A[midx+1][midy+1]=tot++;
        Cover(x1, y1, midx, midy, X, Y);
        Cover(midx+1, y1, x2, midy, midx+1, midy);
        Cover(x1, midy+1, midx, y2, midx, midy+1);
        Cover(midx+1, midy+1, x2, y2, midx+1, midy+1);
    }
    if (X>midx && Y<=midy)
    {
        A[midx][midy]=A[midx][midy+1]=A[midx+1][midy+1]=tot++;
        Cover(x1, y1, midx, midy, midx, midy);
        Cover(midx+1, y1, x2, midy, X, Y);
        Cover(x1, midy+1, midx, y2, midx, midy+1);
        Cover(midx+1, midy+1, x2, y2, midx+1, midy+1);
    }
    if (X<=midx && Y>midy)
    {
        A[midx][midy]=A[midx+1][midy]=A[midx+1][midy+1]=tot++;
        Cover(x1, y1, midx, midy, midx, midy);
        Cover(midx+1, y1, x2, midy, midx+1, midy);
        Cover(x1, midy+1, midx, y2, X, Y);
        Cover(midx+1, midy+1, x2, y2, midx+1, midy+1);
    }
    if (X>midx && Y>midy)
    {
        A[midx][midy]=A[midx+1][midy]=A[midx][midy+1]=tot++;
        Cover(x1, y1, midx, midy, midx, midy);
        Cover(midx+1, y1, x2, midy, midx+1, midy);
        Cover(x1, midy+1, midx, y2, midx, midy+1);
        Cover(midx+1, midy+1, x2, y2, X, Y);
    }
}

int main()
{
    int n, X, Y;
    cin>>n>>X>>Y;
    n=(1<<n);
    X--, Y--;
```

```
        A[X][Y]=-1;
        Cover(0, 0, n-1, n-1, X, Y);
        for (int i=0; i<n; i++)
        {
            for (int j=0; j<n; j++)
                printf("%6d%c", A[i][j], j==n-1 ? '\n' : ' ');
        }
        return 0;
    }
```

【例 2.6】 最近点对问题。

给定平面上 $n(n \leqslant 10^5)$个点，求距离最近的点对距离是多少。

【算法分析】 本题是分治法的经典应用，其思路是将点集分为大小基本相等的两部分，对两部分分别求解，再总结起来求得原点集的解。

设当前要计算的点集为 S，算法每次选择一条垂线 L，将点集 S 分为两部分 S_L，S_R，并且使得$||S_L|-|S_R|| \leqslant 1$。我们将点集按照横坐标升序排序，那么垂线 L 可以选在横坐标中位数的位置。

设点集 S_L的最近点对距离为 δ_L点集 S_R的最近点对距离为 δ_R。

令 $\delta=\min(\delta_L。\delta_R)$。设 dis(p，q)为点 p 和点 q 的距离(欧式距离)。

令 $\omega=\min(\mathrm{dis}(p, q), p \in S_L, q \in S_R)$(即分别属于 S_L，S_R的两个点的最近距离)。

那么点集 S 的答案即为 $\min(\delta, \omega)$。

问题的关键在于如何求解 ω(δ 的求解只需要递归继续分治即可)。

以 L 为中心，δ 为半径划分出宽为 δ 的长带，如图 2.5 所示。若 $\mathrm{dis}(p, q)<\delta$，$p \in S_L$，$q \in S_R$，那么 p 和 q 必然在虚线框内。

对于每一个属于 S_L并且在虚线框内的点 p，我们在 S_R的虚线框内划分出一个 $\delta \times 2\delta$ 的矩形，如图 2.6 所示，则只有这个矩形内的点和点 p 的距离才有可能小于 δ，并且这个矩形内最多只有 6 个点。

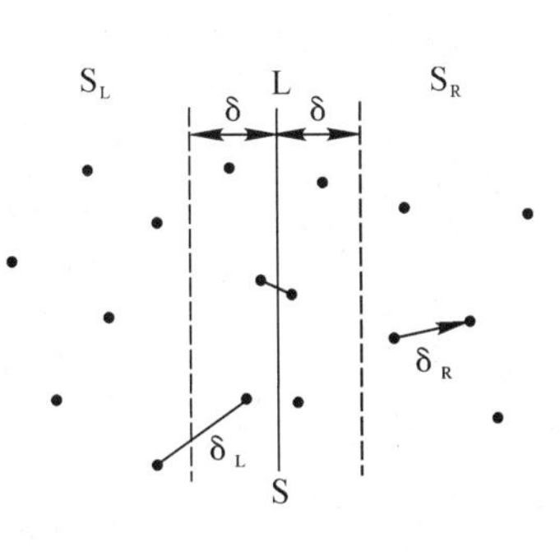

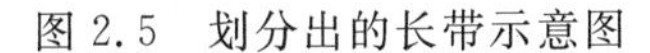
图 2.5　划分出的长带示意图

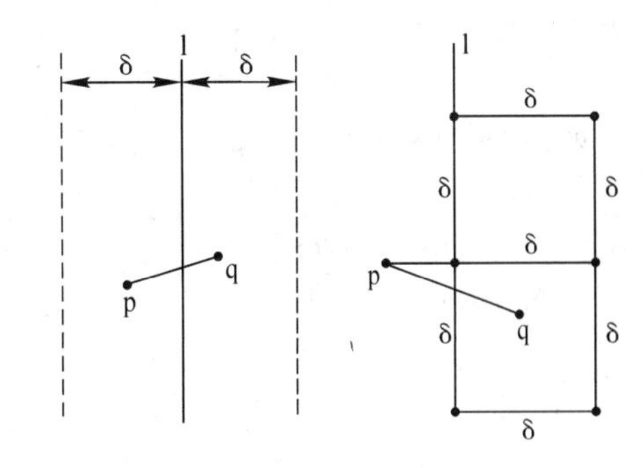

图 2.6　δ×2δ 的矩形

下面我们来证明这个矩形内最多只有 6 个点。

证明　首先，放置 6 个点是可行的(只需要放在上下两个 δ×δ 的正方形的 6 个顶点处即可，此时这 6 个点任意两点距离均大于等于 δ)。

那么我们只需要证明放置 7 个是不可行的。

我们将矩形分为如图 2.7 所示的 6 个$\frac{\delta}{2}\times\frac{2\delta}{3}$的小矩形。

根据抽屉原理，7 个点中必定有两个点在同一个小矩形内。

同一个小矩形内两个点的最远距离为

$$\sqrt{\left(\frac{\delta}{2}\right)^2+\left(\frac{2\delta}{3}\right)^2}=\frac{5}{6}\delta<\delta$$

即这两个点的距离必然小于 δ，与 δ 的定义矛盾。故这个矩形内最多只有 6 个点。

证毕。

那么我们只需要对虚线框的内点 p 按照 y 坐标排序，对于每个点 p 找到和它 y 坐标相差在 δ 以内的点计算距离即可。

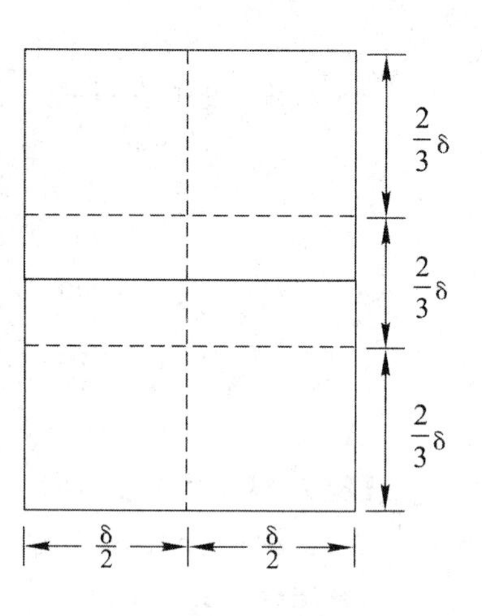

图 2.7　矩形分割成小矩形

总时间复杂度为 $O(n(\ln n)^2)$。

【设计技巧】 用递归法的方法实现分治算法，存储点建议用结构体，排序可以使用 algorithm库中的 sort 函数(需要自己编写比较函数)。计算点对距离写成函数方便调用，可以让程序看起来更清晰。

【程序实现】

```
/*
prog：最近点对
lang：c++
*/
#include<iostream>
#include<cmath>
#include<cstdio>
#include<algorithm>

using namespace std;

const double INF=1e25;
const int maxn=100005;

struct Point {
    double x, y;
}p[maxn], t_p[maxn];
int n;

bool cmp_xy(const Point &a, const Point &b)
{
```

```
    return a.x!=b.x ? a.x<b.x : a.y<b.y;
}

bool cmp_y(const Point &a, const Point &b)
{
    return a.y<b.y;
}

double sqr(double a)
{
    return a * a;
}

double dis(Point a, Point b)
{
    return sqrt(sqr(a.x-b.x)+sqr(a.y-b.y));
}

double Find_Closest_Pair(int l, int r)
{
    if (l==r)return INF;
    if (l+1==r)return dis(p[l], p[r]);
    int mid=(l+r)>>1;
    double res=min(Find_Closest_Pair(l, mid), Find_Closest_Pair(mid+1, r));
    int tot=0;
    for (int i=l; i<=r; i++)
        if (fabs(p[mid].x-p[i].x)<=res)
            t_p[tot++]=p[i];
    sort(t_p, t_p+tot, cmp_y);
    for (int i=0; i<tot; i++)
        for (int j=i+1; j<tot && t_p[j].y-t_p[i].y<res; j++)
            res=min(res, dis(t_p[j], t_p[i]));
    return res;
}

int main()
{
    scanf("%d", &n);
    for (int i=0; i<n; i++)scanf("%lf%lf", &p[i].x, &p[i].y);
    sort(p, p+n, cmp_xy);
    printf("%.6lf\n", Find_Closest_Pair(0, n-1));
    return 0;
}
```

2.3 贪心法

2.3.1 贪心的概念与基本思想

贪心法是解决一类最优问题的策略。这种算法只选择当前局部看起来的最佳策略，而不去考虑整体来讲是否是最佳策略。正确的贪心算法应保证贪心策略的无后效性(即某个状态以后的过程不影响以前的状态，只和当前状态有关)。

贪心法不能保证对所有问题均适用，但对很多最优解的问题适用。

可以应用贪心法的题目必须具备贪心选择和最优子结构两种性质。所谓贪心选择性质，是指所求问题的整体最优解可以通过一系列局部最优的选择，即贪心选择来达到。贪心选择是贪心法的核心，我们求整体最优解的时候可以通过一系列局部最优的选择来达到，即我们可以迭代的选择局部最优选择来得到全局最优解。怎么去设计贪心选择是贪心法的关键。最优子结构性质，是指一个问题的最优解包含其子问题的最优解。问题的最优子结构性质是该问题可用贪心算法求解的关键特征。

程序设计中，贪心算法的问题枚不胜数，且问题类型变化也很多，是信息学竞赛的一个难点。贪心算法的经典应用有单源最短路径的 Dijkstra 算法(我们将在第 5 章介绍这种算法)、求解最小生成树的 Prim 算法及 Kruskal 算法(我们将在第 5 章介绍这种算法)。很多时候贪心算法并不能保证正确性，但往往通过与随机算法的结合可以得到靠近最优解的近似算法，例如遗传算法、模拟退火算法。对于这一类问题，通过一定的数学推导之后可以用贪心算法解决，这是贪心算法和数学的结合。

贪心算法类型繁多，我们主要通过例题来说明贪心算法的应用。

2.3.2 贪心法的应用

【例 2.7】 背包问题。

给定背包的容量为 W，给定 n($n \leqslant 10^5$)件物品，第 i 件物品的体积是 w[i]，问背包至多能装多少件物品？

【算法分析】 显然，背包的剩余的容量越大能装的物品数越多。根据题意，每个物品除了体积以外没有区别。那么我们可以得到以下贪心策略。

(1) 将物品按体积从小到大排序。

(2) 从体积最小的开始依次放入背包，直到背包不再能装物品为止。

【设计技巧】 排序可以应用 algorithm 库中的 sort 函数。

【程序实现】

```
/*
prog：背包问题
lang：c++
*/
#include<iostream>
#include<cstdio>
#include<algorithm>
```

```
using namespace std;

const int maxn=100005;

int w[maxn];

int main()
{
    int n, W;
    cin>>n>>W;
    for (int i=0; i<n; i++)scanf("%d", &w[i]);
    sort(w, w+n);
    int res=0;
    for (int i=0; i<n && W>=w[i]; i++)res++, W-=w[i];
    cout<<res<<endl;
    return 0;
}
```

【例 2.8】 线段。

在数轴上有 n($n\leqslant 10^5$)个线段，编号从 0 到 n－1，第 i 条线段的左端点坐标为 L[i]、右端点坐标为 R[i]，且满足对于任意的 i，j∈[0，n－1]，i≠j 都不满足 L[i]≤L[j]且 R[i]≥R[j](即不存在两个线段满足包含关系)。要求在数轴上选择尽量少的点使得这个线段每个线段内均有被选择的点。

即求最小的 K 满足 K≤n 且存在{b_1，b_2，…，b_k}使得对于任意 i∈[0，n－1]均存在 j∈[1，K]使得 L[i]≤b[j]≤R[i]，输出最少要用多少个点即可。

【算法分析】 将 n 个线段按照左端点坐标升序排序，下面证明这时右端点坐标为升序。

证明 我们利用反证法来证明这个结论。

若排序后存在 i，j∈[0，n－1]且 i<j，R[i]≥R[j]。

即存在 i，j∈[0，n－1]且 L[i]≤L[j]，R[i]≥R[j]。

矛盾。故排序后右端点坐标也为升序。

证毕。

这时我们得到了 n 个左右端点都升序的线段，如图 2.8 所示：

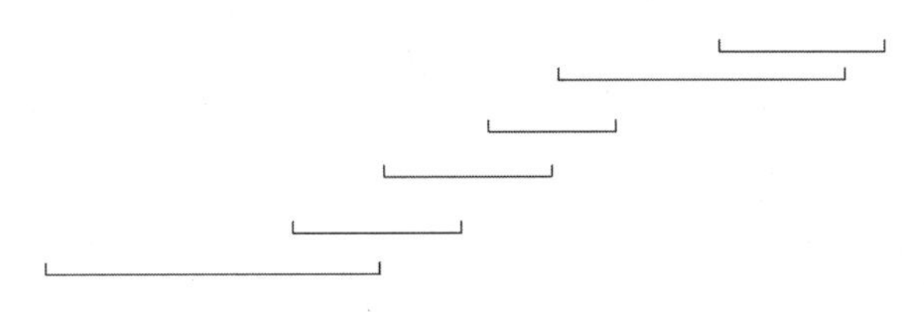

图 2.8 线段

设 f[i]为最少需要多少个点才能“覆盖”第 i 条线段到第 n－1 条线段(这里的编号是排序之后的编号)。那么 f[0]就是我们要求的答案。

如果我们要求 f[i]，那么先选择 R[i]这个点，如果此时编号从 i 到 n－1 的线段均被

“覆盖”则 f[i]=1。否则找到编号最小的不被“覆盖”的线段 j，那么 f[i]=f[j]+1。

这样我们在贪心策略的基础上得到了递推式。

下面我们来证明这样的贪心策略是正确的。

证明 如果选择 R[i]这个点编号从 i 到 n-1 的线段均被“覆盖”，那么这一定是最优方案。我们只需讨论不能全部被“覆盖”的情况。

显然，f[i]是不下降的序列，那么我们只需要证明选择 R[i]这个点能使得递推式中的 j 最小即可。

因为这 n 条线段左右端点均单调递增。显然选择 R[i]这个点能使得递推式中的 j 最小。

证毕。

因为数据规模较大，这里的值要用二分法求出。

总时间复杂度 O(nlnn)。

【设计技巧】 我们需要倒着去求 f 数组。排序可以用 algorithm 库中 sort 函数。

【程序实现】

```
/*
prog: segmemt
lang: c++
*/
#include<iostream>
#include<cstdio>
#include<algorithm>
using namespace std;

const int maxn=100005;

struct len_node
{
    int l, r;
    bool operator<(const len_node &a)const
    {
        return l<a.l;
    }
}len[maxn];

int f[maxn];

int main()
{
    int n;
    cin>>n;
    for (int i=0; i<n; i++)scanf("%d%d", &len[i].l, &len[i].r);
    sort(len, len+n);
```

```
    f[n-1]=1;
    for (int i=n-2; i>=0; i--)
    {
        f[i]=1;
        len_node tmp;
        tmp.l=tmp.r=len[i].r;
        int j=upper_bound(len+i+1, len+n, tmp)-len;
        if (j<=n-1)f[i]=f[j]+1;
    }
    cout<<f[0]<<endl;
    return 0;
}
```

【例 2.9】 抽屉与球。

现有 n(n≤100)个抽屉，K(K≤100)种颜色的球(假设每种颜色的球我们有无数个)，第 i 个抽屉要恰好放 A[i](A[i]≤100)个球，设 B[i][k]为第 i 个抽屉放了多少个颜色为 k 的球，要求对于任意 i，j，k 均有：

|B[i][k]-B[j][k]|≤1

问是否存在一种方案满足条件，若满足条件请输出任意一种方案，否则输出 NO。

如果存在方案，第一行输出 YES，接下来的 N 行，每行包含 A[i]个数，代表这个球的颜色。

【算法分析】 我们先考虑 n=2 的情况，不妨设 A[0]≥A[1]。

若 A[0]-A[1]≤K，那么我们可以得到贪心策略：顺次将不同颜色的球放入 0 号抽屉，直到 0 号抽屉的剩余位置与 1 号抽屉一样多，然后再将 0 号抽屉和 1 号抽屉的剩余空间均用 0 号颜色的球填满。

若 A[0]-A[1]>K，则一定不存在满足条件的方案(因为一个颜色最多可以填补两个抽屉的一个位置差)。

回到原题，类似的可以得到如下策略：

若存在 i，j 使得|A[i]-A[j]|>K，则一定不存在满足条件的方案。

若不存在 i，j 使得|A[i]-A[j]|>K，则有如下贪心策略：设 A[j]为数组 A 的最小值，先把颜色为 0 的球都放进剩余位置大于 A[j]的抽屉中的其中一个，再用颜色为 1 的球都放进剩余位置大于 A[j]的抽屉中的其中一个，然后用颜色为 2、3…的球重复上述过程，直到所有抽屉的剩余位置均为 A[j]，此时用颜色为 0 的球去将所有抽屉的所有剩余位置均填满。

回顾本题，直接下手比较难，我们先从简单的情况开始考虑，然后类比的得出了本题的解决方案。

【设计技巧】 用一个单独的二维数组存储方案，利用简单的循环嵌套就可以解决问题。

【程序实现】

```
/*
prog: ball
lang: c++
*/
```

```
#include<iostream>
#include<climits>
#include<cstring>
using namespace std;

int A[105], res[105][105], B[105];

int main()
{
    int n, K;
    cin>>n>>K;
    for (int i=0; i<n; i++)
    {   cin>>A[i];
        B[i]=A[i];
    }
    intminn=INT_MAX;
    memset(res, 0, sizeof(res));
    for (int i=0; i<n; i++)minn=min(minn, A[i]);
    for (int i=0; i<n; i++)res[i][0]+=minn;
    bool flag=true;
    for (int k=0; k<K; k++)
    {   flag=true;
        for (int i=0; i<n; i++)
            if (A[i]>minn)flag=false;
        if (flag)break;
        for (int i=0; i<n; i++)
        {   if (A[i]>minn)
            {   res[i][k]++;
                A[i]--;
            }
        }
    }
    flag=true;
    for (int i=0; i<n; i++)
        if (A[i]>minn)flag=false;
    if (! flag){
        cout<<"NO"<<endl;
        return 0;
    }
    cout<<"YES"<<endl;
    for (int i=0; i<n; i++)
    {
        for (int j=0; j<K; j++)
```

```
        {
            for (int k=0; k<res[i][j]; k++)
            {
                B[i]--;
                if (B[i]>0)cout<<j+1<<' ';
                else cout<<j+1<<endl;
            }
        }
    }
    return 0;
}
```

【例 2.10】 国王游戏(NOIP2012 提高组)。

恰逢 H 国国庆，国王邀请 n 位大臣来玩一个有奖游戏。首先，他让每个大臣在左、右手上面分别写下一个整数，国王自己也在左、右手上各写一个整数。然后，让这 n 位大臣排成一排，国王站在队伍的最前面。排好队后，所有的大臣都会获得国王奖赏的若干金币，每位大臣获得的金币数分别是：排在该大臣前面的所有人的左手上的数的乘积除以他自己右手上的数，然后向下取整得到的结果。

国王不希望某一个大臣获得特别多的奖赏，所以他想请你帮他重新安排一下队伍的顺序，使得获得奖赏最多的大臣，所获奖赏尽可能的少。注意，国王的位置始终在队伍的最前面。

最多有 1000 位大臣，大臣和国王手上的整数最大不超过 10 000。

【算法分析】 此题用数学语言表述即为

给定数列 $A_0, \cdots, A_n$ 以及 $B_0, \cdots B_n$，定义 $F_i=\frac{\prod_{j=0}^{i-1} A_j}{B_i}$，$i\in[1, n]$。

求最优的排列$[P_1, P_2, \cdots, P_n]$使得 $\max\{F_i \mid i\in[1, n]\}$最小。

$$n\leqslant 1000,\ A_i\leqslant 10\ 000,\ B_i\leqslant 10\ 000$$

题目看起来无法下手。当大臣数量很小时(10 以内)，我们可以去枚举所有排列从而得到答案。我们不妨自己出一些大臣数量很少的数据然后通过枚举排列的方法算出答案，从答案中尝试找出排列的规律。

这样我们可以得到猜想：按 $A_i\times B_i$ 的值升序排列一定是最优的。

下面我们来证明这个猜想。

证明　对于排列$[P_1, P_2, \cdots P_n]$满足$\forall i, j\in[1, n]$，$i<j$，$A_iB_i\leqslant A_jB_j$。

引理：任意相邻二元组都应将乘积较小的放在前面以保证答案最优。

我们先来证明引理。

显然，相邻二元组如何排列不影响其他二元组的答案。

令 $T=\prod_{j=0}^{i-1} A_j$。

存在两种方案：

① $F_i=\frac{T}{B_i}$，$F_{i+1}=\frac{TA_i}{B_{i+1}}$；

② $F_i=\frac{T}{B_{i+1}}$，$F_{i+1}=\frac{TA_{i+1}}{B_i}$。

A_i，B_i，A_{i+1}，$B_{i+1}\in N^*$，$A_iB_i\leqslant A_{i+1}B_{i+1}\rightarrow$对于②，$F_{i+1}\geqslant F_i$。

对于①，若 $F_i\geqslant F_{i+1}$，$TA_{i+1}\geqslant T\rightarrow\frac{T}{B_i}\leqslant\frac{TA_{i+1}}{B_i}$，即①更优；

对于②，若 $F_i\leqslant F_{i+1}$，$A_iB_i\leqslant A_{i+1}B_{i+1}\rightarrow\frac{TA_i}{B_{i+1}}\leqslant\frac{TA_{i+1}}{B_i}$，即①更优。

引理证毕。

显然，对于任意排列$[Q_1, Q_2, \cdots, Q_n]$，我们都可以用交换二元组的方法将排列 P 转换为排列 Q。

先将序列 P 中的 Q_n 不断交换到第 n 位，同样处理 Q_{n-1}，…，Q_1。

发现序列任意时刻都由一段递增数列及一段排好的数列组成。

每次交换都不能使得答案更优。

故任意排列 Q 都不比排列 P 更优。

证毕。

那么我们得到了整个贪心算法流程。我们将大臣按照 $A_i\times B_i$ 的值升序排列，顺序计算此时的答案即为本题的答案。

还存在的问题是本题答案及其运算过程可能超过 64 位整数范围，我们需要写高精度乘法和高精度除法以解决问题。

【设计技巧】 我们只需要写出高精度乘和除一个 10 000 以内的数，那么我们可以在高精度的时候以 10 000 为进位来完成程序。可以读入进结构体内方便排序。

【程序实现】

```
/*
prog: 国王游戏
lang: c++
*/
#include<iostream>
#include<cstring>
#include<cstdio>
#include<algorithm>

using namespace std;

struct BigNum
{
    int s[3005];
}ans, sum;

struct P_node
{
    int l, r;
    bool operator<(const P_node &b)const
    {
```

```
        return l * r<b.l * b.r;
    }
}p[1005];

int n;

void mul(BigNum &a, int b)
{
    int L=a.s[0];
    for (int i=1; i<=L; i++)a.s[i] *=b;
    for (int i=1; i<=L; i++)
    {
        a.s[i+1]+=a.s[i] / 10000;
        a.s[i] %=10000;
    }
    while (a.s[L+1])
    {
        ++L;
        a.s[L+1]+=a.s[L] / 10000;
        a.s[L] %=10000;
    }
    a.s[0]=L;
}

void Max(BigNum &a, BigNum b)
{
    if (a.s[0]<b.s[0])
    {
        a=b;
        return;
    }
    if (a.s[0]>b.s[0])return;
    for (int i=a.s[0]; i; i--)
    {
        if (a.s[i]<b.s[i])
        {
            a=b;
            return;
        }
        if (a.s[i]>b.s[i])return;
    }
}

BigNum div(BigNum a, int b)
```

```
{
    int x=0, L=a.s[0];
    BigNum c;
    memset(c.s, 0, sizeof(c.s));
    for (int i=L; i>=1; i--)
    {
        x=x * 10000+a.s[i];
        c.s[i]=x / b;
        x %=b;
    }
    while (! c.s[L])--L;
    c.s[0]=L;
    return c;
}

void out_p(BigNum a)
{
    printf("%d", a.s[a.s[0]]);
    for (int i=a.s[0]-1; i; i--)printf("%4.4d", a.s[i]);
}

int main()
{
    scanf("%d", &n);
    for (int i=0; i<=n; i++)scanf("%d%d", &p[i].l, &p[i].r);
    sort(p+1, p+1+n);
    sum.s[0]=sum.s[1]=1;
    mul(sum, p[0].l);
    for (int i=1; i<=n; i++)
    {
        Max(ans, div(sum, p[i].r));
        mul(sum, p[i].l);
    }
    out_p(ans);
}
```

2.4 搜索法与回溯法

2.4.1 搜索与回溯的概念与基本思想

搜索算法如同其字面意思，即穷举所有的可能情况去解决问题，搜索算法的复杂度往往是指数级，数据规模稍大运算时间可能就会是天文数字，但搜索算法往往是解决问题最直接的方式。有些问题没有更优秀的方法只能应用搜索算法解决问题。搜索算法往往也用作和其他算法相互配合解决问题。

搜索算法的实质就是构造一个“搜索树”，这个“搜索树”表达了整个搜索算法的过程。搜索算法从一个初始状态出发根据一定的扩展规则来进行搜索过程，最后形成的整个过程就是一个“搜索树”。也就相当于我们将一个问题的解决过程已经抽象成了图论中的模型——树，即我们的搜索算法相当于在这个树上进行某种形式的遍历，如图2.9所示。

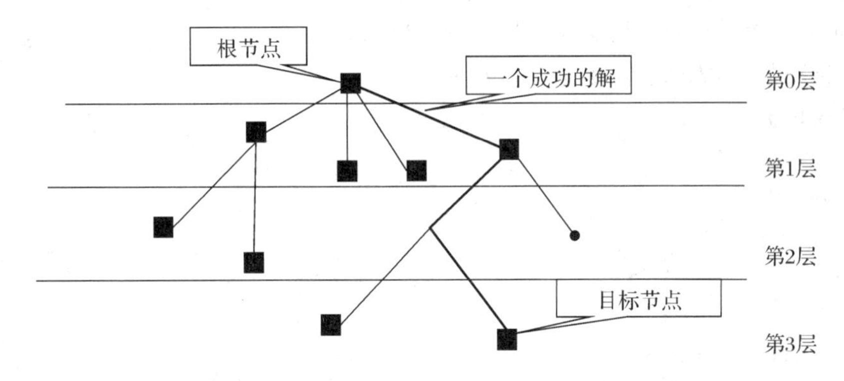

图2.9 搜索树

一种搜索算法相当于树的遍历，通常我们有两种实现方式，深度优先搜索(Depth First Search，简称DFS)和广度优先搜索(Breadth First Search，简称BFS)。

回溯算法的基本思想是：为了求得待解问题的解，我们先选择一种可能的情况向前搜索，一旦发现原来的选择是错误(也就是这种选择会导致问题无解)就退回来重新选择，如此反复进行。直到得到问题的解，或者在穷举完所有情况后，判断原问题无解。回溯法在现实中的模型最典型就是迷宫问题。当我们进入一个迷宫要走到目标位置的时候，我们要先选择一个方向，向前探索，再选择一个方向继续探索，直到走到死胡同再退回来重新选择，直到走到迷宫的目标位置或者证明了迷宫无解(即怎么走都是死胡同)。例题中我们会用八皇后问题更详细的说明回溯法。

下面我们来介绍深度优先搜索和广度优先搜索：

(1) 深度优先搜索。顾名思义，深度优先搜索即是深度优先的搜索算法，即在搜索树上优先深度遍历。深度优先搜索通常用递归法的方法实现。

(2) 广度优先搜索。对比深度优先搜索，广度优先搜索是以广度优先的搜索算法，即在搜索树上一层层遍历，第0层和第1层全部遍历完才会遍历第2层，广度优先搜索通常用循环结构就可以实现。

对比这两种搜索算法，我们发现深度优先搜索是以栈结构为基础的搜索算法，而广度优先搜索是以队列结构为基础的搜索算法。

2.4.2 搜索法与回溯法的应用

【例2.11】 跳马。

如图2.10所示的5×5的棋盘上，从左下角的方格出发，按照日字跳马，要求不重复地跳过所有方格。输出方案数。

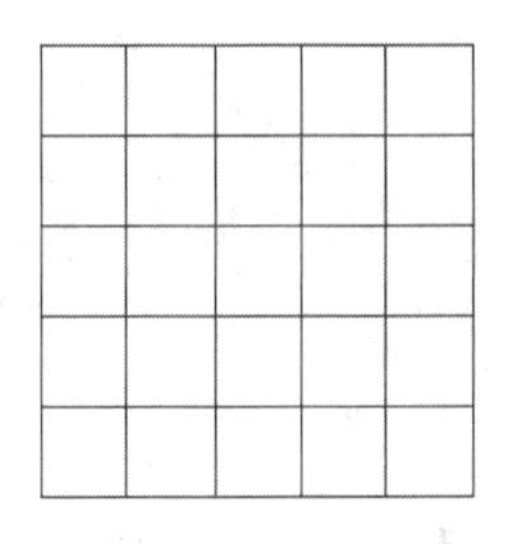

图2.10 棋盘

【算法分析】 用窗口坐标系表示棋盘上的每个格子，那么我们从(x，y)只能跳往(x－2，y－1)、(x－2，y＋1)、(x－1，y－2)、(x－1，y＋2)、(x＋1，y－2)、(x＋1，y＋2)、(x＋2，y－1)和(x＋2，y＋1)这八个格子。

我们采用深度优先搜索，状态表示为当前所在格子的坐标。那么初始状态为(1，1)，那么每个状态可以扩展的状态最多只有八个。

题目还要求不能重复经过。我们需要加一个标志数组，标志哪些格子已经经过了，继续往下搜的时候加标志搜完了退回来去掉标志即可。

一直重复这个过程直至所有状态均已搜索出来。

【设计技巧】 标志数组必须是全局变量。

【程序实现】

```
/*
prog：跳马
lang：c++
*/
#include<iostream>
#include<cstring>
using namespace std;

const int dir_x[8]={-2, -2, -1, -1, 2, 2, 1, 1};
const int dir_y[8]={-1, 1, -2, 2, -1, 1, -2, 2};

bool vis[5][5];
int ans=0;

void DFS(int x, int y, int deep)
{
    if (deep>=24)
    {
        ans++;
        return;
    }
    for (int i=0; i<8; i++)
        if (x+dir_x[i]>=0 && x+dir_x[i]<5)
            if (y+dir_y[i]>=0 && y+dir_y[i]<5)
                if (!vis[x+dir_x[i]][y+dir_y[i]])
                {
                    vis[x+dir_x[i]][y+dir_y[i]]=true;
                    DFS(x+dir_x[i], y+dir_y[i], deep+1);
                    vis[x+dir_x[i]][y+dir_y[i]]=false;
                }
}

int main()
{
```

```
    memset(vis, false, sizeof(vis));
    vis[0][0]=true;
    DFS(0, 0, 0);
    cout<<ans<<endl;
}
```

【例 2.12】 哈密顿回路。

给一个无向图，从 1 号点开始不重复的经过所有点后再回到 1 号点，这样的回路称之为哈密顿回路。

对于一个无向图，求有多少个哈密顿回路。

【算法分析】 哈密顿回路是典型的 NP 完全问题，没有多项式复杂度的解法。考虑使用深度优先搜索的方法解决问题。

和上例很类似，但是本题要求的是回路，其实方法一样，判断下走到的最后一个点和 1 号点是否联通即可。

【设计技巧】 采用邻接矩阵存储图，标志数组必须是全局变量。

【程序实现】

```
/*
prog: 哈密顿回路
lang: c++
*/
#include<iostream>
#include<cstring>
using namespace std;

bool vis[10];
int G[10][10], n, m, ans=0;

void DFS(int p, int deep)
{
    if (deep>=n-1)
    {
        if (G[p][1])ans++;
        return;
    }
    for (int i=1; i<=n; i++)
    {
        if (G[p][i] &&! vis[i])
        {
            vis[i]=true;
            DFS(i, deep+1);
            vis[i]=false;
        }
    }
```

```
    }

    int main()
    {
        memset(G, 0, sizeof(G));
        cin>>n>>m;
        for (int i=0; i<m; i++)
        {
            int p1, p2;
            cin>>p1>>p2;
            G[p1][p2]=G[p2][p1]=1;
        }
        memset(vis, false, sizeof(vis));
        vis[1]=true;
        DFS(1, 0);
        cout<<ans<<endl;
        return 0;
    }
```

【例 2.13】 网格图。

给定一张 n×n(n≤1000)的图，图中有'.'，'1'，'2'，'#'，其中'.'代表空地，'1'代表起点，'2'代表终点，'#'代表障碍物，每次只能向上下左右四个方向走，每次只能走一步，求起点到终点的最短路径长，若不能到达终点，输出－1。

【算法分析】 此题为广度优先搜索的典型题目。因为广度优先搜索是逐层扩展，那么找到终点时即为答案。

广度优先搜索用队列实现，队列中的状态即为待扩展的状态。最开始我们将初始状态入队。然后每次我们找处在队头的状态，从这个状态根据扩展规则可以扩展出一些其他状态，这些状态再放在队列的队尾，最后队头的状态出队。如此反复，直到队列为空我们就完成了整个广度优先搜索的过程。

注意广度优先搜索不可能重复计算同一个状态，所以我们扩展状态的时候要判断这个状态之前是否出现过。如果出现过，那么不更新状态的值，也不将这个状态入队。

【设计技巧】 用两个数组 dir_x 和 dir_y 预存四个方向走 x 和 y 的增量。

【程序实现】

```
    /*
    prog: 网格图
    lang: c++
    */
    #include<iostream>
    #include<cstring>
    using namespace std;

    const int maxn=1005;
```

```
const int dir_x[4]={-1, 0, 1, 0}, dir_y[4]={0, -1, 0, 1};

int G[maxn][maxn], dist[maxn][maxn], sx, sy, tx, ty;
int n;

struct L_node
{
    int x, y;
    L_node()
    {
        x=y=-1;
    }
    L_node(int tx, int ty)
    {
        x=tx, y=ty;
    }
}L[maxn * maxn];

int BFS(int sx, int sy, int tx, int ty)
{
    memset(dist, -1, sizeof(dist));
    dist[sx][sy]=0;
    int head=0, tail=0;
    L[0].x=sx, L[0].y=sy;
    while (head<=tail)
    {
        int s_x=L[head].x, s_y=L[head].y;
        head++;
        for (int i=0; i<4; i++)
        {
            int t_x=s_x+dir_x[i], t_y=s_y+dir_y[i];
            if (t_x>=0 && t_x<n && t_y>=0 && t_y<n && G[t_x][t_y] &&
                dist[t_x][t_y]==-1)
            {
                dist[t_x][t_y]=dist[s_x][s_y]+1;
                L[++tail]=L_node(t_x, t_y);
            }
        }
    }
    return dist[tx][ty];
}

int main()
```

```
{
    cin>>n;
    for (int i=0; i<n; i++)
    {
        string S;
        cin>>S;
        for (int j=0; j<n; j++)
        {
            if (S[j]=='.')G[i][j]=1;
            if (S[j]=='#')G[i][j]=0;
            if (S[j]=='1')sx=i, sy=j, G[i][j]=1;
            if (S[j]=='2')tx=i, ty=j, G[i][j]=1;
        }
    }
    cout<<BFS(sx, sy, tx, ty)<<endl;
    return 0;
}
```

习　题　2

1. 简述贪心算法的原理。

2. 简述深度优先搜索与广度优先搜索算法的区别。

3. 纪念品分组(NOIP2007 普及组)。

题目描述：

元旦快到了，校学生会让乐乐负责新年晚会的纪念品发放工作。为使得参加晚会的同学所获得的纪念品价值相对均衡，他要把购来的纪念品根据价格进行分组，但每组最多只能包括两件纪念品，并且每组纪念品的价格之和不能超过一个给定的整数。为了保证在尽量短的时间内发完所有纪念品，乐乐希望分组的数目最少。

你的任务是写一个程序，找出所有分组方案中分组数最少的一种，输出最少的分组数目。

输入格式：

输入文件 group.in 包含 n+2 行：

第 1 行包括一个整数 w，为每组纪念品价格之和的上上限。

第 2 行为一个整数 n，表示购来的纪念品的总件数 G。

第 3～n+2 行每行包含一个正整数 Pi $(5\leqslant Pi\leqslant w)$w 表示所对应纪念品的价格。

输出格式：

输出文件 group.out 仅一行，包含一个整数，即最少的分组数目。

输入样例：

```
100
9
90
```

20
20
30
50
60
70
80
90

输出样例：

6

4．守望者的逃离（NOIP2007 普及组）。

题目描述：

恶魔猎手尤迪安野心勃勃，他背叛了暗夜精灵，率领深藏在海底的娜迦族企图叛变。守望者在与尤迪安的交锋中遭遇了围杀，被困在一个荒芜的大岛上。为了杀死守望者，尤迪安开始对这个荒岛施咒，这座岛很快就会沉下去。到那时，岛上的所有人都会遇难。守望者的跑步速度为 17 m/s，以这样的速度是无法逃离荒岛的。庆幸的是守望者拥有闪烁法术，可在 1 s 内移动 60 m，不过每次使用闪烁法术都会消耗魔法值 10 点。守望者的魔法值恢复的速度为 4 点/s，只有处在原地休息状态时才能恢复。

现在已知守望者的魔法初值 M，他所在的初始位置与岛的出口之间的距离 S，岛沉没的时间 T。你的任务是写一个程序帮助守望者计算如何在最短的时间内逃离荒岛，若不能逃出，则输出守望者在剩下的时间内能走的最远距离。注意：守望者跑步、闪烁或休息活动均以秒(s)为单位，且每次活动的持续时间为整数秒。距离的单位为米(m)。

输入格式：

输入文件 escape.in 仅一行，包括空格隔开的三个非负整数 M，S，T。

输出格式：

输出文件 escape.out 包含两行：

第 1 行为字符串“Yes”或“No”（区分大小写），即守望者是否能逃离荒岛。

第 2 行包含一个整数。第一行为“Yes”（区分大小写）时表示守望者逃离荒岛的最短时间；第一行为“No”（区分大小写）时表示守望者能走的最远距离。

输入样例：

39 200 4

输出样例：

No
197

5．混合牛奶（USACO）。

题目描述：

由于乳制品产业利润很低，所以降低原材料（牛奶）价格就变得十分重要。帮助 Marry 乳业找到最优的牛奶采购方案。

Marry 乳业从一些奶农手中采购牛奶，并且每一位奶农为乳制品加工企业提供的价格是不同的。此外，就像每头奶牛每天只能挤出固定数量的奶，每位奶农每天能提供的牛奶数量是一定的。每天 Marry 乳业可以从奶农手中采购到小于或者等于奶农最大产量的整数数量的牛奶。

给出 Marry 乳业每天对牛奶的需求量，还有每位奶农提供的牛奶单价和产量。计算采购足够数量的牛奶所需的最小花费。

注：每天所有奶农的总产量大于 Marry 乳业的需求量。

输入格式：

第 1 行共两个数值：N(0≤N≤2 000 000)是需要牛奶的总数；M(0≤M≤5000)是提供牛奶的农民个数。

第 2 到 M+1 行：每行两个整数：Pi 和 Ai。

Pi(0≤Pi≤1000)是农民 i 的牛奶的单价。

Ai(0≤Ai≤2 000 000)是农民 i 一天能卖给 Marry 的牛奶制造公司的牛奶数量。

输出格式：

单独的一行包含单独的一个整数，表示 Marry 的牛奶制造公司拿到所需的牛奶所要的最小费用。

输入样例：

```
100 5
5 20
9 40
3 10
8 80
6 30
```

输出样例：

```
630
```

6. 观光公交(NOIP2010)。

题目描述：

风景迷人的小城 Y 市，拥有 n 个美丽的景点。由于慕名而来的游客越来越多，Y 市特意安排了一辆观光公交车，为游客提供更便捷的交通服务。观光公交车在第 0 分钟出现在 1 号景点，随后依次前往 2、3、4、…、n 号景点。从第 i 号景点开到第 i+1 号景点需要 Di 分钟。任意时刻，公交车只能往前开，或在景点处等待。

设共有 m 个游客，每位游客需要乘车 1 次从一个景点到达另一个景点，第 i 位游客在 Ti 分钟来到景点 Ai，希望乘车前往景点 Bi(Ai<Bi)。为了使所有乘客都能顺利到达目的地，公交车在每站都必须等待需要从该景点出发的所有乘客都上车后才能出发开往下一景点。

假设乘客上下车不需要时间。

一个乘客的旅行时间，等于他到达目的地的时刻减去他来到出发地的时刻。因为只有一辆观光车，有时候还要停下来等其他乘客，乘客们纷纷抱怨旅行时间太长了。于是聪明的司机 ZZ 给公交车安装了 k 个氮气加速器，每使用一个加速器，可以使其中一个 Di 减 1。对于同一个 Di 可以重复使用加速器，但是必须保证使用后 Di 大于等于 0。

那么 ZZ 该如何安排使用加速器，才能使所有乘客的旅行时间总和最小？

输入格式：

输入文件名为 bus. in。

第1行是3个整数n、m、k，每两个整数之间用一个空格隔开。分别表示景点数、乘客数和氮气加速器个数。

第2行是n－1个整数，每两个整数之间用一个空格隔开，第i个数表示从第i个景点开往第i＋1个景点所需要的时间，即Di。

第3行至m＋2行每行三个整数Ti、Ai、Bi，每两个整数之间用一个空格隔开。第i＋2行表示第i位乘客来到出发景点的时刻，出发的景点编号和到达的景点编号。

输出格式：

输出文件名为 bus. out。共一行，包含一个整数，表示最小的总旅行时间。

输入样例：

```
3 3 2
1 4
0 1 3
1 1 2
5 2 3
```

输出样例：

```
10
```

7. 单词接龙(NOIP2010)。

题目描述：

单词接龙是一个与我们经常玩的成语接龙类似的游戏，现在我们已知一组单词，且给定一个开头的字母，要求出以这个字母开头的最长的“龙”(每个单词都最多在“龙”中出现两次)，在两个单词相连时，其重合部分合为一部分，例如 beast 和 astonish，如果接成一条龙则变为 beastonish，另外相邻的两部分不能存在包含关系，例如 at 和 atide 间不能相连。

输入格式：

输入的第一行为一个单独的整数n(n≤20)表示单词数，以下n行每行有一个单词，输入的最后一行为一个单个字符，表示“龙”开头的字母。你可以假定以此字母开头的“龙”一定存在。

输出格式：

只需输出以此字母开头的最长的“龙”的长度

输入样例：

```
5
at
touch
cheat
choose
tact
a
```

输出样例：

```
23            //(连成的“龙”为 atoucheatactactouchoose)
```

8. 字串变换(NOIP2002)。

已知有两个字串 A$，B$ 及一组字串变换的规则(至多 6 个规则)：

A1$ ->B1$

A2$ ->B2$

规则的含义为：在 A$ 中的子串 A1$ 可以变换为 B1$、A2$ 可以变换为 B2$，以此类推。

例如：A$ ='abcd'　B$ ='xyz'

变换规则为：

'abc'->'xu'　'ud'->'y'　'y'->'yz'

则此时，A$ 可以经过一系列的变换变为 B$，其变换的过程为：

'abcd'->'xud'->'xy'->'xyz'

共进行了三次变换，使得 A$ 变换为 B$。

输入格式：

键盘输入文件名。文件格式如下：

```
A$ B$
A1$ B1$ \
A2$ B2$  |->变换规则
....../
```

所有字符串长度的上限为 20。

输出格式：

输出至屏幕。格式如下：

若在 10 步(包含 10 步)以内能将 A$ 变换为 B$，则输出最少的变换步数；否则输出"NO ANSWER!"

输入样例：

```
abcd xyz
abc xu
ud y
y yz
```

输出样例：

```
3
```

第 3 章　动 态 规 划

动态规划是运筹学的一个分支，它是研究一类最优化问题的方法，在经济、工程技术、企业管理、工农业生产及军事等领域中都有广泛的应用。近年来，在各类程序设计竞赛中，使用动态规划(或部分应用动态规划思维)求解的问题不仅常见，而且形式多种多样，使用方法也灵活多变，可见应用动态规划解题已经成为一种趋势，这和动态规划的优势不无关系。本章将介绍应用动态规划解决一些常见问题的基本方法和优化策略。

3.1　动态规划的基本思想与概念

3.1.1　动态规划的基本思想

要了解动态规划的基本思想，我们先熟悉最优化原理。

1951 年美国数学家 R. Bellman 等人，根据一类多阶段问题的特点，把多阶段决策问题变换为一系列互相联系的单阶段问题，然后逐个加以解决。一些静态模型，只要人为地引进“时间”因素，分成时段，就可以转化成多阶段的动态模型，用动态规划方法去处理。与此同时，他提出了解决这类问题的“最优化原理”(Principle of optimality)：“一个过程的最优决策具有这样的性质，即无论其初始状态和初始决策如何，其今后诸策略对以第一个决策所形成的状态作为初始状态的过程而言，必须构成最优策略。”简言之，一个最优策略的子策略，对于它的初态和终态而言也必是最优的。

这个“最优化原理”如果用数学化一点的语言来描述的话，就是假设为了解决某一优化问题，需要依次作出 n 个决策 D_1、D_2、…、D_n，若这个决策序列是最优的，对于任何一个整数 k，$1<k<n$，不论前面 k 个决策是怎样的，以后的最优决策只取决于由前面决策所确定的当前状态，即以后的决策 D_{k+1}、D_{k+2}、…、D_n 也是最优的。

最优化原理是动态规划的基础。任何一个问题，如果失去了这个最优化原理的支持，就不可能用动态规划方法计算。所以说，它只适于解决一定条件的最优策略问题。或许，大家听到这个结论会很失望。其实，这个结论并没有削减动态规划的光辉，因为属于上面范围内的问题极多，还有许多看似不是这个范围中的问题都可以转化成这类问题。为了更好地理解动态规划的思想，请看下面的例子。

【例 3.1】 斐波那契数列是数学中常见的数列，也叫兔子数列，它满足：a[1]=1，a[2]=1，a[n]=a[n−1]+a[n−2](n>2)。输入 n，输出 a[n] mod 10000007 的值。(n≤100 000)。

输入样例：

```
3
4
5
```

输出样例：

```
2
3
5
```

【算法分析】 看到题目以后，我们可以很轻松地写出两个版本的代码，一个是递推的代码，一个是递归的代码。其中，递归的代码如下：

```
/*
prob: fib-递归
lang: c++
*/
#include<iostream>
#define mod 10000007
using namespace std;
int f(int x)
{    if (x<=2)
         return 1;
     else
         return (f(x-1)+f(x-2))%mod;
}
int main()
{    int n;
     while (cin>>n)
     {
         cout<<f(n)<<endl;
     }
}
```

这一段代码看起来没有问题，但是运行起来却非常慢，当 n=100 的时候已经无法在有限的时间内得到结果。我们来看当 n=5 的例子，如图 3.1 所示。

当 n=5 的时候，使用递归的思路计算，f(3)被重复地调用了 2 次，f(2)被重复地调用了 3 次，而 f(i)无论被调用多少次，它的返回值都是相同的。因此，进行了很多次无用的计算。如果能够在第一次计算 f(i)的时候，把 f(i)的结果记录下来，下一次调用的时候，直接返回 f(i)的值，就可以避免很多次冗余的计算，如图 3.2 所示。这样一来，把冗余的计算都省去，程序的效率将得到质的提升。

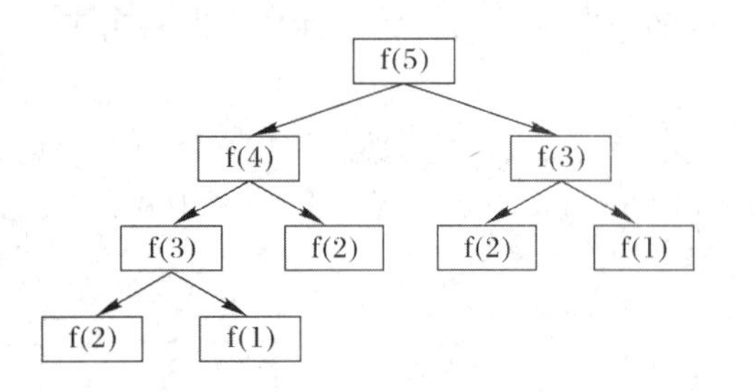

图 3.1　斐波那契数列的计算过程

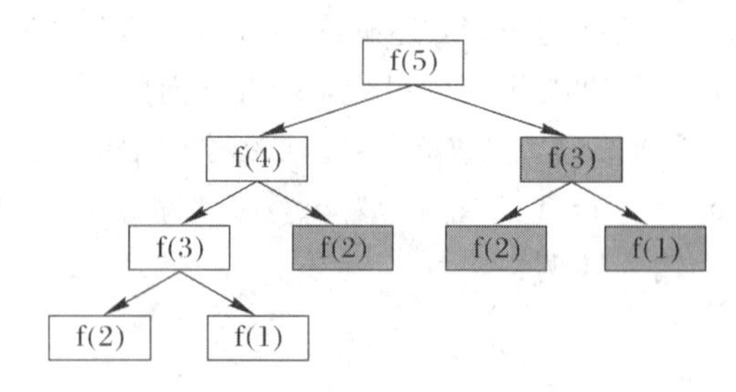

图 3.2　记忆化的优化效果，灰色部分不再被调用

【程序实现】

```
/*
prob: fib－记忆化
lang: c++
*/
#include<iostream>
#define mod 10000007
using namespace std;
int a[100001];
int f(int x)
{   if (a[x]!=0)return a[x];
    if (x<=2)
        return a[x]=1;
    else
        return a[x]=(f(x-1)+f(x-2))%mod;
}
int main()
{   int n;
    while (cin>>n)
    {
        cout<<f(n)<<endl;
    }
}
```

斐波那契数列的求法，从严格意义上来说，并不算是动态规划，但是却和动态规划有着千丝万缕的联系：

(1) 利用多余的空间记录了重复状态的计算结果，避免了冗余的计算。

(2) 有状态转移方程(在这里是 f[i]=f[i−1]+f[i−2]，i≥3)。

(3) 任何一个状态只与确定的前几项直接相关。

在这类问题中，保存已经求得的结果，在下次求解时直接调用结果，而不是重复地计算，这就是动态规划的基本思想。

3.1.2　动态规划的概念

动态规划是运筹学的一个分支。与其说动态规划是一种算法，不如说是一种思维方法来得更贴切。因为动态规划没有固定的框架，即便是应用到同一问题上，也可以建立多种形式的求解算法。许多隐式图上的算法，例如求单源最短路径的 Dijkstra 算法、广度优先搜索算法，都渗透着动态规划的思想。还有许多数学问题，表面上看起来与动态规划风马牛不相及，但是其求解思想与动态规划是完全一致的。

因此，动态规划不像深度或广度优先那样可以提供一套模式，需要的时候，取来就可以使用，它必须对具体问题进行具体分析处理，需要丰富的想象力去建立模型，需要创造性的思想去求解。

前面我们曾说，动态规划不是万能的，它只适于解决满足一定条件的最优策略问题。

"满足一定条件"主要指下面两点：

(1) 状态必须满足最优化原理；

(2) 状态必须满足无后效性。

所谓的无后效性，是指"过去的决策只能通过当前状态影响未来的发展，当前的状态是对以往决策的总结"。

这条特征说明什么呢？它说明动态规划适于解决当前决策和过去状态无关的问题。状态出现在策略的任何一个位置，它的地位都是相同的，都可以实施同样的决策。这就是无后效性的内涵。

3.1.3 动态规划的常用名词

在学习动态规划之前，先得对下面的名词有所了解。本书将标准名词作了一些简化，便于大家更好地理解。

(1) 状态(state)。对于一个问题，所有可能到达的情况(包括初始情况和目标情况)都称为这个问题的一个状态。

(2) 状态变量(s_k)。对每个状态 k 关联一个状态变量 s_k，它的值表示状态 k 所对应的问题的当前解值。

(3) 决策(decision)。决策是一种选择，于每一个状态而言，都可以选择某一种路线或方法，从而到达下一个状态。

(4) 决策变量(d_k)。在状态 k 下的决策变量 d_k 的值表示对状态 k 当前所做出的决策。

(5) 策略。策略是一个决策的集合，在解决问题的时候，我们将一系列决策记录下来，就是一个策略，其中满足某些最优条件的策略称为最优策略。

(6) 状态转移函数(t)。从一个状态到另一个状态，可以依据一定的规则来前进。我们用一个函数 t 来描述这样的规则，它将状态 i 和决策变量 d_i 映射到另一个状态 j，记为 $t(i, d_i)=j$。

(7) 状态转移方程(f)。状态转移方程 f 描述了状态变量之间的数学关系。一般来说，与最优化问题相对应，状态转移方程表示 s_i 的值最优化的条件，或者说是状态 i 所对应问题的最优解值的计算公式，用代数式表示就是：

$s_i=f(\{(s_j, d_j) | i=t(j, d_j)$，对决策变量 d_j 所有可行的取值$\})$

3.1.4 动态规划算法的基本步骤

动态规划求解的基本步骤一般是：

(1) 定义状态；

(2) 划分阶段；

(3) 确定状态转移方程；

(4) 确定边界条件。

【例 3.2】 给定一个三角形，三角形的第一行有 1 个元素，第二行有 2 个元素……第 N 行有 N 个元素，每个元素的值都是正数。现在从三角形的第 1 行 1 列出发，每次只能往下一行的同一列或者下一行的下一列走，走到最后一行停止，路径上能够取得的元素最大值之和是多少？

例如：

```
        1
    2       3
4       5       6
```

若路径为 1→3→6，则能够取得的最大值之和是 1+3+6=10。

【算法分析】 我们按照动态规划的基本求解步骤来解这道题目。

1. 定义状态

动态规划的状态定义方式和搜索算法的状态定义方式很相似。如果本题采用搜索算法来求解，则可以写出这样一个函数模型：

```
dfs(int i, int j, int sum)
```

表示现在走到(i, j)这个点，已经拿到的元素之和为 sum。

根据动态规划的思想，对于任何一个点(i, j)，我们只关心能够走到这个点的最大的和 sum。因此，动态规划的状态定义如下：

$$dp[i][j]=sum,\ 1\leqslant i,\ j\leqslant N,\ j\leqslant i$$

表示走到第 i 行 j 列的时候所能取得的最大元素之和。

2. 划分阶段

在本题中，无论每一步该怎么走，行数 i 必然+1。因此，经过恰好 N−1 步后，将到达三角形的底部，寻找路径的过程结束。所以，本题的阶段就是行走过程中的步数，与状态中的 i 一一对应。

3. 确定状态转移方程

使用搜索算法求解此题，搜索的函数中会有如下代码：

```
dfs(i+1, j, sum+a[i+1][j]);         //向下走
dfs(i+1, j+1, sum+a[i+1][j+1]);     //向右下走
```

说明：每一个坐标(i, j)有两种决策，往下或者往右下走，换个角度思考，每一个坐标(i, j)也有两种到达方式：从上方来或者从左上方来。使用数学语言来描述这句话，就是状态转移方程：

$$dp[i][j]=max(dp[i-1][j],\ dp[i-1][j-1])+a[i][j]$$

4. 确定边界条件

上述状态转移方程，由于是一步一步递推得到的，因此必须确定边界条件。边界条件包含两部分：初始状态和边界状态。

初始状态：dp[1][1]=a[1][1]　　　　//所有的起点都是(1, 1)

边界状态：dp[i][j]=0　　　　　　　//如果(i, j)不在三角形内

此时，就可以编写代码了。

【程序实现】

```
/*
prob: 数字三角形
lang: c++
*/
```

```
#include<iostream>
#include<string.h>
#define mod 10000007
using namespace std;
int n, ans;
int a[105][105], dp[105][105];
int main()
{
    while (cin>>n)
    {
        ans=0;
        memset(dp, 0, sizeof(dp));
        for (int i=1; i<=n; i++)
            for (int j=1; j<=i; j++)
                cin>>a[i][j];
        dp[1][1]=a[1][1];
        for (int i=2; i<=n; i++)
            for (int j=1; j<=i; j++)
            {
                dp[i][j]=max(dp[i-1][j], dp[i-1][j-1])+a[i][j];
                ans=max(ans, dp[i][j]);
            }
        cout<<ans<<endl;
    }
}
```

3.2 动态规划的简单应用

3.2.1 线性动态规划

【例 3.3】 魔族密码。

题目描述：魔族现在使用一种新型的密码系统。每一个密码都是一个给定的仅包含小写字母的英文单词表，每个单词至少包含 1 个字母，至多 75 个字母。如果在一个由一个词或多个词组成的表中，除了最后一个以外，每个单词都被其后的一个单词所包含，即前一个单词是后一个单词的前缀，则称词表为一个词链。例如下面的单词组成了一个词链：

i
int
integer

但下面的单词不组成词链：

integer
intern

现在你要做的就是在一个给定的单词表中取出一些词，组成最长的词链，就是包含单词数最多的词链。将它的单词数统计出来，就得到密码了。

输入格式：第一行为单词表中的单词数 N(1≤N≤2000)，下面每一行有一个单词，按字典顺序排列，中间也没有重复的单词。

输入样例：

```
5
i
int
integer
intern
internet
```

输出样例：

```
4
```

样例解释：

```
i->int->intern->internet
```

【算法分析】 这道题目就是一道典型的线性动态规划，为了更好地理解它，我们首先来看它的搜索实现。如果用搜索算法来写这道题目，写起来是非常容易的，代码如下：

```
/*
prob: vijos-p1028-dfs
lang: c++
*/
#include<iostream>
#include<string.h>
using namespace std;
int n;
string s[2005];
int dp[2005];
int ans=0;
bool can(int i, int j)
{
    if (i==0)return true;
    if (s[j].find(s[i])==0)return true;
    return false;
}
//i 指的是当前搜索到了哪一个字符串
//step 指的是当前一共接了几个字符串
int dfs(int i, int step)
{
    ans=max(ans, step);
    for (int j=i+1; j<=n; j++)
    if (can(i, j))
    {
```

```
            dfs(j, step+1);
        }
        return 0;
    }
    int main()
    {
        while (cin>>n)
        {
            ans=0;
            memset(dp, 0, sizeof(dp));
            for (int i=1; i<=n; i++)
            {
                cin>>s[i];
            }
            dfs(0, 0);
            cout<<ans<<endl;
        }
    }
```

再看这样一个例子：

输入：

i, it, in, int, inter, internet

同样是 inter 结尾的单词序列，搜索的过程中会遇到以下几种可能：

i->inter

in->inter

int->inter

i->in->inter

i->int->inter

in->int->inter

i->in->int->inter

它们都是以 inter 结尾的单词序列，之后能接的最长序列长度是一样的，假设从 inter 之后接出来的最长单词序列长度是 x，而接到 inter 结尾的每一种情况的单词长度是 a[i]的话，那么，每一种情况下的单词序列长度就是 a[i]+x。对于本题，我们只关注最优解，而对于所有以 inter 结尾的单词序列，x 都是相同的，那么，必然只有最大的 a[i]才有可能产生最优解，而其他的状态都是无用的，我们不应该去计算它。

因此，可以这样来定义一个状态：

dp[i]表示以第 i 个单词结尾的单词序列的最长长度。例如，dp[5]表示以 inter 结尾的单词序列中，最长的那一个序列的长度。显然，dp[5]=4。

之后，我们来考虑任何两个状态之间的联系：

对于一个 dp[i]来说，哪些 dp[j]和它相关呢？拿 inter 来举例子，以 inter 结尾的单词序列，只和 i、in、int 结尾的单词序列有关。更普遍的描述是：和 i 有关的每一个 j 满足：

(1) j<i；

(2) s[j]是 s[i]的前缀。

当 j 可以接在 i 的前面时，dp[j]和 dp[i]的关系见表 3.1。

表 3.1　dp[i]与 i 的关系

i	1	2	3	4	5	6
dp[i]	1	1	2	3	4	5

对于 dp[5]，它与 dp[1]、dp[3]、dp[4]都有联系，也就是说，以第 5 个字符串结尾的单词序列，可以由以第 1、3、4 个字符串结尾的单词序列接上第五个单词，组成更长的一个单词序列，因此：

dp[5]=dp[i]+1　　　　i=1，3，4

更普遍的：

dp[i]=dp[j]+1　　　　j<i 且 s[j]是 s[i]的前缀

而我们只关心这其中最大的那一个，因此，需要在这个方程上做轻微的改动：

dp[i]=max(dp[i]，dp[j]+1)　　　　j<i 且 s[j]是 s[i]的前缀

还需要注意初始状态：

dp[i]=1

因为每一个字符串自己也是一个单词序列。

有了初始状态、状态和状态转移方程，就是一个完整的动态规划模型了。

【设计技巧】 动态规划的常用实现方式有递推和递归两种，本题使用递推的方式实现起来更容易，效率更高。

递推又分为顺推和逆推，本题将使用两种写法实现，方便读者更好地理解动态规划。

【程序实现】

```
/*
prob: vijos-p1028-逆推
lang: c++
*/
#include<iostream>
#include<string.h>
using namespace std;
int n;
string s[2005];
int dp[2005];
bool can(int i, int j)
{
    if (s[j].find(s[i])==0)return true;
    return false;
}
int main()
{
    while (cin>>n)
    {   memset(dp, 0, sizeof(dp));
        for (int i=1; i<=n; i++)
```

```
            {
                cin>>s[i];
            }
            int ans=0;
            //对任何一个i，枚举所有可以接在它之前的字符串j
            for (int i=1; i<=n; i++)
            {   dp[i]=1;
                for (int j=1; j<i; j++)
                if (can(j, i))
                {
                    dp[i]=max(dp[i], dp[j]+1);
                }
                ans=max(ans, dp[i]);
            }
            cout<<ans<<endl;
        }
    }

/*
prob: vijos-p1028-顺推
lang: c++
*/
#include<iostream>
#include<string.h>
using namespace std;
int n;
string s[2005];
int dp[2005];
bool can(int i, int j)
{   if (s[j].find(s[i])==0)return true;
    return false;
}
int main()
{
    while (cin>>n)
    {
        memset(dp, 0, sizeof(dp));
        for (int i=1; i<=n; i++)
        {
            cin>>s[i];
        }
        int ans=0;
```

```
        //对任何一个i，枚举它可以接在哪些字符串之前
        for (int i=1; i<=n; i++)
        {   if (dp[i]==0)dp[i]=1;
            for (int j=i+1; j<=n; j++)
            if (can(i, j))
            {
                dp[j]=max(dp[j], dp[i]+1);
            }
            ans=max(ans, dp[i]);
        }
        cout<<ans<<endl;
    }
}
```

两种实现方式略有不同，时间复杂度都是 $O(N^2)$

这道题本质上是一类非常典型的线性动态规划算法：最长上升子序列。最长上升子序列的模型：一个数的序列 b_i，当 $b_1<b_2<\cdots<b_S$时，我们称这个序列是上升的。对于给定的一个序列(a_1，a_2，…，a_n)，我们可以得到一些上升的子序列(a_{i1}，a_{i2}，…，a_{ik})，这里 $1\leqslant i_1<i_2<\cdots<i_k\leqslant N$。比如，对于序列(1，7，3，5，9，4，8)，有它的一些上升子序列，如(1，7)，(3，4，8)等等。这些子序列中最长的长度是4，比如子序列(1，3，5，8)。我们的任务就是对于给定的序列，求出最长上升子序列的长度。

最长上升子序列类型的题目，无论题目怎么变化，状态转移方程总是一样，只需要改变 can( )函数的写法，就可以适用。

【例 3.4】 乘积最大。

题目描述：2000 年是国际数学联盟确定的“2000——世界数学年”，又恰逢我国著名数学家华罗庚先生 90 周年诞辰。在华罗庚先生的家乡江苏金坛，组织了一场别开生面的数学智力竞赛的活动，你的一个好朋友 XZ 也有幸得以参加。活动中，主持人给所有参加活动的选手出了这样一道题目：

设有一个长度为 n 的数字串，要求选手使用 k 个乘号将它分成 k+1 个部分，找出一种分法，使得这 k+1 个部分的乘积能够最大。

同时，为了帮助选手能够正确理解题意，主持人还举了如下一个例子：

有一个数字串 312，当 n=3，k=1 时会有以下两种分法：

(1) 3×12=36。

(2) 31×2=62。

这时，符合题目要求的结果是：31×2=62。

现在，请你帮助你的好朋友 XZ 设计一个程序，求得正确的答案。

输入格式：

程序的输入共有两行：

第一行共有 2 个自然数 n，k($6\leqslant n\leqslant 40$，$1\leqslant k\leqslant 6$)；

第二行是一个长度为 n 的数字串。

输出格式：

屏幕输出(结果显示在屏幕上)，相对于输入，应输出所求得的最大乘积(一个自然数)。

输入样例：

```
4 2
1231
```

输出样例：

```
62
```

【算法分析】 首先，用搜索的思路做这一道题是有道理的，但是效率上却满足不了要求，而且当 n 的范围更大一些，搜索算法必然会超出时间限制。因此，必须往动态规划的思路上想。求解动态规划问题，一种不错的思路是，找出在搜索的过程中不断变化的量。对于这道题目，在搜索算法中不断变化的量有：已经添加的乘号数 k，已经考虑过的数字 n，当前的乘积 sum。

其中，我们要求的是最大的乘积，因此我们可以尝试把状态定义成：dp[n][k]，它对应的值表示的是当前的乘积 sum。

首先考虑 dp[n][k]表示什么。它表示在搜索的过程中，我们已经考虑了前 n 个数字，一共添加了 k 个乘号后得到的当前最大乘积。那么，dp[n][k]就是我们要求的目标。

接下来考虑一般情况下状态该怎么转移：对于任何一个已经添加了 k 个乘号的状态，它只能够转移到添加了 k+1 个乘号的状态，并且第 k+1 个乘号和第 k 个乘号之间至少要相隔一个数字(也就是 dp[n][k]不能转移到 dp[n][k+1])。每次转移的时候，都会多增加一个数字乘进来。所以，状态转移方程如下：

dp[n][k]=max(dp[t][k−1]·cal(t+1, n))，t<n 并且 dp[t][k−1]是有效状态

有效状态是指，这个状态现在确实是有值的，而不是一个根本没有被求过的值，例如 dp[5][6]就是一个无效状态，因为 5 个数字添加 6 个乘号是不可能的。

最后考虑初始状态。这道题目中，k 是一个很明显的阶段，因此，需要知道当 k 最小的时候，初始值是什么。对于此题，k 最小是 0，因此，需要在递推求解之前，把每一个 dp[t][0]初始化成 cal(0, t)(cal(i, j)表示把 i..j 这一段数字连起来以后的值)，例如 12345，下标从 0 开始算，cal(2, 4)=345。

现在，本题的方程就显而易见了：

k≥1：dp[n][k]=max(dp[t][k−1]·cal(t+1, n))t<n&&dp[t][k−1]是有效状态。

k=0：dp[n][k]=cal(0, n)。

【设计技巧】 动态规划的利用空间换时间的设计思想往往在很多地方是可以用到的。首先，对于 cal(i, j)这个函数来说，每次需要枚举从 i 到 j 这一段的所有数字，把它们连在一起。对于此题来说，最多只有约 40×40=160 种可能的组合，因此，可以在实现代码之前，预先把所有的结果计算并保存起来，这样每次调用 cal(i, j)可以改成直接调用数组 arr[i][j]，复杂度从 O(n)降低到了 O(1)。其中，每次在状态转移的过程中计算的复杂度叫做状态转移复杂度。

此外，判断一个状态是否合法，可以这么做：首先把所有的 dp 数组都赋值成−1，然后按照正常的思路进行转移，如果一个状态是非法状态，那么它必然是由非法状态转移来的，

但我们并没有给任何一个非法状态以初始值，因此，非法状态也会一直非法下去。由于题目给出的 n 的范围达到了 40，需要用到 long long 类型。

【程序实现】

```
/*
prob: vijos-p1347
lang: c++
time: 15 ms
*/
#include<iostream>
#include<string.h>
using namespace std;
int n, k;
string s;
long long arr[41][41];
long long dp[41][7];
long long cal(int i, int j)
{    long long ans=0;
     for (; i<=j; i++)
     {
          ans=ans*10+(s[i]-'0');
     }
     return ans;
}
int main()
{    while (cin>>n>>k)
     {    cin>>s;
          memset(dp, -1, sizeof(dp));
          for (int i=0; i<n; i++)
               for (int j=0; j<n; j++)
                    arr[i][j]=cal(i, j);
          for (int i=0; i<n; i++)
          {    dp[i][0]=arr[0][i];
          }
          for (int i=0; i<n; i++)
               for (int j=1; j<=k; j++)
               {    for (int t=0; t<i; t++)
                    if (dp[t][j-1]!=-1)
                    {    dp[i][j]=max(dp[i][j], dp[t][j-1]*arr[t+1][i]);
                    }
               }
          cout<<dp[n-1][k]<<endl;
     }
}
```

【例 3.5】 题目描述：你赢得了一场航空公司举办的比赛，奖品是一张加拿大环游机票。旅行从这家航空公司开放的最西边的城市开始，然后一直自西向东旅行，直到你到达最东边的城市，再由东向西返回，直到你回到开始的城市。除了旅行开始的城市之外，每个城市只能访问一次，开始的城市必定要被访问两次(旅行的开始和结束时)。

当然不允许使用其他公司的航线或者用其他的交通工具。

给出这个航空公司开放的城市的列表和两两城市之间的直达航线列表。找出能够访问尽可能多的城市的路线，这条路线必须满足上述条件，也就是从列表中的第一个城市开始旅行，访问到列表中最后一个城市之后再返回第一个城市。

输入格式：

第 1 行：航空公司开放的城市数 N 和将要列出的直达航线的数量 V。N 是一个不大于 100 的正整数，V 是任意的正整数。

第 2～N+1 行：每行包括一个航空公司开放的城市名称。城市名称按照自西向东排列。不会出现两个城市在同一条经线上的情况。每个城市的名称都是一个字符串，最多 15 字节，由拉丁字母表上的字母组成；城市名称中没有空格。

第 N+2～N+2+V−1 行：每行包括两个城市名称(由上面列表中的城市名称组成)，用一个空格分开。这样就表示两个城市之间的直达双程航线。

输出格式：

Line 1：按照最佳路线访问的不同城市的数量 M。如果无法找到路线，输出 1。

输入样例：

```
8 9
Vancouver
Yellowknife
Edmonton
Calgary
Winnipeg
Toronto
Montreal
Halifax
Vancouver Edmonton
Vancouver Calgary
Calgary Winnipeg
Winnipeg Toronto
Toronto Halifax
Montreal Halifax
Edmonton Montreal
Edmonton Yellowknife
Edmonton Calgary
```

输出样例：

```
7
```

解释：也就是 Vancouver、Edmonton、Montreal、Halifax、Toronto、Winnipeg、Calgary和 Vancouver(回到开始城市，但是不算在不同城市之内)。

【算法分析】 这道题相比于前两道例题，难度要大出许多，需要仔细思考。此题需要求的是一条往返路线，并且这一条路线上面除了起点，任何一个城市都不能重复经过。也就是说，这个题需要的是一条从1到N，再从N到1的路线。换个角度来想，它相当于要求两条从1到N的路线，并且路线上的所有点不能重复。

如果只是一条路线，那么这道题目的方程是显而易见的：

dp[i]=max(dp[i]，d[j]+1)，　　j<i&&map[j][i]

但是，现在需要两条路线，如何保证这两条路线相互不重复呢？看下面一个例子，以下是两条相互不重复的路线：

1 5 8 10

1 6 7 11

假设没有任何两条航线在同一时间出发，那么上面的两条路线，必定经过了6个时间点(从1到5，5到8，8到10，1到6，6到7，7到11)。航线可能的飞行顺序有很多，但这些顺序并不影响我们的答案，也就是说，我们可以人为地给它安排一个飞行的顺序：

(1) 第一个人从1到5，此时，第一个人在5，第二个人在1。

(2) 第二个人从1到6，此时，第一个人在5，第二个人在6。

(3) 第二个人从6到7，此时，第一个人在5，第二个人在7。

(4) 第一个人从5到8，此时，第一个人在8，第二个人在7。

(5) 第一个人从8到10，此时，第一个人在10，第二个人在7。

(6) 第二个人从7到11，此时，第一个人在10，第二个人在11。

每一次飞行的目的地编号总是大于两人此刻所在的编号，这样一来，这一次的目的地必然不会和之前的所有目的地重复。每次都依照这个原则来飞行，则两个序列永远都不会有交集。因此，状态可以这么定义：

dp[i][j]表示第一个人在i，第二个人在j，他们旅行经过的最多的城市，那么，对于每一个dp[i][j]，枚举每一个他们此次可以飞行的目的地k(k需要满足k>max(i，j))，有：

dp[i][k]=max(dp[i][k]，dp[i][j]+1)　　从j飞到k

dp[k][j]=max(dp[k][j]，dp[i][j]+1)　　从i飞到k

这样求完之后，每一个dp[i][j](i!=j)都被求了出来，但答案要求的应该是dp[n][n]。此时，再枚举一遍所有的dp[i][j]，判断一下i和j是否都能飞往n点即可。

【设计技巧】 使用邻接矩阵读入即可。

【程序实现】

```
/*
PROG：tour
lang：c++
*/
#include<cstdio>
#include<cstring>
#include<algorithm>
#include<iostream>
#include<string>
#include<map>
```

```
using namespace std;

int n, v;
map<string, int>city;
string name[105];
int arr[105][105];
int dp[105][105];
int main(){
    freopen("tour.in", "r", stdin);
    freopen("tour.out", "w", stdout);
    scanf("%d %d", &n, &v);
    string sa, sb;
    for (int i=1; i<=n; i++)
    {
        cin>>sa;
        city[sa]=i;
        name[i]=sa;
    }
    for (int i=1; i<=v; i++)
    {   cin>>sa>>sb;
        arr[city[sa]][city[sb]]=1;
        arr[city[sb]][city[sa]]=1;
    }
    arr[n][n]=1;
    dp[1][1]=1;
    for (int i=1; i<=n; i++)
    {   for (int j=1; j<=n; j++)
        {
            if (! dp[i][j])continue;
            for (int k=max(i, j)+1; k<=n; k++)
            {
                if (arr[j][k])dp[i][k]=max(dp[i][k], dp[i][j]+1);
            }
            for (int k=max(i, j)+1; k<=n; k++)
            {
                if (arr[i][k])dp[k][j]=max(dp[k][j], dp[i][j]+1);
            }
        }
    }
    int ans=0;
    for (int i=1; i<n; i++)
    {
        for (int j=1; j<n; j++)
```

```
        {   if (arr[i][n] && arr[j][n])
            {
                ans=max(ans, dp[i][j]+1);
            }
        }
    }
    cout<<ans<<endl;
    return 0;
}
```

3.2.2　背包动态规划

背包型动态规划是一种典型的动态规划，它的基本模型是：有 N 件物品，每一件物品的价格是 V_i，价值是 W_i，现在有 C 元，问最多能买到价值多少的物品。

背包问题可以延伸出很多变种：01 背包、完全背包、多重背包、混合背包、二维费用背包等等，本节将挑选其中典型的问题进行分析。

【例 3.6】 01 背包。

有 N 件物品，每一件物品的价格是 V_i，价值是 W_i，现在有 C 元，问最多能买到价值多少的物品。

【算法分析】 大多动态规划的题目，都很容易想到一个搜索的做法，此题也不例外。每一件物品只有取和不取两种情况，对于 N 件物品来说，最多只有 2^N 种情况，递归穷举每一种情况，更新最优解即可，时间复杂度是 $O(2^N)$。

```
/*
PROG: 01 背包-dfs
LANG: C++
*/
#include<iostream>
#include<string>

using namespace std;
int n, c, best;
int w[1050], v[1050];
void dfs(int i, int V, int W)
{
    best=max(best, W);
    if (i>n)return;
    dfs(i+1, V, W);
    if (V+v[i]<=c)
        dfs(i+1, V+v[i], W+w[i]);
    return;
}

int main()
```

```
{
    while (cin>>n>>c)
    {
        best=0;
        for (int i=1; i<=n; i++)
        {
            cin>>v[i]>>w[i];
        }
        dfs(1, 0, 0);
        cout<<best<<endl;
    }
}
```

接下来，我们试着从搜索的过程中提取变化中的量。i：当前考虑到第 i 个物品；V：当前的总价格；W：当前的总价值；其中，W 是要求的值。如此一来，状态定义就显而易见了：dp[i][V]=W，表示当前考虑了前 i 个物品，一共买了价格为 V 的时候的最大总价值。(注意，并不是所有的动态规划问题把答案作为状态对应的最优解，都是最好的选择)。

那么，状态转移方程就很容易推出来了：

dp[i][V]=max(dp[i−1][V], dp[i−1][V−v[i]]+W[i])

其中，dp[i−1][V]表示没有选择第 i 个物品，dp[i−1][V−v[i]]表示选择了第 i 个物品。

初始状态是 dp[0][0]=0，表示一个物品都没考虑的时候，没有花一分钱，也没有拥有任何有价值的物品。

【设计技巧】 首先分析这个动态规划的阶段，它的阶段性特别明显：每考虑一个物品选或者不选，是一个阶段，也就是 i。每一个阶段只与上一个阶段有关，也就是每个 dp[i]只与 dp[i−1]有关，因此，在设计代码的时候，不需要定义一个长度为 n×C 的数组，而使用一个长度为 2×C 的滚动数组来代替就可以。当 i 是奇数的时候，用 dp[1][V]来存储每一个状态，反之当 i 是偶数的时候，用 dp[0][V]来存储每一个状态。

实际上，01 背包的实现，连滚动数组都是不必要的，每一个 dp[i][V]只与每一个 $V' \leqslant V$ 的 dp[i−1][V′]有关，因此，可以只定义一个一维数组，每次更新的时候倒着来更新，保证在更新到 V 的时候，比 V 小的 dp[V]都存储的是上一个阶段的答案，比 V 大的 dp[V]都存储的是这一阶段的答案即可。

【程序实现】

```
/*
PROG: 01 背包
LANG: C++
*/
#include<iostream>
#include<string>
#define maxc 1050
using namespace std;
int n, c, best;
int w[1050], v[1050];
```

```
int dp[maxc];
int main()
{
    while (cin>>n>>c)
    {
        best=0;
        for (int i=1; i<=n; i++)
        {
            cin>>v[i]>>w[i];
        }
        for (int i=1; i<=n; i++)
            for (int j=c; j>=v[i]; j--)
            {
                dp[j]=max(dp[j], dp[j-v[i]]+w[i]);
                best=max(best, dp[j]);
            }
        cout<<best<<endl;
    }
}
```

【例 3.7】 完全背包。

有 N 种物品，每一种物品的价格是 V_i，价值是 W_i，现在有 C 元，问最多能买到价值多少的物品。同一种物品可以买任意多件。

【算法分析】 完全背包是 01 背包的一个变种，同一件物品可以买任意多次了。最容易想到的思路就是人为地认为每一种物品有 C/V_i 件，然后用 01 背包的思路来解，这样做，时间复杂度是 $O(C\sum C/V_i)$。而实际上，完全背包在实现上根本不需要拆分物品，只需要将 01 背包中 for (int j=c; j>=v[i]; j--)这一句改成 for (int j=v[i]; j<=c; j++)即可。

考虑 01 背包实现的方式，倒着写这一重循环，目的就是避免把阶段混淆，让一个物品被选多次，而在完全背包里面，一个物品可以被选多次，同一个阶段之间的状态是可以互相转移的，用本阶段的状态来更新本阶段的状态，结果就是一个物品被选择了多次。

为节省篇幅，此处不再给出完全背包的代码。

【例 3.8】 多重背包。

有 N 种物品，每一种物品的价格是 V_i，价值是 W_i，有 K_i 件，现在有 C 元，问最多能买到价值多少的物品。

【算法分析】 多重背包与完全背包的区别是，一种物品不再是无限多，而是有限多个。这样一来，完全背包的实现方式将不再正确。最简单的思路依然是，把每种物品当做 K_i 个不同的物品，然后用 01 背包的思路来做，时间复杂度是 $O(C\sum K_i)$。但是，这样做并没有很好地利用每一种物品相同的这一特性，只是单纯地把物品拆分开来。为了把这个题目的正解搞懂，先来看这样一道智力题。

有一个天平，左边放砝码，右边放物品，最少需要多少个砝码，才能够使得 1～1000 这些整数克全部都能被称出来？（每个砝码的重量任意。）

这道题目的答案是1、2、4、8、16、32、64、128、256、512，共10个，就可以把1～1003之间的所有重量都称出来，利用的是二进制的思想，具体证明过程略。

那么题目稍微再改一改，使得1～1000这些重量都能被称出来，而其他重量都不能被称出来，那又该怎么做呢？

答案是1、2、4、8、16、32、64、128、256、489。这样只能称出来1～1000之间的重量，而不能称出来1001以上的重量。

【设计技巧】 类比到此题中，我们本来将一个物品拆分成了K_i件物品，现在，利用二进制的思想，我们可以把它拆分成$\ln K_i$件，每一件新的物品相当于原来物品的一个打包，分别包含了1个、2个、4个、8个、… 同样的物品，然后枚举这些物品选或者不选，就可以包含选1、2、3、…、K_i个物品的全部情况了。

这样实现，把原来的复杂度又降低了一个级别，变成了$O(C\sum\ln K_i)$，效率得到了质的飞跃。

【程序实现】

```
/*
PROG：多重背包
LANG：C++
*/
#include<iostream>
#include<string>
#define maxc 1050
using namespace std;
int n, c, best;
int w[1050], v[1050], k[1050];
int dp[maxc];
int main()
{
    while (cin>>n>>c)
    {
        best=0;
        for (int i=1; i<=n; i++)
        {
            cin>>v[i]>>w[i]>>k[i];
        }
        for (int i=1; i<=n; i++)
        {   //枚举1、2、4、…
            for (int now=1; k[i]!=0; now *=2)
            {
                if (now>k[i])now=k[i]; //用来保证不会超过原有数量
                k[i]-=now;
                for (int j=c; j>=now*v[i]; j--)
                {   dp[j]=max(dp[j], dp[j-now*v[i]]+w[i]*now);
```

```
                    best=max(best, dp[j]);
                }
            }
        }
        cout<<best<<endl;
    }
}
```

【例 3.9】 混合背包。

混合背包是 01 背包、完全背包、多重背包的混合考察，表示的是有 N 个物品，有的物品只有 1 个，有的物品有无数个，有的物品有若干个，问能够买到的最大价值。

这样的题目只需要冷静下来，把三种情况下的代码都写对即可。

但很多时候，混合背包问题其模型并不是那么明显，需要我们一层层地去剥开它。

【例 3.10】 飞扬的小鸟。

题目描述：Flappy Bird 是一款风靡一时的休闲手机游戏。玩家需要不断控制点击手机屏幕的频率来调节小鸟的飞行高度，让小鸟顺利通过画面右方的管道缝隙。如果小鸟一不小心撞到了水管或者掉在地上的话，便宣告失败。

为了简化问题，我们对游戏规则进行了简化和改编：

(1) 游戏界面是一个长为 n、高为 m 的二维平面，其中有 k 个管道(忽略管道的宽度)。

(2) 小鸟始终在游戏界面内移动。小鸟从游戏界面最左边任意整数高度位置出发，到达游戏界面最右边时，游戏完成。

(3) 小鸟每个单位时间沿横坐标方向右移的距离为 1，竖直移动的距离由玩家控制。如果点击屏幕，小鸟就会上升一定高度 x，每个单位时间可以点击多次，效果叠加。

如果不点击屏幕，小鸟就会下降一定高度 y。小鸟位于横坐标方向不同位置时，上升的高度 x 和下降的高度 y 可能互不相同。

(4) 小鸟高度等于 0 或者小鸟碰到管道时，游戏失败。小鸟高度为 m 时，无法再上升。

现在，请你判断是否可以完成游戏。如果可以，输出最少点击屏幕数；否则，输出小鸟最多可以通过多少个管道缝隙。

【输入格式】

输入文件名为 bird.in。

第 1 行有 3 个整数 n、m、k，分别表示游戏界面的长度、高度和水管的数量，每两个整数之间用一个空格隔开；

接下来的 n 行，每行有两个由一个空格隔开的整数 x 和 y，依次表示在横坐标位置 0～n－1 上玩家点击屏幕后，小鸟在下一位置上升的高度 x，以及在这个位置上玩家不点击屏幕时，小鸟在下一位置下降的高度 y。

接下来的 k 行，每行有 3 个整数 p、l、h，每两个整数之间用一个空格隔开。每行表示一个管道，其中 p 表示管道的横坐标，l 表示此管道缝隙的下边沿高度 h 表示此管道缝隙上边沿的高度(输入数据保证 p 各不相同，但不保证按照大小顺序给出)。

【输出格式】

输出文件名为 bird.out。共两行：

第一行，包含一个整数，如果可以成功完成游戏，则输出 1，否则输出 0。

第二行，包含一个整数，如果第一行为1，则输出成功完成游戏需要最少点击屏幕数；否则，输出小鸟最多可以通过多少个管道缝隙。

【输入样例1】

```
10 10 6
3 9
9 9
1 2
1 3
1 2
1 1
2 1
2 1
1 6
2 2
1 2 7
5 1 5
6 3 5
7 5 8
8 7 9
9 1 3
```

【输出样例1】

```
1
6
```

【输入样例2】

```
10 10 4
1 2
3 1
2 2
1 8
1 8
3 2
2 1
2 1
2 2
1 2
1 0 2
6 7 9
9 1 4
3 8 10
```

【输出样例2】

```
0
3
```

【输入输出样例说明】

小鸟的飞行轨迹如图 3.3 所示。

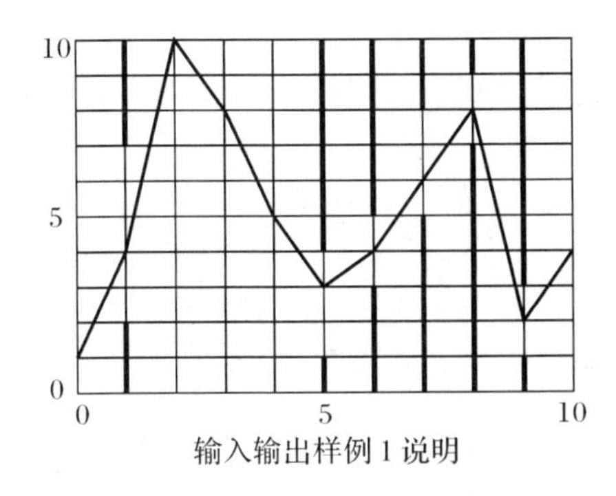

输入输出样例 1 说明

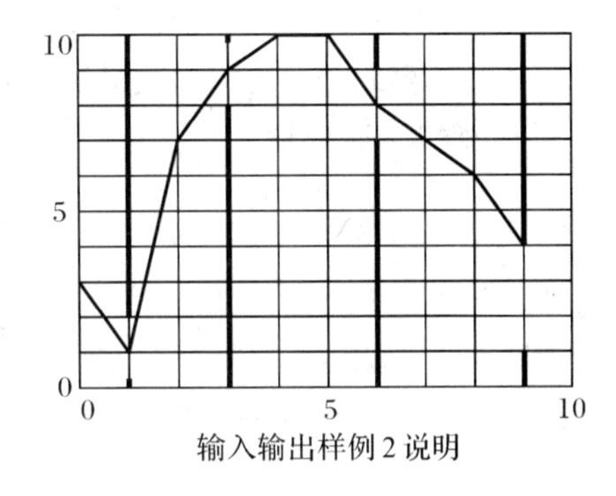

输入输出样例 2 说明

图 3.3 小鸟的飞行轨迹

【数据范围】

对于 30％ 的数据：$5\leqslant n\leqslant 10$，$5\leqslant m\leqslant 10$，$k=0$，保证存在一组最优解使得同一单位时间最多点击屏幕 3 次；

对于 50％ 的数据：$5\leqslant n\leqslant 20$，$5\leqslant m\leqslant 10$，保证存在一组最优解使得同一单位时间最多点击屏幕 3 次；

对于 70％的数据：$5\leqslant n\leqslant 1000$，$5\leqslant m\leqslant 100$；

对于 100％的数据：$5\leqslant n\leqslant 10000$，$5\leqslant m\leqslant 1000$，$0\leqslant k<n$，$0<x<m$，$0<y<m$，$0<p<n$，$0\leqslant l<h\leqslant m$，$l+1<h$。

【算法分析】 这道题目就是一道非常不明显的背包问题，用 Flappy Bird 游戏把题目背后的模型遮挡得比较好。想做出来这道题目，首先应当从提取变化中的量入手。

在小鸟飞行的过程中，在变化的量有：小鸟所在的坐标(x，y)，以及点击的次数 k。对于任何一个小鸟到达的坐标来说，自然是点击得越少越好。因此，状态很容易被定义出来：

$$dp[x][y]=k$$

用 k 来表示小鸟到达坐标(x，y)所需要的最少点击次数。用－1 表示不能到达那个坐标，用非负数表示点击的次数 k，那么答案就是 x 最大时的非－1 数或者是 x 最大时最小的那一个 k。

对每一个坐标，玩家都有很多种选择：不点击，点击 1 次，点击 2 次，点击 3 次，点击 4 次，…，点击无数次。

首先来考虑点击和不点击。这不就是一个典型的 01 背包吗？点击一次则点击次数＋1，高度上升 h，不点击则点击次数不变，高度下降 y。因此，在每一个点，考虑点击或者是不点击，可以用 01 背包的形式实现。

接下来，在点击的基础上，考虑点击 1 次、点击 2 次、点击 3 次、…情况下的结果。点击 1 次高度上升 h，点击 2 次高度上升 2h，…这刚好就是典型的完全背包问题！

因此，这道题目分成两部分来处理：

在每一个阶段(也就是每一个 x)，首先用 01 背包的思路考虑不点击带来的影响，存入数组 A；然后再用完全背包的思路，考虑点击带来的影响，存入数组 B；最后把两个数组合并即可。

需要注意的是，在背包问题中，不点击(购买)并不会造成损失，而本题中，不点击(购买)会造成高度的下降，因此，不能够使用一个数组来处理，而应该再定义一个辅助数组来帮助实现代码，把不点击(购买)的情况记录在结果数组里。

另外需要注意的是，当点击之后高度超过最大高度 m 后，高度会变成 m，因此，当高度为 m 的时候要特殊处理。

【设计技巧】 在编写代码的时候，为了方便处理，可以将有水管的地方的 dp 值直接修改成－1，这样既方便代码的编写，又便于理解。

另外，定义更多的辅助数组来帮我们编写代码，可以使我们更好地调试它。需要频繁调用的调试输出语句，不妨写成一个单独的函数，哪里需要就在哪里调用。

【程序实现】

```
/*
PROG：飞扬的小鸟
LANG：C++
*/
#include<iostream>
#include<string.h>
#include<algorithm>
using namespace std;
int n, m, k, p, x, y;
int dp[1005];
int u[10005], d[10005];
int l[10005], h[10005];
int tt[1005], gg[1005];
int ans=0;
int chuli1(int now)
{
    for (int i=0; i<=m; i++)
        tt[i]=-1;
    //完全背包
    for (int i=u[now]; i<=m; i++)
    {
        if (dp[i-u[now]]!=-1)
        {
            if (tt[i]==-1)tt[i]=dp[i-u[now]]+1;
            tt[i]=min(tt[i], dp[i-u[now]]+1);
        }
        if (tt[i-u[now]]!=-1)
        {
            if (tt[i]==-1)tt[i]=tt[i-u[now]]+1;
            tt[i]=min(tt[i], tt[i-u[now]]+1);
        }
    }
    //对于DP[m]单独处理
```

```
    for (int i=max(1, m-u[now]); i<=m; i++)
    {
        if (tt[i]!=-1)
        {
            if (tt[m]==-1)tt[m]=tt[i]+1;
            tt[m]=min(tt[m], tt[i]+1);
        }
        if (dp[i]!=-1)
        {
            if (tt[m]==-1)tt[m]=dp[i]+1;
            tt[m]=min(tt[m], dp[i]+1);
        }
    }
    for (int i=0; i<u[now]; i++)tt[i]=-1;
}
int chuli2(int now)
{
    memset(gg, -1, sizeof(gg));
    for (int i=1; i<=m; i++)
    {
        if (i+d[now]<=m && dp[i+d[now]]!=-1)
        {
            if (gg[i]==-1)gg[i]=dp[i+d[now]];
            gg[i]=min(gg[i], dp[i+d[now]]);
        }
    }
}

int hebing(int now)
{
    int xia=0, shang=m;
    memset(dp, -1, sizeof(dp));
    if (l[now]!=-1)
    {
        xia=l[now]+1;
        shang=h[now]-1;
    }
    for (int i=xia; i<=shang; i++)
    {
        if (tt[i]!=-1)
        {   ans=now;
            if (dp[i]==-1)dp[i]=tt[i];
            dp[i]=min(dp[i], tt[i]);
```

```
        }
        if (gg[i]!=-1)
        {   ans=now;
            if (dp[i]==-1)dp[i]=gg[i];
            dp[i]=min(dp[i], gg[i]);
        }
    }
}
void shuchu()
{
    for (int i=0; i<=m; i++)
        cout<<dp[i]<<' ';
    cout<<endl;
}

int main()
{
    cin>>n>>m>>k;
    for (int i=1; i<=n; i++)
        cin>>u[i]>>d[i];
    memset(l, -1, sizeof(l));
    memset(h, -1, sizeof(h));
    for (int i=1; i<=k; i++)
    {
        cin>>p>>x>>y;
        l[p]=x;
        h[p]=y;
    }
    memset(dp, 0, sizeof(dp));
    dp[0]=-1;
    for (int i=1; i<=n; i++)
    {
        chuli1(i);
        chuli2(i);
        hebing(i);
        if (ans!=i)break;
    }

    if (ans==n)
    {
        int best=-1;
        int xia=0, shang=m;
        if (l[n]!=-1)
        {
```

```
            xia=l[n]+1;
            shang=h[n]-1;
        }
        for (int i=xia; i<=shang; i++)
        if (dp[i]!=-1)
        {
            if (best==-1)best=dp[i];
            best=min(best, dp[i]);
        }
        cout<<1<<endl<<best<<endl;
    }
    else
    {
        int temp=0;
        for (int i=1; i<=ans; i++)
            if (l[i]!=-1)temp++;
        cout<<0<<endl<<temp<<endl;
    }
}
```

3.2.3　区间动态规划

区间动态规划不同于线性动态规划，虽然它的模型也是一条直线，但在动态规划的时候，却不能以一个点作为状态，必须以一个区间作为一个状态，其阶段也不像线性动态规划那样非常明显。因此，在代码的实现上区间动态规划往往使用的是记忆化搜索的形式。

【例 3.11】 给定一个由字母组成的字符串，问最少需要多少代价才能够把它变成一个回文串。删除和添加字符都是有代价的，例如在输入样例中，添加一个“a”的代价是 1000，删除一个“a”的代价是 1100。

【算法分析】 本题是 USACO 2007 Open Gold 的题目，是一道经典的区间动态规划题目。区间动态规划题目的特点是从两边到中间，我们先来从两边考虑这个题目。

对于“abcb”最左边的字符“a”，它要么跟结果最右边的字符“a”匹配，要么被删掉，那么，我们试着用 dp[0][3]来表示把“abcb”这个字符串变成合法回文串的最小代价。

当“a”和最右边的“a”匹配时，最右边必须得添加一个字符“a”，因此 dp[0][3]可以由 dp[1][3]+添加字符“a”的代价得到。

当“a”被删掉时，dp[0][3]可以由 dp[1][3]+删除字符“a”的代价得到。

如果是“abca”这样的字符串，那么，“a”可以直接和最右边的“a”匹配，所以这种情况下，dp[0][3]还可以由 dp[1][2]+0(直接匹配没有代价)得到。

因此，这道题目的状态转移方程是：

$$
dp[i][j]=\min\begin{cases}
dp[i+1][j-1] & \text{如果 } s[i]=s[j] \\
dp[i+1][j]+insert(s[i]) & \text{添加一个字符在 j 右边} \\
dp[i+1][j]+delete(s[i]) & \text{删除第 i 个字符} \\
dp[i][j-1]+insert(s[j]) & \text{添加一个字符匹配 s[j]} \\
dp[i][j-1]+delete(s[j]) & \text{删除第 j 个字符}
\end{cases}
$$

【设计技巧】 注意到删除一个字符和添加一个字符，本质上都是在给一个字符做匹配，因此，哪个代价小我们用哪一个，也就是说，对于任意一个字符，要么只删除，要么只插入。

另外，dp[l][r]有可能是0，因此我们必须用另一个数字来表示没有访问过此状态，－1是一个不错的选择。

【程序实现】

```
/*
PROG: poj3280
LANG: C++
*/
#include<iostream>
#include<string.h>
#include<algorithm>
using namespace std;
int n, m;
char ch;
string s;
int dp[2005][2005];
int ins[27], ons[27];
int dfs(int l, int r)
{
    if (l>=r)return 0;
    if (dp[l][r]!=-1)return dp[l][r];
    int ans=999999999;
    if (s[l]==s[r])ans=min(ans, dfs(l+1, r-1));
    ans=min(ans, dfs(l+1, r)+min(ins[s[l]-'a'], ons[s[l]-'a']));
    ans=min(ans, dfs(l, r-1)+min(ins[s[r]-'a'], ons[s[r]-'a']));
    dp[l][r]=ans;
    return ans;
}
int main()
{   while (cin>>n>>m)
    {   cin>>s;
        for (int i=1; i<=n; i++)
        {
            cin>>ch;
            cin>>ins[ch-'a']>>ons[ch-'a'];
        }
        memset(dp, -1, sizeof(dp));
        dfs(0, m-1);
        cout<<dp[0][m-1]<<endl;
    }
}
```

【例 3.12】 给定一个长度为 N 的数字序列，除了第一个和最后一个数不能取以外，其他所有数都必须取，每次取的价值是这个数字当前左边的数乘以它本身再乘以它当前右边的数字。求最小的价值是多少。

【算法分析】 这道题看起来是一道明显的区间 dp，但是有一个问题却很难被解决：如何根据[l，r]这个区间知道当前决策的这个位置左边还有右边的数字是什么？为解决这个问题，我们从状态的定义入手。

目标状态 dp[1][n]表示从 1 到 n 这个区间，1 和 n 不能取，取完之后得到的最小价值。那么，本次可以取谁呢？有很多种取法。可是，当我们取了其中一个位置 k 之后，却面临着一个难题：k－1 这个位置最终右边是谁，依赖于[k＋1，n]这个区间最后剩下了谁，同理，k＋1 也面临着左边取谁这样一个难题。

因此，顺着一个一个取的思路显然是不行的，我们应当转变思路，试着倒着去考虑这个问题。对于一个区间[l，r]，按顺序一个一个取，我们不知道那个位置当前左右是谁，但是，如果我们只考虑这个区间里面最后取的那一个元素 k，那么，k 的左右两边必然是 l 和 r 两个位置上的数字，这样，状态转移方程就可以很轻松地写出来了：

$$dp[l][r]=\min\begin{cases}dp[l+1][r]+arr[l]\cdot arr[l+1]\cdot arr[r]\\dp[l][r-1]+arr[l]\cdot arr[r-1]\cdot arr[r]\\dp[l][k]+dp[k][r]+arr[l]\cdot arr[k]\cdot arr[r] & (l+1<k<r-1)\end{cases}$$

【设计技巧】 区间 dp 的题目，使用递归的思路去写，好理解也好实现，但是一定要注意的是，初始化 dp 数组的时候，一定要将其初始化成一个永远无法达到的值来表示这个点还没有被访问过。本题中，所有的值是从 1 到 100，因此，使用 0 来初始化是没有问题的，但是如果其中有值为 0 的点，就不能使用 0 来初始化。对此不了解的读者可以用本题的代码尝试一组全是 0 的数据，看看得多少时间可以求出。

【程序实现】

```
/*
PROG: poj1651
LANG: C++
*/
#include<iostream>
#include<string.h>
#include<algorithm>
using namespace std;
int n;
int dp[105][105];
int arr[105];
int dfs(int l, int r)
{
    if (dp[l][r]!=0)return dp[l][r];
    if (r-l<=1)return 0;
    int ans=min(dfs(l+1, r)+arr[l]*arr[l+1]*arr[r], dfs(l, r-1)+arr[l]*arr[r-1]*
arr[r]);
    for (int i=l+2; i<=r-2; i++)
```

```
            ans=min(ans, dfs(l, i)+dfs(i, r)+arr[l] * arr[i] * arr[r]);
        dp[l][r]=ans;
        return ans;
    }
    int main()
    {
        while (cin>>n)
        {
            memset(dp, 0, sizeof(dp));
            for (int i=1; i<=n; i++)
                cin>>arr[i];
            dfs(1, n);
            cout<<dp[1][n]<<endl;
        }
    }
```

3.2.4 网格动态规划

基于网格的动态规划模型往往是给定一个矩阵，然后让我们在这个矩阵上面寻找路径或是某种满足特定条件的图案。具体请看下面的例题。

【例 3.13】 盖房子。

题目描述：永恒的灵魂最近得到了面积为 n·m 的一大块土地，他想在这块土地上建造一所房子，这个房子必须是正方形的。

但是，这块土地并非十全十美，上面有很多不平坦的地方(也可以叫瑕疵)。这些瑕疵十分恶心，以至于根本不能在上面盖一砖一瓦。

他希望找到一块最大的正方形无瑕疵土地来盖房子。

不过，这并不是什么难题，永恒的灵魂在 10 分钟内就轻松解决了这个问题。

现在，您也来试试吧。

输入格式：

输入文件第一行为两个整数 n，m(1≤n，m≤1000)，接下来 n 行，每行有 m 个数字，数字之间用空格隔开。0 表示该块土地有瑕疵，1 表示该块土地完好。

输出格式：

一个整数，最大正方形的边长。

输入样例：

```
4 4
0 1 1 1
1 1 1 0
0 1 1 0
1 1 0 1
```

输出样例：

```
2
```

【**算法分析**】 基于网格的动态规划，一般来说，核心思想就是找到点与点(有时候是线与线)之间的联系。对于这道题目，首先应当想到如何用一个点来表示一个正方形。

由于正方形的长和宽是相等的，因此，知道这个正方形某一个顶点的坐标(x, y)以及它的边长 len，就可以表示出来一个正方形。所以，我们的状态可以这么定义：dp[x][y]=len。又因为对于同一个右下角的坐标(x, y)，如果已经有了长度为 len 的正方形，那么以(x, y)为右下角的长度为 len−1、len−2、…、1 的正方形对我们来说，已经没有任何意义。所以，我们的状态进一步可以表示为：dp[x][y]=len，表示以(x, y)作为右下角的最大的正方形边长。

接下来考虑这个状态是否可以进行转移，如果能够找到有效的状态转移方程，问题就迎刃而解了。

当 map[x][y]=0 时，dp[x][y]=0，因为这个坐标不能够成为正方形的一部分。

当 map[x][y]=1 时，请看图 3.4。

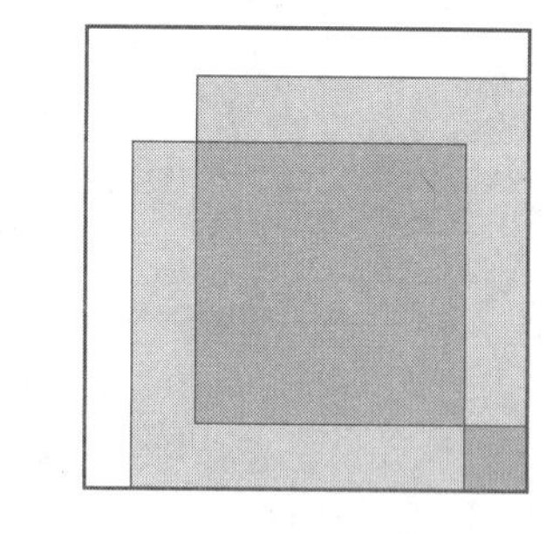

图 3.4　dp 值与相邻节点的关系

图 3.4 中的三个正方形，表示对于右下角(x, y)这个坐标，(x−1, y)、(x, y−1)、(x−1, y−1)三个坐标作为右下角的最大正方形边长，记为 dp[x−1][y]、dp[x][y−1]、dp[x−1][y−1]。则：图中非白色的部分都是 1，和它们相邻的白色部分里面，至少有一个是 0。否则，这三个正方形里面至少有一个边长还会更大一些。因此，dp[x][y]最大一定不会超过它们三个中最小的边长+1。进一步，可以推出 dp[x][y]=min(dp[x−1][y], dp[x][y−1], dp[x−1][y−1])+1，证明过程如下：

证明　dp[x][y]≤min(dp[x−1][y], dp[x][y−1], dp[x−1][y−1])+1：

假设 dp[x][y]=len，(len>min(dp[x−1][y], dp[x][y−1], dp[x−1][y−1])+1)，则 map[x−l+1][y], map[x−l][y−1], map[x−l][y−2], …, map[x−l][y−l+1]都等于 1，又因为 min(dp[x−1][y], dp[x][y−1], dp[x−1][y−1])<len−1，推出 map[x−len+1][y], map[x−len][y−1], map[x−len][y−2], …, map[x−len][y−len+1]至少有一个等于 0，与事实不符，因此，dp[x][y]≤max(dp[x−1][y], dp[x][y−1], dp[x−1][y−1])+1。

dp[x][y]=min(dp[x−1][y], dp[x][y−1], dp[x−1][y−1])+1 可以达到这个值，从图 3.4 上可以很直观地看出，在此不再赘述。

因此，状态转移方程是：

```
dp[x][y]=0
if map[x][y]==0
  dp[x][y]=min(dp[x−1][y], dp[x][y−1], dp[x−1][y−1])+1
if map[x][y]==1
```

本题的状态数是 $O(N^2)$，转移的复杂度是 O(1)，因此，算法的时间复杂度和空间复杂度都是 $O(N^2)$。

【**程序实现**】

```
/*
PROG: vijos1057
LANG: c++
```

```
*/
#include<iostream>
#include<string.h>
#include<algorithm>
using namespace std;
int dp[1005][1005];
int n, m;
int arr[1005][1005];
int main()
{
    while (cin>>n>>m)
    {
        for (int i=1; i<=n; i++)
            for (int j=1; j<=m; j++)
                cin>>arr[i][j];
        int ans=0;
        for (int i=1; i<=n; i++)
            for (int j=1; j<=m; j++)
            {
                if (!arr[i][j])
                {
                    dp[i][j]=0;
                    continue;
                }
                dp[i][j]=min(dp[i-1][j], dp[i-1][j-1]);
                dp[i][j]=min(dp[i][j], dp[i][j-1]);
                dp[i][j]++;
                ans=max(ans, dp[i][j]);
            }
        cout<<ans<<endl;
    }
}
```

这道题目还可以变换成最大的等边三角形、直角三角形、等腰直角梯形等，请有兴趣的读者自己思考。

【例3.14】 传纸条。

题目描述：小渊和小轩是好朋友也是同班同学，他们在一起总有谈不完的话题。一次素质拓展活动中，班上同学安排做成一个 m 行 n 列的矩阵，而小渊和小轩被安排在矩阵对角线的两端，因此，他们就无法直接交谈了。幸运的是，他们可以通过传纸条来进行交流。纸条要经由许多同学传到对方手里，小渊坐在矩阵的左上角，坐标为(1，1)，小轩坐在矩阵的右下角，坐标为(m，n)。从小渊传给小轩的纸条只可以向下或者向右传递，从小轩传给小渊的纸条只可以向上或者向左传递。

在活动进行中，小渊希望给小轩传递一张纸条，同时希望小轩给他回复。班里每个同学都可以帮他们传递，但只会帮他们一次，也就是说如果此人在小渊递给小轩纸条的时候帮忙，那么在小轩递给小渊的时候就不会再帮忙。反之亦然。

还有一件事情需要注意，全班每个同学愿意帮忙的好心程度有高有低(注意：小渊和小轩的好心程度没有定义，输入时用 0 表示)，可以用一个 0～100 的自然数来表示，数越大表示越好心。小渊和小轩希望尽可能找好心程度高的同学来帮忙传纸条，即找到来回两条传递路径，使得这两条路径上同学的好心程度之和最大。现在，请你帮助小渊和小轩找到这样的两条路径。

输入格式：

输入第一行有两个用空格隔开的整数 m 和 n，表示班里有 m 行 n 列(m≥1，n≤50)。

接下来的 m 行是一个 m・n 的矩阵，矩阵中第 i 行 j 列的整数表示坐在第 i 行 j 列的学生的好心程度。每行的 n 个整数之间用空格隔开。

输出格式：

输出共一行，包含一个整数，表示来回两条路上参与传递纸条的学生的好心程度之和的最大值。

输入样例：

```
3 3
0 3 9
2 8 5
5 7 0
```

输出样例：

```
34
```

【算法分析】 本题要求一条从(1，1)到(m，n)，再从(m，n)到(1，1)的路径，先来看这道题目的简化版：只求一条从(1，1)到(m，n)的路径，使得路径上的点的和最大。

这道题目里面，最显而易见的变化的量就是纸条所在的坐标(x，y)，用 dp[x][y]来表示纸条传到(x，y)这个坐标的时候，最大的好心程度之和，那么：

```
dp[1][1]=0
dp[x][y]=0                                          if (x, y) 在界外
dp[x][y]=max(dp[x-1][y], dp[x][y-1])+a[x][y]        if (x, y) 在界内
```

如此一来，简化版本的题目可以很轻松地解决。虽然题目解决了，但是我们却难以通过这个方程来很好地抽象出动态规划的阶段。为了找到阶段，我们来看这样一个例子。

从(1，1)点出发，走恰好 5 步能够到达的节点如图 3.5 所示。

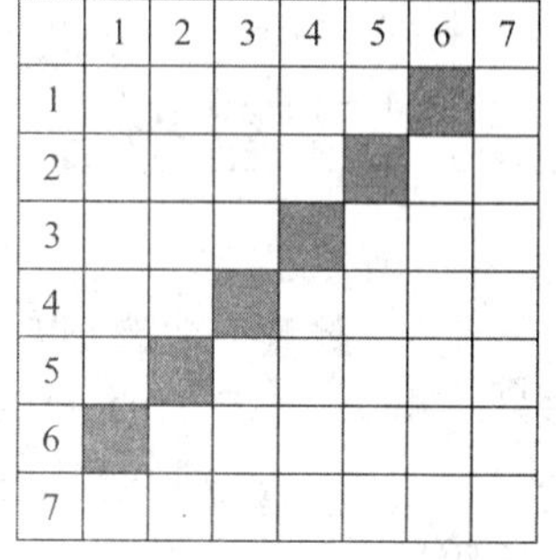

图 3.5　5 步能到达的格子

它们都在一条 45°的斜线上，且满足 x+y=7。

更普遍的，对于所有步数为 s 可以到达的坐标，x+y=s+2。所以，我们可以用走的步数来划分阶段，通过不同的步数，把这个题目划分成若干个不同的阶段。最后一个阶段有且仅有一个点：(n，m)。

接下来来看二维的情况。

首先，我们将模型转化一下。题目要求的是一条从(1，1)到(n，m)，再从(n，m)回来的路径，我们可以转化一下思路，想象成有两个人要从(1，1)到(n，m)来传纸条，本题只要求最大的价值，与路径的方向无关，因此，这样做的正确性可以保证。

现在来考虑如何表示每一个状态：当只有一个人的时候，状态的表示是 dp[x][y]，现在人数翻倍，要同时表示两个人的坐标，因此状态方程也变为：dp[x1][y1][x2][y2]，表示第一个人在(x1，y1)、第二个人在(x2，y2)时候的最大价值。看到这里，可以写下状态转移方程：

dp[x1][y1][x2][y2]=max(dp[x1][y1][x2−1][y2]，dp[x1][y1][x2][y2−1]…)

共四种情况，表示的是其中某一个人通过一次传纸条到达了现在的位置，而另一个人早已经到达了这里。

这么做看似没有问题，但却忽略了题目上一个很重要的条件：同一个人只能传一次纸条。

例如，对于 dp[2][2][3][3]，它有可能是从 dp[1][1][3][3]走来的，而 dp[1][1][3][3]有可能是从 dp[1][1][2][2]走来的。这里面，(2，2)这个坐标既出现在了第一个人的路径里，又出现在了第二个人的路径里，显然是不可以的。

之所以会出现这样的错误，是因为我们的状态转移方程在设计的时候，没有考虑到阶段性。两个人的决策总应该是同时进行的，不能够出现我先走一步，你再走一步的情况，这样会导致前面所指出的“跟随”问题。我们对状态转移方程稍作改动：

dp[x1][y1][x2][y2]=max(dp[x1−1][y1][x2−1][y2]，dp[x1−1][y1][x2][y2−1]，dp[x1][y1−1][x2−1][y2]，dp[x1][y1−1][x2][y2−1])+a[x1][y1]+a[x2][y2])

以上四个 dp 数组分别对应了到达(x1，y1，x2，y2)的四种情况。

此时，两个人的决策是同步的，但是还有一个问题没有解决，那就是路径相交的问题，如图 3.6 所示。

如图 3.7 所示，这是两条交叉的路径，这在 dp 的过程中有没有可能出现呢？答案是没有，如果存在两条交叉的路径，我们可以通过交换交叉的部分，使得它们依旧不能交叉。

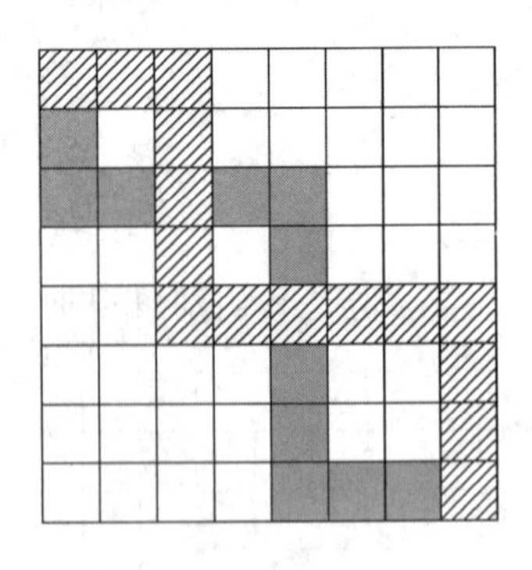
图 3.6　两条交叉的路径

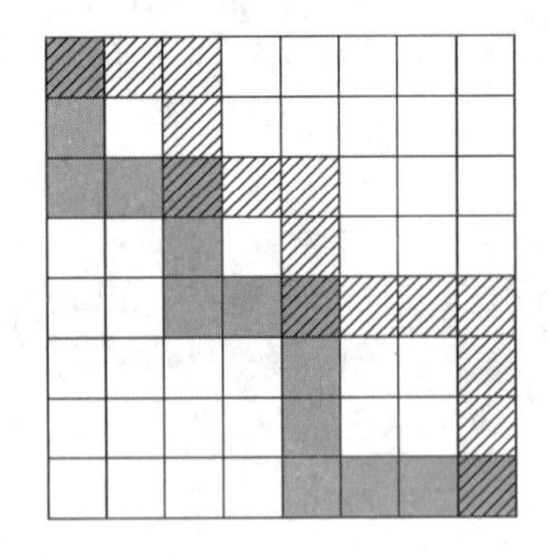
图 3.7　更改路径使得路径无交叉

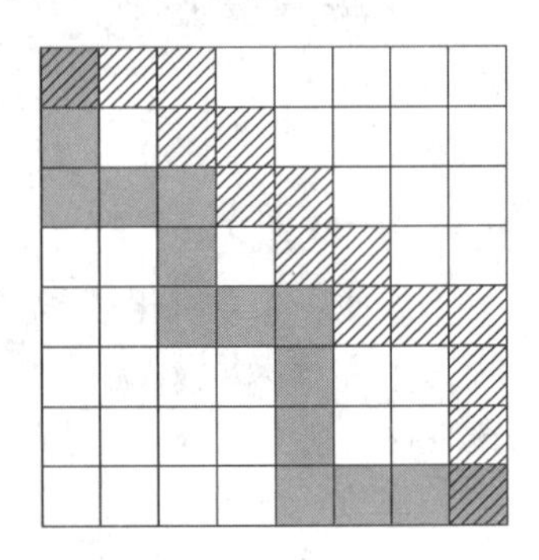
图 3.8　修改后的无交叉路径

此时，就剩下考虑交叉点的问题了。题目上要求最大的好心程度之和，又要求路径不能够有相交，但我们的 dp 过程中，却很难避免相交的问题(如果需要避免，则代码量会增加很多)，那么，这种情况是否对答案有影响呢？需要看题目中对数据的描述。

题目中提到：每一个人的好心程度都是 0～100 之间的整数，那么，可以把相交的路径这么更改，如图 3.8 所示。

在原来的基础上，路径上又多了两个人，求出来的值必定会大于等于原来的结果。因此，路径上有交叉的情况必然不可能是最后答案，我们完全没有必要在dp的过程中理会路径的交叉情况，只需要在交叉的时候多加这样一句：

```
if (x1==y1 && x2==y2)dp[x1][y1][x2][y2]-=a[x1][y1];
```

即可避免同一个节点的热心值加了两次。

现在，这道题目已经可以解决，时间和空间复杂度都是$O(N^4)$，在题目给定的范围内可以解决。

【设计技巧】 利用这样的方法，虽然解决了题目，但是却没有很好地利用阶段的特征。在本题中，我们希望两个人是同时传纸条的，因此，dp[1][1][3][3]这样两个人步数不一致的状态是完全没有用的，我们只关心那些两个人同步决策的状态：

dp[x1][y1][x2][y2]，且 x1+y1=x2+y2

将上述公式稍微变形：x1+y1-x2=y2。

因此，我们可以把状态压缩成dp[x1][y1][x2]，y2直接通过计算得出。

如此一来，时间和空间复杂度都下降到$O(N^3)$。

【程序实现】

```
/*
PROG: Vijos-1493
LANG: c++
*/
#include<stdio.h>
#include<string.h>

int arr[52][52];
/*
* re[x1][y1][x2][y2]表示
*传到坐标为(x1, y1)和(x2, y2)的同学的好心程度最大值
*/
int re[52][52][52][52];

int max(int a, int b, int c, int d){
    if (a<b)a=b;
    if (a<c)a=c;
    if (a<d)a=d;
    return a;
}

int main ( void ){
    int m, n;
    int x1, y1, x2, y2;
    scanf("%d %d", &m, &n);

    for (x1=1; x1<=m; x1++){
```

```
        for (y1=1; y1<=n; y1++){
            scanf("%d", &arr[x1][y1]);
        }
    }
    for (x1=1; x1<=m; x1++){
        for (y1=1; y1<=n; y1++){
            for (x2=1; x2<-m; x2++){
                if (x1+y1-x2>0){
                    y2=x1+y1-x2;
                } else continue;
                re[x1][y1][x2][y2]=max(re[x1-1][y1][x2-1][y2],
                                       re[x1][y1-1][x2-1][y2],
                                       re[x1][y1-1][x2][y2-1],
                                       re[x1-1][y1][x2][y2-1])+arr[x1][y1]
                                       +arr[x2][y2];
                if (x1==x2 && y1==y2){
                    re[x1][y1][x2][y2]-=arr[x1][y1];
                }
            }
        }
    }
    printf("%d", re[m][n][m][n]);

    return 0;
}
```

3.3　动态规划的深入研究

3.3.1　树形动态规划

树形动态规划区别于线性动态规划，题目往往给了一棵树，让我们在树上找到一些满足特定条件的事物。这一棵树可能给得很明显，也可能隐藏在题目描述里(例如依赖关系等)，解题者遇到此类题目需要首先挖掘其树形结构的本质，然后再来思考算法解决。

【例 3.15】 Anniversary party。

给定一棵树，每个节点有一个权值，现在要在树上选择一些点，只有一个限制条件，就是任何一对父亲和儿子之中最多只能选一个，问最大的权值是多少。

【算法分析】 对于树形动态规划，很重要的一点是找到父亲和儿子之间的联系，而这个联系，要通过状态和状态之间的转移来体现。所以，首先来考虑如何定义状态。

树形 dp 不像是简单线性 dp，状态一目了然，树形 dp 的定义大多从题目要求的结果开始。本题要求的结果是，“以 1 为根的子树(包括 1 本身)，父亲和儿子最多只能选一个，最大的权值”。这里面，出现的唯一一个可以表示状态的数字就是节点编号，因此，我们首先可以尝试这样定义状态：

dp[i]：表示 i 以及 i 的子树，在满足题目要求的情况下最大的权值。那么 dp[1]就是题目所求。但是，当考虑到状态转移时，仅仅使用一个 i 却无法让我们把 i 和它的每一个儿子 j 联系到一起，因为并不知道它的儿子 j 到底可以选还是不能选。所以，还需要另一维状态(0，1)来表示这个节点是选了还是没有选，最终，状态定义如下：

dp[i][0]表示 i 为根，且 i 不选的最大权值。

dp[i][1]表示 i 为根，且 i 选了的最大权值。

当 i 没有被选择的时候，对于它的每一个儿子 j，他们可以选也可以不选，因此：

$$dp[i][0]=\sum \max(dp[j][0], dp[j][1]) \quad j 是 i 的每一个儿子$$

当 i 被选择了的时候，那么它的每一个儿子 j 必然不能被选择，因此：

$$dp[i][1]=\sum dp[j][0] \quad j 是 i 的每一个儿子$$

最后的答案就是 max(dp[1][0]，dp[1][1])。

实现本题目需要对整棵树进行遍历，因而时间复杂度是 O(N)的，空间复杂度也是O(N)。

【设计技巧】 使用 vector 对树中的每一个边进行存储，这样的存储方法比邻接表节省空间。

【程序实现】

```
/*
PROG: Vijos-1493
LANG: c++
*/
#include<cstdio>
#include<cstring>
#include<algorithm>
#include<iostream>
#include<vector>

using namespace std;

int n;
int rating[6005];
bool vis[6005];
vector<int>edges[6005];
int dp[6005][2];

void dfs(int x)
{
    vis[x]=true;
    dp[x][1]=rating[x];
    for (int i=0; i<edges[x].size(); i++)
    {
        int nex=edges[x][i];
```

```
            if (vis[nex])continue;
            dfs(nex);
            dp[x][1]+=dp[nex][0];
            dp[x][0]+=max(dp[nex][0], dp[nex][1]);
        }
        vis[x]=false;
    }
    int main(){
        freopen("1520.in", "r", stdin);
        while (~scanf("%d", &n)){
            for (int i=1; i<=n; i++)
            {
                scanf("%d", &rating[i]);
                edges[i].clear();
            }
            int a, b;
            while (~scanf("%d %d", &a, &b))
            {
                if (!a && !b)break;
                edges[a].push_back(b);
                edges[b].push_back(a);
            }
            memset(dp, 0, sizeof(dp));
            memset(vis, 0, sizeof(vis));
            dfs(1);
            printf("%d\n", max(dp[1][0], dp[1][1]));
        }
        return 0;
    }
```

本题是一道非常基础的树形 dp 题目，希望不熟悉树形 dp 的读者对这种 dp 有一个认识，之后的题目难度会增加很多，讲解会更详细，希望读者根据自身的情况调整阅读的速度。

【例 3.16】 魔兽地图。

题目描述：DotR (Defense of the Robots) Allstars 是一个风靡全球的魔兽地图，它的规则比同样流行的地图 DotA (Defense of the Ancients) Allstars 简单。DotR 里面的英雄只有一个属性——力量。他们需要购买装备来提升自己的力量值，每件装备都可以使佩戴它的英雄的力量值提高固定的点数，所以英雄的力量值等于它购买的所有装备的力量值之和。装备分为基本装备和高级装备两种。基本装备可以直接从商店里面用金币购买，而高级装备需要用基本装备或者较低级的高级装备来合成，合成不需要附加的金币。装备的合成路线可以用一棵树来表示。比如，Sange and Yasha 的合成需要 Sange、Yasha 和 Sange and Yasha Recipe Scroll 三样物品。其中 Sange 又要用 Ogre Axe、Belt of Giant Strength 和 Sange Recipe Scroll 合成。每件基本装备都有数量限制，这限制了玩家不能无限制地合成某些性价比很高的装备。现在，英雄 Spectre 有 M 个金币，他想用这些钱购买装备使自己的力量值尽量高。你能帮帮他吗？他会教你魔法 Haunt(幽灵附体)作为回报的。

输入格式：

输入文件的第一行包含两个整数，N(1≤n≤51)和 m(0≤m≤2000)。它们分别表示装备的种类数和金币数。装备用 1 到 N 的整数编号。接下来的 N 行，按照装备 1 到装备 n 的顺序，每行描述一种装备。每一行的第一个正整数表示这个装备贡献的力量值。接下来的非空字符表示这种装备是基本装备还是高级装备，A 表示高级装备，B 表示基本装备。如果是基本装备，紧接着的两个正整数分别表示它的单价(单位为金币)和数量限制(不超过 100)。如果是高级装备，后面紧跟着一个正整数 C，表示这个高级装备需要 C 种低级装备。后面的 2C 个数，依次描述某个低级装备的种类和需要的个数。

输出格式：

第一行包含一个整数 S，表示最多可以提升多少点力量值。

输入样例：

```
10 59
5 A 3 6 1 9 2 10 1
1 B 5 3
1 B 4 3
1 B 2 3
8 A 3 2 1 3 1 7 1
1 B 5 3
5 B 3 3
15 A 3 1 1 5 1 4 1
1 B 3 5
1 B 4 3
```

输出样例：

```
33
```

【算法分析】 首先需要仔细审题，注意到题目中很重要的一句：装备的合成路线可以用一棵树来表示。凡是在题目中看到了树形结构，解法必然是和树形相关的解法(包括生成树、树形 dp、树上分治等)，本题是一道典型的树形 dp 题目。

合成装备需要低级装备，而每一件装备又有数量的限制，还有金钱的限制，因此，状态中必然会出现的内容有：当前物品编号 x，花费 j，生产数量 k。现在来考虑使用 dp[x][j][k] 来表示状态是否合适：

(1) x、j、k 的范围分别为 51、2000、100，状态大小为 51×2000×100=10 200 000，勉强可以接受。

(2) 考虑状态转移，对于一个高级装备 x，它只关心有多少件低级装备用来合成它，而不关心低级装备具体合成了多少件。所以 k 的定义用处不大。

在此基础上，状态可以进行优化：

dp[x][j][k]，表示对于物品 x，它以及它的子树一共花费 j 元，其中，物品 x 有 k 件用来合成高级装备情况下的最大力量值。

接下来考虑状态转移的过程：

低级装备是不需要合成的，因此，低级装备的状态转移很显然是：

$$dp[x][j][k]=str[x]\times(j/pri[x]-k)$$

其中，str[x]是每一件 x 所带来的力量，pri[x]是一件 x 的价格。

高级装备则不用花钱，只是使用其他装备合成，但这个过程中，我们需要枚举合成了多少件该装备，因此，它的转移过程是：

枚举每一个 t，对于每一个 t，有：

$$dp[x][j][k]=\max(dp[x][j][k],\ g[j][t]+str[x]\times(t-k))$$

其中，g[j][t]表示共花费 j 元，合成 t 件装备 x 的情况下的最大总力量。

此时，问题转化成如何求解 g[j][t]。

用 g[y][j][t]表示对于节点 x 的前 y 个儿子，花费 j 元，合成了 t 件装备 x 的最大力量，那么：

$$g[y][j][t]=\max(g[y][j][t],\ g[y-1][j-k][t]+dp[son[y]][k][t\times cnt[son[y]]])$$

其中，son[y]表示 x 第 y 个儿子的编号，cnt[son[y]]表示合成一件装备 x 需要多少件 y。由于在状态转移方程中，t 并没有变化，因此，可以在求解的过程中重复利用 g[y][j]去计算每一个 g[y][j][t]，省去一维空间。

综上所述，本题状态转移方程如下：

$dp[x][j][k]=str[x]\times(j/pri[x]-k)$　　x 是一件低级装备

$dp[x][j][k]=\max(dp[x][j][k],\ g[j][t]+str[x]\times(t-k))$　　x 是一件高级装备

$g[y][j][t]=\max(g[y][j][t],\ g[y-1][j-k][t]+dp[son[y]][k][t\times cnt[son[y]]])$　　x 是一件高级装备

最终要求的状态是：max(dp[root][k][0])，$0\leqslant k\leqslant$ 总钱数 m。

接下来计算该算法的时间复杂度：

状态数：$n\times m\times 100=51\times 2000\times 100=10\ 200\ 000$。

状态转移复杂度：O(t)，每次需要枚举一件物品合成了多少件，最多是 100。

时间复杂度：$O(t)\times 10\ 200\ 000=100\times 10\ 200\ 000\approx 10^9$。

这样的时间复杂度显然是不能被接受的，需要优化这个动态规划。考虑到对于每一件物品，因为它受到低级物品生产数量的限制，实际上很难达到生产 100 件这么多，因此，在做动态规划之前，可以根据每一件物品的合成条件，预处理出这件物品的生产个数限制 lim[x]。计算方式如下：

(1) $lim[x]=m\ /\ pri[x]$　　如果 x 是低级物品

(2) $lim[x]=\min(lim[son[y]]/cnt[son[y]])$　　如果 x 是高级物品

公式(2)的解释如下：对于每一件高级物品 x，合成它所需要的低级物品个数为 cnt[son[y]]，它最多能生成 lim[son[y]]件，那么，即使全部合成高级物品，也只能合成 lim[son[y]]/cnt[son[y]]件。这样一来，复杂度中的 t 以及 k 都改成了 lim[x]，算法效率大大提升。

本题是一道典型的树上的背包算法题目，具有相当的难度，如果阅读吃力，请反复琢磨，一旦弄懂这道题目，树上的背包类型题目将手到擒来。

【设计技巧】 在初学者对树形背包问题并不熟练的情况下，可以使用一个辅助数组来帮助状态转移，算法的常数会大一些，但是更好实现。

【程序实现】

```
/*
PROG: Bzoj1017
LANG: c++
*/
#include<cstdio>
#include<cstring>
#include<algorithm>
#include<iostream>

#define INF 0x3f3f3f3f

using namespace std;

int n, m;
int str[55];
int pri[55];
int lim[55];
int num[55];        //i的子树的个数
int son[55][55]; // son[x][i]: 物品 x 的第 i 个原料
int cnt[55][55]; // cnt[x][i]: 物品 x 的第 i 个原料所需的数目
int dp[55][2005][105];
int g[55][2005];

void dfs(int x){
    for (int i=1; i<=num[x]; i++)
    {
        dfs(son[x][i]);
        lim[x]=min(lim[x], lim[son[x][i]] / cnt[x][i]);
        pri[x]+=cnt[x][i] * pri[son[x][i]];
    }
    lim[x]=min(lim[x], m / pri[x]); //这句话不能忘，总钱数与单价也限制了数量
}

void DP(int x)
{
    if (! num[x])
    {
        for (int i=0; i<=lim[x]; i++)
            {
            for (int j=0; j<=i; j++)
                {
                dp[x][i * pri[x]][j]=str[x] * (i-j);
```

```
            }
        }
        return;
    }
    for (int i=1; i<=num[x]; i++)DP(son[x][i]);
    for (int t=0; t<=lim[x]; t++)
    { //枚举合成 t 件 x
        memset(g, -0x3f3f3f3f, sizeof(g));
        g[0][0]=0;
        for (int i=1; i<=num[x]; i++)
            {
            for (int j=0; j<=m; j++)
                    {
                for (int k=0; k<=j; k++)
                        { // 此处枚举第 i 棵子树的花费 k
                    g[i][j]=max(g[i][j], g[i-1][j-k]
                            +dp[son[x][i]][k][t * cnt[x][i]]);
                }
            }
        }
        for (int j=0; j<=m; j++)
            {
            for (int k=0; k<=t; k++)
                    { // k 件用于上层合成
                dp[x][j][k]=max(dp[x][j][k], g[num[x]][j]+str[x] * (t-k));
            }
        }
    }
}

int main()
{
    scanf("%d %d", &n, &m);
    char ty[3];
    memset(lim, 0x3f, sizeof(lim));
    int root=0;
    for (int i=1; i<=n; i++)
    {
        root+=i;
        scanf("%d", &str[i]);
        scanf("%s", ty);
        if (ty[0]=='A')
            {
```

```
            scanf("%d", &num[i]);
            for (int j=1; j<=num[i]; j++)
                {
                scanf("%d %d", &son[i][j], &cnt[i][j]);
                root-=son[i][j];
            }
        }
                else scanf("%d %d", &pri[i], &lim[i]);
    }
    dfs(root); //一遍 dfs 计算出所有物品的单价和数量上限
    memset(dp, -0x3f3f3f3f, sizeof(dp));
    DP(root);
    int ans=0;
    for (int i=0; i<=m; i++)
        ans=max(ans, dp[root][i][0]);
    printf("%d\n", ans);
    return 0;
}
```

3.3.2 状态压缩动态规划

状态压缩动态规划(简称状压 dp)是另一类非常典型的动态规划，通常使用在 NP 问题的小规模求解中。虽然该算法具有指数级别的复杂度，但速度比搜索快，其思想非常值得借鉴。

为了更好地理解状压 dp，首先介绍位运算相关的知识。

(1) “&”符号：x&y，会将两个十进制数在二进制下进行与运算，然后返回其十进制下的值。例如 3(11)&2(10)=2(10)。

(2) “|”符号：x|y，会将两个十进制数在二进制下进行或运算，然后返回其十进制下的值。例如 3(11)|2(10)=3(11)。

(3) “^”符号：x^y，会将两个十进制数在二进制下进行异或运算，然后返回其十进制下的值。例如 3(11)^2(10)=1(01)。

(4) “<<”符号：左移操作。例如，x<<2，将 x 在二进制下的每一位向左移动两位，最右边用 0 填充，相当于让 x 乘以 4。相应的，“>>”是右移操作，x>>1 相当于 x/2，去掉 x 二进制下的最右一位。

这四种运算在状压 dp 中有着广泛的应用，常见的应用如下：

(1) 判断一个数字 x 二进制下第 i 位是不是等于 1。

方法：if (((1<<(i))&x)>0)

将 1 左移 i 位，相当于制造了一个只有第 i 位上是 1，其他位上都是 0 的二进制数。然后与 x 做与运算，如果结果>0，说明 x 第 i 位上是 1，反之则是 0。

(2) 将一个数字 x 二进制下第 i 位更改成 1。

方法：x=x | (1<<(i))

证明方法与(1)类似，此处不再重复证明。

(3) 把一个数字二进制下最靠右的第一个 1 去掉。

方法：x=x&(x-1)

感兴趣的读者可以自行证明。

位运算在状压 dp 中用途十分广泛，请看下面的例题。

【例 3.17】 有一个 N·M(N≤5，M≤1000)的棋盘，现在有 1×2 及 2×1 的小木块无数个，要盖满整个棋盘，有多少种方式？答案只需要 mod 1 000 000 007 即可。

例如：对于一个 2×2 的棋盘，有两种方法，一种是使用两个 1×2 的，一种是使用两个 2×1 的。

【算法分析】 在这道题目中，N 和 M 的范围本应该是一样的，但实际上，N 和 M 的范围却差别甚远。对于这种题目，首先应该想到的是，正确算法与这两个范围有关。N 的范围特别小，因此可以考虑使用状态压缩动态规划的思想，如图 3.9 所示。

假设第一列已经填满，则第二列的摆设方式只与第一列对第二列的影响有关。同理，第三列的摆设方式也只与第二列对它的影响有关。那么，使用一个长度为 N 的二进制数 state 来表示这个影响，例如：4(00100)就表示了图上第二列的状态。

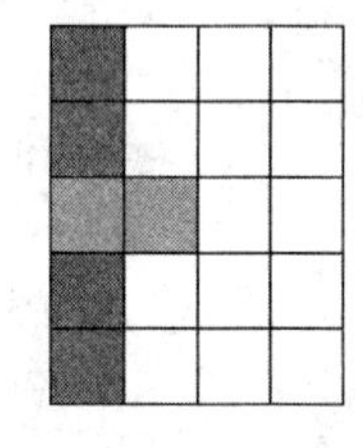

图 3.9 填满第一列一种情况示意图

因此，本题的状态可以这样表示：

dp[i][state]表示该填充第 i 列，第 i-1 列对它的影响是 state 时的方法数。i≤M，0≤state<2N。

对于每一列，情况数也有很多，但由于 N 很小，所以可以采取搜索的办法去处理。对于每一列，搜索所有可能的放木块的情况，并记录它对下一列的影响，之后更新状态。状态转移方程如下：

dp[i][state]=∑dp[i-1][pre]　　每一个 pre 可以通过填放成为 state

对于每一列的深度优先搜索，写法如下：

```
//第 i 列，枚举到了第 j 行，当前状态是 state，对下一列的影响是 nex
void dfs(int i, int j, int state, int nex)
{
    if (j==N)
    {
        dp[i+1][nex]+=dp[i][state];
        dp[i+1][nex]%=mod;
        return;
    }
    //如果这个位置已经被上一列所占用，直接跳过
    if (((1<<j)&state)>0)
        dfs(i, j+1, state, nex);
    //如果这个位置是空的，尝试放一个 1*2 的
    if (((1<<j)&state)==0)
        dfs(i, j+1, state, nex|(1<<j));
    //如果这个位置以及下一个位置都是空的，尝试放一个 2*1 的
    if (j+1<N && ((1<<j)&state)==0 && ((1<<(j+1))&state)==0)
        dfs(i, j+2, state, nex);
    return;
```

```
}
    状态转移的方式如下：
    for (int i=1; i<=M; i++)
    {
        for (int j=0; j<(1<<N); j++)
        if (dp[i][j])
        {
            dfs(i, 0, j, 0);
        }
    }
```

最终，答案就是 dp[M+1][0]。

【程序实现】

```
/*
PROG: 铺地砖
LANG: c++
*/
//第 i 列，枚举到了第 j 行，当前状态是 state，对下一列的影响是 nex
#include<cstdio>
#include<cstring>
#include<algorithm>
#include<iostream>

using namespace std;

int N, M;
long long dp[1005][34];

void dfs(int i, int j, int state, int nex)
{
    if (j==N)
    {
        dp[i+1][nex]+=dp[i][state];
        return;
    }
    //如果这个位置已经被上一列所占用，直接跳过
    if (((1<<j)&state)>0)
        dfs(i, j+1, state, nex);
    //如果这个位置是空的，尝试放一个 1*2 的
    if (((1<<j)&state)==0)
        dfs(i, j+1, state, nex|(1<<j));
    //如果这个位置以及下一个位置都是空的，尝试放一个 2*1 的
    if (j+1<N && ((1<<j)&state)==0 && ((1<<(j+1))&state)==0)
        dfs(i, j+2, state, nex);
```

```
        return;
    }

    int main()
    {
        while (cin>>N>>M)
        {
            memset(dp, 0, sizeof(dp));
            if (N==0 && M==0)break;
            dp[1][0]=1;
            for (int i=1; i<=M; i++)
            {
                for (int j=0; j<(1<<N); j++)
                if (dp[i][j])
                {
                    dfs(i, 0, j, 0);
                }
            }
            cout<<dp[M+1][0]<<endl;
        }
    }
```

【例 3.18】 最小总代价。

题目描述：n 个人在做传递物品的游戏，编号为 1～n。

游戏规则是这样的：开始时物品可以在任意一人手上，他可把物品传递给其他人中的任意一位；下一个人可以传递给未接过物品的任意一人。即物品只能经过同一个人一次，而且每次传递过程都有一个代价；不同的人传给不同的人的代价值之间没有联系；

求当物品经过所有 n 个人后，整个过程的总代价是多少。

输入格式：

第一行为 n，表示共有 n 个人(2≤n≤16)。

以下为 n×n 的矩阵，第 i+1 行、第 j 列表示物品从编号为 i 的人传递到编号为 j 的人所花费的代价，特别的有第 i+1 行、第 i 列为－1(因为物品不能自己传给自己)，其他数据均为正整数(小于等于 10 000)。

(对于 50％的数据，n≤11)。

输出格式：

一个数，为最小的代价总和。

输入样例：

```
2
-1 9794
2724 -1
```

输出样例：

```
2724
```

【算法分析】 看到 $2\leqslant n\leqslant 16$，应想到此题和状态压缩 dp 有关。每个人只能够被传递一次，因此使用一个 n 位二进制数 state 来表示每个人是否已经被访问过了。但这还不够，因为从这样的状态中，并不能清楚地知道现在物品在谁的手中，因此，需要在此基础上再增加一个状态 now，表示物品在谁的手上。

dp[state][now]表示每个人是否被传递的状态是 state，物品在 now 手上时，最小的总代价。

初始状态为：dp[1<<i][i]=0，表示一开始物品在 i 手中。

所求状态为：min(dp[(1<<n)−1][j])，$0\leqslant j<n$。

状态转移方程是：

dp[state][now]=min(dp[pre][t]+dist[now][t])

其中，pre 表示的是能够到达 state 这个状态的一个状态，t 能够传递物品给 now 且只有二进制下第 t 位与 state 不同。

状态的大小是 $O((2^n)\cdot n)$，转移复杂度是 $O(n)$。总的时间复杂度是 $O((2^n)\cdot n\cdot n)$。

【程序实现】

```
/*
PROG: Vijos-1456
LANG: c++
*/
#include<cstdio>
#include<cstring>
#include<algorithm>
#include<vector>

#define MAXN 20
#define INF 0x3f3f3f3f

using namespace std;

int n;
int edges[MAXN][MAXN];
int dp[65546][MAXN];

int min(int a, int b)
{
    if (a==-1)return b;
    if (b==-1)return a;
    return a<b ? a : b;
}

int main(){
    freopen("p1456.in", "r", stdin);
```

```
    scanf("%d", &n);
    int t;
    for (int i=0; i<n; i++)
    {
        for (int j=0; j<n; j++)
        {
            scanf("%d", &edges[i][j]);
        }
    }
    memset(dp, -1, sizeof(dp));
    for (int i=0; i<n; i++)
    {
        dp[1<<i][i]=0;
    }
    int ans=-1;
    for (int i=0; i<1<<n; i++)
    {
      for (int j=0; j<n; j++)
      {
        if (dp[i][j]!=-1)
        {
            for (int k=0; k<n; k++)
            {
                if (!(i & (1<<k)))
                {
                    dp[i | (1<<k)][k]=min(dp[i | (1<<k)][k], dp[i][j]+edges[j][k]);
                    if ((i | (1<<k))==(1<<n)-1)ans=min(ans, dp[i | (1<<k)][k]);
                  }
                }
            }
        }
    }
    if (ans!=-1)
        printf("%d\n", ans);
    else printf("0\n");

    return 0;
}
```

【例 3.19】 胜利大逃亡(续)。

题目描述：Ignatius 再次被魔王抓走了。这次魔王汲取了上次的教训，把 Ignatius 关在一个 n・m 的地牢里，并在地牢的某些地方安装了带锁的门，钥匙藏在地牢另外的某些地方。刚开始 Ignatius 被关在(sx，sy)的位置，离开地牢的门在(ex，ey)的位置。Ignatius 每分钟只能从一个坐标走到相邻四个坐标中的其中一个。魔王每 t 分钟回地牢视察一次，若发现 Ignatius 不在原位置便把他拎回去。经过若干次的尝试，Ignatius 已画出整个地牢的地图。现在请你帮他计算能否再次成功逃亡。只要在魔王下次视察之前走到出口就算离开地牢，如果魔王回来的时候刚好走到出口或还未到出口都算逃亡失败。

输入格式：

每组测试数据的第一行有三个整数 n、m、t(n≤2，m≤20，t>0)。接下来的 n 行 m 列为地牢的地图，其中包括：

.：代表路。

*：代表墙。

@：代表 Ignatius 的起始位置。

^：代表地牢的出口。

A～J：代表带锁的门，对应的钥匙分别为 a～j。

a～j：代表钥匙，对应的门分别为 A～J。

每组测试数据之间有一个空行。

输出格式：

针对每组测试数据，如果可以成功逃亡，输出需要多少分钟才能离开；如果不能成功，则输出－1。

输入样例：

```
4 5 17
@A.B.
a*.*.
*..*^
c..b*
```

输出样例：

```
16
```

【算法分析】 初看此题感觉十分像是宽度优先搜索(BFS)，但搜索的过程中如何表示钥匙的拥有情况却是个问题。借鉴状态压缩的思想，使用一个 10 位的二进制数 state 来表示此刻对 10 把钥匙的拥有情况，那么，dp[x][y][state]表示到达(x，y)，钥匙拥有状况为 state 的最短路径。另外，需要注意到一旦拥有了某一把钥匙，那个有门的位置就如履平地了。

代码的实现方式可以采用 Spfa 求最短路径的方式。Spfa 算法本来就是一种求解最短路径问题的动态规划算法。本书假设读者已经非常熟悉 Spfa 等基础算法，在此不再赘述。

状态压缩 dp 可以出现在各种算法中，本题就是典型的搜索算法和状态压缩 dp 算法结合的题目。另外，很多状态压缩 dp 本身就是通过搜索算法实现的状态转移。

【程序实现】

```
/*
PROG: Hdu-1429
LANG: c++
*/
#include<cstdio>
```

```
#include<cstring>
#include<algorithm>
#include<iostream>
#include<queue>

using namespace std;

struct Node{
    int x;
    int y;
    int step;
    int key;
    Node(){}
    Node(int a, int b, int s, int k): x(a), y(b), step(s), key(k){}
};

int n, m, t;
int arr[25][25];
int door[25][25];
int key[25][25];
int Go[4][2]={{0, 1}, {0, -1}, {-1, 0}, {1, 0}};
int sx, sy;
int ex, ey;
int vis[25][25][1049];

bool canGo(int x, int y, int k)
{
    if (x>=0 && x<n && y>=0 && y<m &&! arr[x][y])
    {
        if (vis[x][y][k])return false;
        if ((k & door[x][y])==door[x][y])return true;
    }
    return false;
}

int bfs(){
    memset(vis, 0, sizeof(vis));
    queue<Node>q;
    Node s=Node(sx, sy, 0, 0);
    q.push(s);
    vis[sx][sy][0]=1;
    while (! q.empty())
    {
```

```
            Node e=q.front();
            q.pop();
            if (e.x==ex && e.y==ey)return e.step;
            for (int i=0; i<4; i++)
            {
                int nx=e.x+Go[i][0];
                int ny=e.y+Go[i][1];
                if (canGo(nx, ny, e.key))
                {
                    Node nex=Node(nx, ny, e.step+1, e.key | key[nx][ny]);
                    vis[nx][ny][nex.key]=1;
                    q.push(nex);
                }
            }
        }
        return 0;
    }

    int main(){
        while (~scanf("%d %d %d\n", &n, &m, &t))
        {
            memset(arr, 0, sizeof(arr));
            memset(door, 0, sizeof(door));
            memset(key, 0, sizeof(key));
            char c;
            for (int i=0; i<n; i++)
            {
                for (int j=0; j<m; j++)
                {
                    scanf("%c", &c);
                    if (c=='*')arr[i][j]=1;
                    else if (c=='@')sx=i, sy=j;
                    else if (c=='^')ex=i, ey=j;
                    else if (c>='a' && c<='z')key[i][j]=1<<(c-'a');
                    else if (c>='A' && c<='Z')door[i][j]=1<<(c-'A');
                }
                getchar();
            }
            int ans=bfs();
            if (ans<t && ans)printf("%d\n", ans);
            else printf("-1\n");
        }
        return 0;
    }
```

3.3.3 基于连通性的状态压缩动态规划

基于连通性的状态压缩动态规划是一类很典型的状态压缩动态规划问题，因为其压缩的本质并不像普通的状态压缩动态规划那样用 0 或者 1 来表示未使用、使用两种状态，而是使用数字来表示类似插头的状态，因此，它又被称作插头 DP。

插头 DP 本质上是一类状态压缩 DP，因此，依然避免不了具指数级别的算法复杂度，即便如此，它依然要比普通的搜索算法快很多。

【例 3.20】 Postal Vans。

题目描述：有一个 4×n 的矩阵，从左上角出发，每次可以向四个方向走一步，求经过每个格子恰好一次，再回到起点的走法数。

【算法分析】

看到此题，许多读者觉得 4 很小，会想到搜索算法或者是递推公式，而实际上，搜索算法是不能解决此题的，当 n 稍大一点，搜索算法即使写得再漂亮，也不能通过此题全部测试数据。本题确实有递推公式，但递推公式却不是那么好找，因此，可以考虑使用插头 DP。

为了更好地了解插头 DP，首先引入以下几个概念：

(1) 插头。对于矩阵上的任何一个格点，路径总是会穿过它，也就是从一头进入，从一头出去，这样的情况一共有 6 种，如图 3.10 所示。

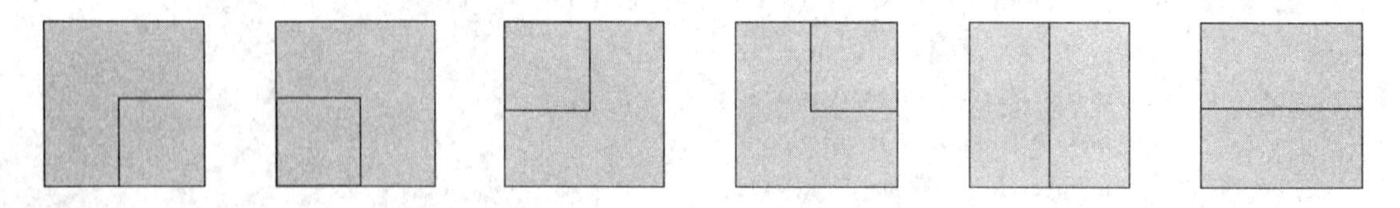

图 3.10 经过一个格点的六种形式

一个合法的路径需要满足的必要条件之一是：它的每一个格子上的路径插头都是上述六者之一，并且要相互匹配。相互匹配的意思是，如果一个格子上方的格子有向下的插头，那么这个格子就必须有向上的插头与它相匹配。

(2) 轮廓线。对于任何一个未决策的格子，仅有其上边和左边的格子对其放置方法有影响，因此，可以根据当前已经决策的格子画出一条轮廓线，分割出已经决策和未决策的格子。

如图 3.11 所示就是两种典型的轮廓线，一种是基于格子的轮廓线，当前该转移的是轮廓线拐角处的格子；一种是基于行的轮廓线，当前该转移的是轮廓线下方的一整行。

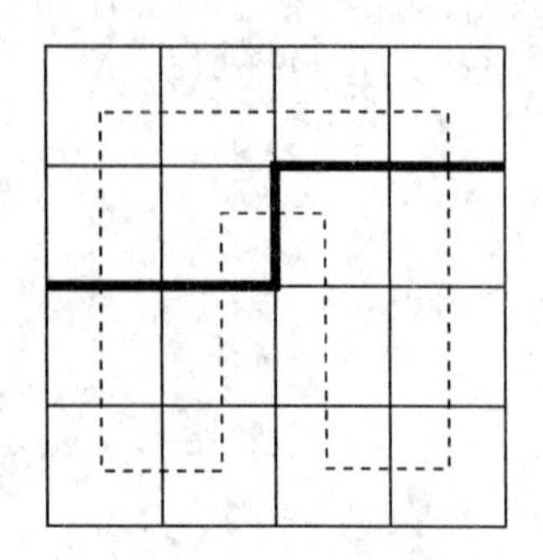

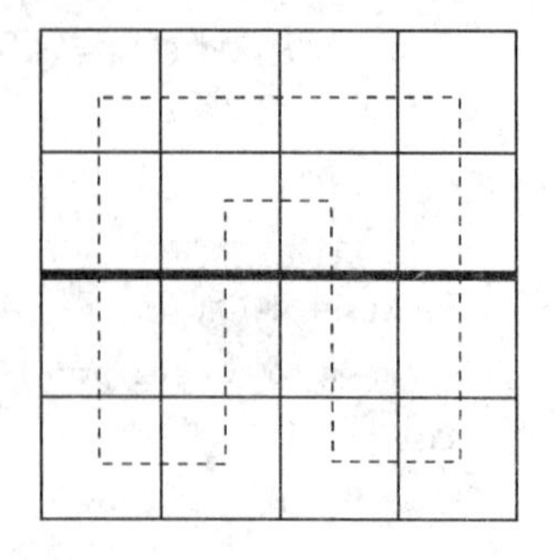

图 3.11 两种轮廓线划分方式

对于第一种情况，涉及的插头一共有N+1个，其中N个下插头，1个右插头，需要保存的插头数量是N+1个；对于第二种情况，只有N个下插头，需要保存的插头数是N个。

(3) 连通性。对于这类动态规划问题，除了要保存每一个插头外，还需要记录这些插头的连通性情况。例如，使用[(1，2)(3，4)]来表示该行第1、2个格子已经连通，第3、4个格子已经连通。

如图3.12所示，两者的下插头完全一致，但连通性却完全不同。因此，还需要在状态中表示它们的连通性。

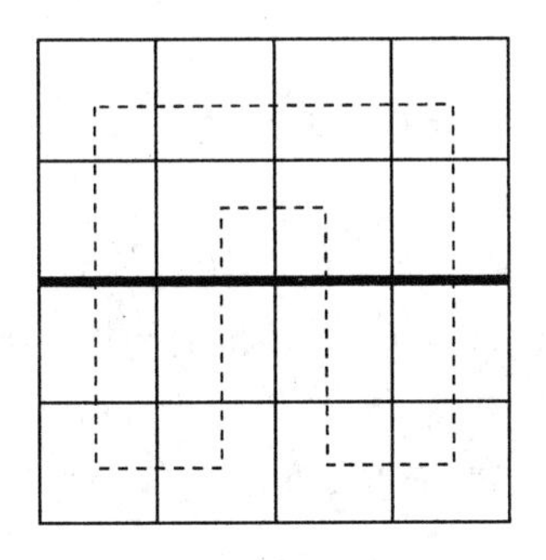
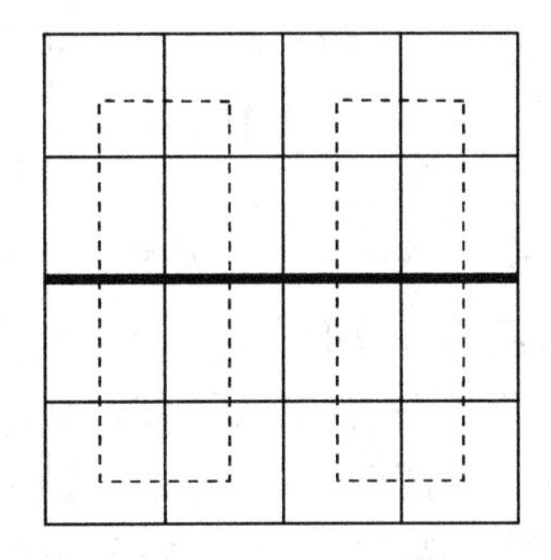

图3.12　两种插头完全一致，但连通性完全不同的情况

由于插头的表示已经是指数级别的空间，表示连通性如果再需要指数型的空间，那么空间和时间的消耗将是巨大的。因此，需要有更好的办法去表示连通性，通用的一个办法称作“括号表示法”。

对于同一行的四个格子，假设它们都有下插头，则它们的连通性只可能有两种情况：[(1，2)，(3，4)]，[(1，4)，(2，3)]，而不可能是[(1，3)，(2，4)]。更普遍的，因为插头永远都不可能有交叉，所以任何两个格子之间的连通性也不会存在交叉。这和括号匹配是完全一致的。

括号表示法的基本思想是三进制：

0：无插头状态，用#表示。

1：左括号插头，用(表示。

2：右括号插头，用)表示。

如图3.13左图所示，(使用格点转移)可以表示为：(()#)。

如图3.13右图所示，(使用行来转移)可以表示为：()()。

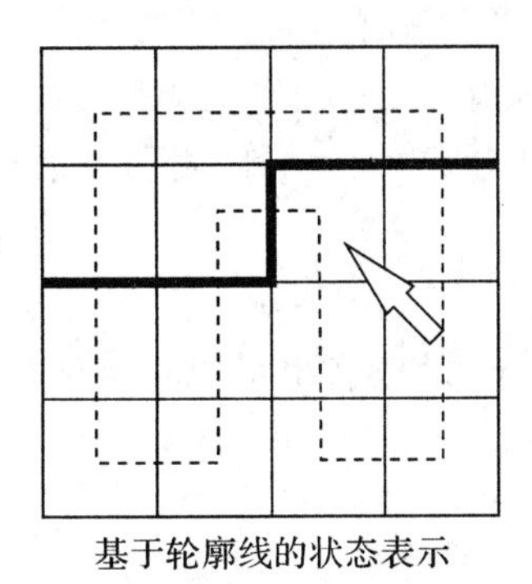

基于轮廓线的状态表示

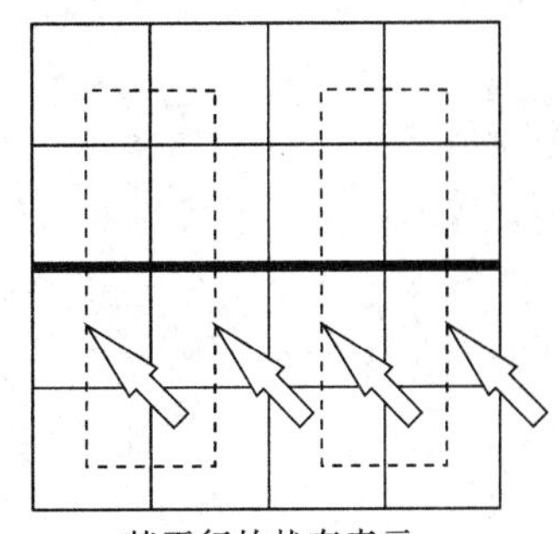

基于行的状态表示

图3.13　两种不同的状态表示方式

在此基础上，继续来了解插头DP的状态转移方式。

1. 基于格点的状态转移

基于格点的状态转移方式每次仅转移一个格子，转移的时候需要考虑这个格子的左方以及上方是否有插头。

(1) 左方无插头，上方无插头。[＊＊＊＊##＊＊＊＊](＊代表#、(、)中任意一个)，只能在此处加入一个厂形插头，状态变为[＊＊＊＊( )＊＊＊＊]。

(2) 左方和上方只有一个插头。此时，该格必然有一个插头和这个插头匹配，另一个插头插向下方或右方。这个格子相当于延续了之前该插头的连通状态，因此，转移方式是：将插头所在的位不动(插头插向下方)或向右移动一位(插向右方)。

(3) 左方有插头，上方有插头。这种情况下相当于合并了两个连通块，需要考虑两个插头的括号表示情况：

case1："((",两者都是左插头，此刻要把两个连通分量合并，就必须修改它们对应的右括号，使得它们对应的右括号匹配起来，例如：[#((##))]，将两个"("合并时，需要修改第二个"("所匹配的")"为"("，使它们继续匹配，变为[#####( )]。

case2："))"，两者都是右插头，此时，合并它们相当于直接把它们变为"##"，再将第二个")"对应的左插头"("改为右插头")"。

case3："( )"，即两者本来就是匹配的。此时，合并它们相当于把它们连起来形成回路。对于需要形成一条回路的题目，只有在最后一个格子形成回路才是合法的转移方式。

其中，左方有插头、上方无插头以及左方无插头、上方有插头的情况十分类似，在实现代码的时候可以合并。

2. 基于行的状态转移

基于行的状态转移，使用搜索的办法实现，dfs每一行的合法状态，然后更新状态至下一行。这种情况容易实现但算法复杂度较高，很少有人使用。在此不再赘述。

【设计技巧】 需要注意的是，虽然插头DP使用的是三进制的状态表示，但是往往在实现的时候使用的却是四进制(仅使用"0"、"1"、"2"，"3"不表示任何意义)。原因是由于计算机本身的设计导致其对2的幂次方进制数计算速度很快，使用四进制可以利用到位运算，加快运行速度。

此外，由于在状态转移的过程中，需要知道每一个左括号所对应的右括号的位置，由于合法状态是很有限的，因此，可以通过预处理的方式将合法状态以及这些状态下每一个左括号所匹配的右括号的位置记录下来，利用额外空间换来时间复杂度的下降。

【设计技巧】 在实现代码时，使用一个int类型来保存每一个状态，括号在四进制中从低位到高位依次表示从左到右的每一个括号，例如：$9(21)_3$实际上代表了一个从左到右的匹配的括号()，请读者在阅读代码的时候注意。

本题在读入数据过大的时候会超过long long类型，因此需要用到高精度运算，实现时可以用结构体复写加法运算符的方式来实现。熟悉Java的读者也可以直接使用Java中的BigInteger类。

【程序实现】

```
/*
PROG: USACO-6.6.1
LANG: c++
```

```
*/
#include<cstdio>
#include<cstring>
#include<algorithm>
#include<iostream>

using namespace std;

const int n=4;

struct Num{
    short arr[500];
    int len;
    void init(int i)
    {
        memset(arr, 0, sizeof(arr));
        arr[0]=i;
        len=1;
    }
    void print()
    {
        for (int i=len-1; i>=0; i--)
        {
            cout<<arr[i];
        }
        cout<<endl;
    }
};

void operator+=(Num &a, Num b)
{
    a.len=max(a.len, b.len);
    for (int i=0; i<a.len; i++)
    {
        a.arr[i]+=b.arr[i];
        a.arr[i+1]+=a.arr[i] / 10;
        a.arr[i] %=10;
    }
    if (a.arr[a.len])a.len++;
}

int N;
int stat[1110];
```

```
int brk[1110][8], stack[8], top=0, tot=0;
Num dp[8][1110];
int main(){
    freopen("vans.in", "r", stdin);
    freopen("vans.out", "w", stdout);
    cin>>N;
    int m=1<<((n+1)<<1);
    for (int i=0; i<m; i++)
    {
        top=0;
        for (int j=0; j<=n; j++)
        {
            int x=i>>(j<<1);
            if ((x & 3)==1)stack[top++]=j;
            if ((x & 3)==2)
                if (top--)
                {
                    brk[tot][j]=stack[top];
                    brk[tot][stack[top]]=j;
                } else break;
            if ((x & 3)==3)
            {
                top=-1;
                break;
            }
        }
        if (! top)stat[tot++]=i;
    }
    Num ans;
    ans.init(0);
    memset(dp, 0, sizeof(dp));
    dp[n][0].init(1);
    for (int k=1; k<=N; k++)
    {
        for (int i=0; i<tot; i++)
        {
            if (stat[i] & 3)dp[0][stat[i]].init(0);
            else dp[0][stat[i]]=dp[n][stat[i]>>2];
        }
        for (int i=1; i<=n; i++)
        {
            int x=(i-1)<<1;
            memset(dp[i], 0, sizeof(dp[i]));
```

```
for (int j=0; j<tot; j++){
    int p=(stat[j]>>x)& 3;
    int q=(stat[j]>>(x+2))& 3;
    // ##->()
    // 9=(21)4
    //左上都无插头
    if (!p &&!q)dp[i][stat[j] | (9<<x)]+=dp[i-1][stat[j]];
    else
    //左上都有插头
    if (p && q)
    {
        //两个((或者两个))
        if (p==q)
        {
            // ((...))->
            // ##...()
            // 5=(11)4 : ##=((^5
            // ()=))^3
            //两个((，把其匹配位置的)改为(
            if (p==1)dp[i][stat[j] ^ (5<<x)^ (3<<(brk[j][i]<<1))]+
               =dp[i-1][stat[j]];
               // ((...))->
            // ()...##
            // 10=(22)4
            //两个))，把其匹配位置的(改为)
            else
                dp [i][stat[j] ^ (10<<x)^ (3<<(brk[j][i-1]<<1))]+=
                  dp[i-1][stat[j]];
        }
        else
        //()或)(
        {
//()的情况，如果是最后一个格子，将答案加进来，否则跳过
            if (p==1)
            {
                if (k==N && i==n && stat[j]==(9<<x))
                    ans+=dp[i-1][stat[j]];
            }
            //)(的情况，直接把)(改成##
            else dp[i][stat[j] ^ (6<<x)]+=dp[i-1][stat[j]]; // )(->#
                #，6=(12)4
        }
}
```

```
                //只有其中一个位置有插头
                else
                {
                //当原来状态是#(或者#)时，状态不变意味着插头向右
                //当原来状态是(#或者)#时，状态不变意味着插头向下
                    dp[i][stat[j]]+=dp[i-1][stat[j]];

                //当原来状态是#(或者#)时，状态交换意味着插头向下
                //当原来状态是(#或者)#时，状态交换意味着插头向右
        dp[i][stat[j]^(p<<x)^(q<<x+2)|(p<<x+2)|(q<<x)]+=dp[i-1][stat[j]];
                    }
                }
            }
        }
        //连通之后答案要乘以2，因为一个环有两种遍历的方向
        ans+=ans;
        ans.print();
        return 0;
    }
```

本题稍作变化，就可以给出很多道插头DP类的题目：例如，从(1，1)点出发，回到(1，n)点；找出若干个环把图上所有点都覆盖；从(1，1)点出发，把所有点恰好都走一次，但不需要回到(1，1)点等。这些题目本质上都是本题的一点点改变，只需要彻底理解插头DP的思想，做出这些题目都不是问题。

(1) 从(1，1)点出发，回到(1，n)点。我们可以认为这个迷宫是从(0，1)点进入，最后回到(0，n)点，这样一来，我们只需要在转移状态的时候，强制要求(1，1)点和(1，n)点必须得有上插头，其他不变即可。

(2) 找出若干个环把图上所有点都覆盖。在原来的题目中，必须只有一个环。因此，只有在最后一个点(n，n)的时候，才处理了同时有左上插头并且它们是()的情况，在本问题里，只需要把这个特殊要求去掉即可，即在任何一个点，只要满足左上都有插头且它们是()，就把它们合并。

(3) 从(1，1)点出发，把所有点恰好都走一次，但不需要回到(1，1)点。此时，人为地给(1，1)点添加一个上插头，使得(1，1)点只可能被经过一次，之后在状态中多加入一维状态[0 or 1]用来表示当前是否已经把某一个点作为终点，当这一维状态是0的时候，可以在某一个格子转移的时候只给它添加一个插头，然后把0修改成1，最后到(n，n)点要求必须是()才更新答案即可；如果到达最后一个节点(n，n)时这一维状态依然是0，则在此处考虑两种插头的插法，并更新答案。

【例3.21】 Eat the Trees。

有一个n·m的矩阵，1表示可以经过，0表示不能经过，找出若干个环把图上所有可经过的点都覆盖。有多少种方法？

【算法分析】 本题的解法在上一例题的最后已经提及，此处只做补充：每次合并连通块必定是相邻的插头间进行合并，将两个括号变成两个#号。由于本题允许产生多条回

路，并不需要知道此次合并是否把路径闭合（也就是上一题代码中判断"( )"的部分），因此，不再需要使用左右括号表示法来记录连通状态，只是用 0 或者 1 来表示此处有无插头即可，程序实现难度大大降低。

【程序实现】

```
/*
PROG: Hdu-1693
LANG: c++
*/
#include<cstdio>
#include<cstring>
#include<algorithm>
#include<iostream>

using namespace std;

int T;
int n, m;
int map[12][12];
long long dp[12][1<<12];
int main(){
    scanf("%d", &T);
    int cas=1;
    while (T--)
    {
        scanf("%d %d", &n, &m);
        for (int i=1; i<=n; i++)
            for (int j=1; j<=m; j++)
                scanf("%d", &map[i][j]);
        memset(dp, 0, sizeof(dp));
        dp[m][0]=1;
        for (int i=1; i<=n; i++)
        {
            for (int k=0; k<(1<<m); k++)
                dp[0][k<<1]=dp[m][k];
            for (int j=1; j<=m; j++)
            {
                for (int k=0; k<(1<<m+1); k++)
                {
                    int x=1<<j-1;
                    int y=1<<j;
                    bool p=x & k;
                    bool q=y & k;
```

```
                    if (! map[i][j])
                    {
                        if (!p &&!q)dp[j][k]=dp[j-1][k];
                        else dp[j][k]=0;
                    } else
                    {
                    if (p==q)dp[j][k]=dp[j-1][k ^ x ^ y];
                    else dp[j][k]=dp[j-1][k]+dp[j-1][k ^ x ^ y];
                    }
                }
            }
        }
        printf("Case %d: There are %I64d ways to eat the trees.\n", cas++, dp[m][0]);
    }
    return 0;
}
```

3.3.4 数位计数类动态规划

数位计数问题是一类比较麻烦的问题，这类问题难度往往不大，但是总是有各种特殊情况，此类题目很多时候有巧解，但做法并不能推广。因此，需要学习数位计数类动态规划。

【例 3.22】 给定范围 A、B($1\leqslant A, B\leqslant 10^{12}$)，求[A，B]内所有数的五进制下各个数位之和。

【算法分析】

算法 1：数位统计类的题目，在数据量并不大(例如本题)的情况下，是可以有分段求解的做法的。可以分段求解建立在数据范围并不是特别大，使用暴力思路可以在几十分钟以内就能求得结果的前提下。

分段求解的思路类似于打表(一个信息学专用术语，意指对一些题目通过提前计算并存储结果的方式获得一个有序表或常量表，从而执行程序某一部分，以优化时间复杂度。这种算法也可用于在对某种题目没有最优解时得到分数的一种策略)，但本题的数据量太大，无法把所有的答案求出然后记录下来。因此，可以使用分段求解的思路，分段求解的基本思想如下：

把数据每 k 长分成一段(此处选择为 10^6)，使用 a[i]记录每一段的结果之和。例如，a[0]表示[1，10^6]所有数二进制下各个数位之和。暴力求解后打表保存在代码里，当询问一个区间[A，B]时，可以把[A，B]拆分成若干个区间[A，l_1]、[l_1+1，l_1+10^6-1]，…，[l_x+1，B]。这些区间，除了第一个与最后一个外，都在已经保存的答案数组中，可以直接输出答案，而剩下的两个区间，其最大范围也不超过 2×10^6，可以暴力求解。时间复杂度最大为 $O(10^6)$。

算法 2：如果我们能设计一个通用算法求出任何一个[0，N]区间五进制下各个位上的和，那么，要求[A，B]区间的答案，就可以用[0，B]的答案减去[0，A-1]的答案后得到。

首先考虑最简单的情况，如果 B 是 $5n-1$ 这样的数字，那么，其五进制下前 n 位上每个数字出现的次数恰好都是一样的，其平均值是 $(0+1+2+3+4)/5$，出现次数一共是 $(B+1)n$ 次，答案 $ans=(B+1)n(0+1+2+3+4)/5=2(B+1)n$。

接下来，我们来考虑如何将普遍情况下的问题分解成区间。

例如，我们要求的区间是[0，160]，最靠近它的满足 $5n-1$ 的数字是 $5^3-1=124$，如果我们能够处理[125，160]这个区间，那么剩下的[0，124]这个区间也可以很快求出，问题就得到了解答。

再来看如何去处理[125，160]这个区间，这个区间内的数字都是一个 $3+1=4$ 位的五进制数，它的各个位上的和可以分成前三位的和，以及第四位的和。

这个区间前三位的和与[125－125，160－125]＝[0，35]各个位上的和完全一致，可以递归去处理，因此，我们只需要单独计算出[125，160]这个区间第四位上的和即可。

我们知道，一个五进制数，前三位有 $5^3=125$ 种选择，因此，其从 125 开始，每 125 个数，第四位上进 1，也就是：

[125，249]：第四位上是 1

[250，374]：第四位上是 2

[375，499]：第四位上是 3

…

当我们把[0，124]这一段拿去以后，从 125 开始的所有数字向左移动 125 位，相当于它们的五进制下第四位各减少 1，因此，我们只需要计算出这个区间有多少个数字，将数字个数加到总和中，再把区间整体平移即可。例如：

[0，600]这个区间上的各个位的和＝[0，124]各个位和＋[0，475]各个位上的和＋476。其中，第一部分可以直接通过公式计算，第二部分可以递归处理，第三部分等于 600－124。

如此一来，我们只通过 5 次 O(1)复杂度的计算，就能将求解的区间从 5^4 降低到 5^3 级别，更普遍的，可以证明，最多经过 $5\log_5 n$ 次递归，就可以将结果彻底计算出来。

递归部分的算法步骤如下：

(1) 如果区间[0，B]足够小，直接暴力返回结果(这一步可以没有，但这样写可以减少代码细节，降低写错的风险)。

(2) 对于区间[0，B]，找出最大的一个满足 $5n-1$ 的数字 A，使得其满足 $A \leq B$。

(3) 通过公式计算[0，A]的各个位上的和，计入答案。

(4) 将剩余区间每个数最高位减 1，计入答案。

(5) 递归计算[0，B－A＋1]。

【程序实现】

```
/*
PROG：数位 dp
LANG：c++
*/
#include<cstdio>
#include<cstring>
#include<algorithm>
#include<iostream>
```

```
using namespace std;
long long A, B;
long long wu[80];
void init()
{
    wu[0]=1;
    for (int i=1; i<=32; i++)
    {
        wu[i]=wu[i-1]*5;
    }
    return;
}

long long cal(long long n, long long B)
{
    return 2*(B+1)*n;
}

long long getsum(int j)
{
    long long ans=0;
    while (j)
    {
        ans+=j%5;
        j/=5;
    }
    return ans;
}

long long dfs(long long B)
{
    //cout<<B<<endl;
    long long sum=0;
    if (B<=100)
    {
        for (int i=1; i<=B; i++)
            sum+=getsum(i);
        return sum;
    }
    int now;
    for (now=-1; wu[now+1]-1<=B; now++);
    cout<<now<<' '<<wu[now]-1<<' '<<B<<endl;
```

```
        //此时 wu[now]-1 就是最大的小于 B 的数字
        sum+=cal(now, wu[now]-1);
        //当前最高位分别减 1
        sum+=(B-wu[now]+1);
        //递归计算[0, B-A+1]
        sum+=dfs(B-wu[now]);
        return sum;
    }

    int main()
    {
        init();
        while (cin>>A>>B)
        {
            long long ans=dfs(B)-dfs(A-1);
            cout<<ans<<endl;
            // ans=0;
            // for (int i=A; i<=B; i++)ans+=getsum(i);
            // cout<<ans<<endl;
        }
    }
```

本题可以推广到任意K进制问题，此时只需要将5改成K即可。本算法的复杂度依然是O(Klog(K, n))，可以应对此类问题。

3.4 动态规划的优化方法

动态规划题目在很多时候不仅仅是要求设计一个可行的算法，而是要求设计出更高效的程序。需要仔细分析题目的数据范围，优化自己的算法。动态规划的优化方法有很多种，较为常用的几种方法是：减少状态总数、利用数据结构加速状态转移过程、四边形不等式优化、斜率优化。

3.4.1 减少状态总数

【例3.23】 乌龟棋。

乌龟棋的棋盘是一个 $1\times N(N\leqslant 350)$ 的矩阵，1是唯一的起点，N是唯一的终点，玩家要从1走到N。每一个格子上有一个价值w[i]。玩家共有4种类型的卡片，每使用其中一张卡片，他会对应向前走1、2、3、4步。已知四种卡片分别有x[i]个($x[i]\leqslant 40$, $\sum(x[i]\times i)=N-1$)，求在从1行进到N的过程中，路上得到的最大的价值之和是多少。

【算法分析】 看到这一道题目，读者至少能够给出如下的方程：

dp[i][x1][x2][x3][x4]=min(dp[i-1][x1-1][x2][x3][x4]+score[i], …)

其中，i表示当前走到了第i个格子，每一张卡片分别使用了x1、x2、x3、x4张时，取得的最大价值，转移方程也没有问题。此时，在实现代码之前，应该把数据范围代入计算复杂度：

$$350\times40\times40\times40\times40\times4=3\ 584\ 000\ 000$$

这显然是不被接受的，需要仔细分析状态和转移方程，从中寻找突破点。在本题中：

状态共有：$350\times40\times40\times40\times40=896\ 000\ 000$ 种。

状态转移复杂度是 O(4)。

即使把状态转移复杂度优化到 O(1)，依然不能满足条件，因此显然应该从状态的表示上下工夫。回到题目中，看看哪些条件还没有用上。

$$\sum(x[i]\times i)=N-1$$

在本题中，即使没有这一句话，这个算法依然是成立的，但题目却看似冗余地多说了这样一句，因此，本题的突破点一定在这里。这个公式描述的是：所有的卡片全部用完，刚好能够走到终点。回看状态的定义：既有当前行走的距离，又有当前的卡片使用情况，两者之间是有联系的：

$$i=x_1+2x_2+3x_3+4x_4$$

如此一来，就可以通过上述 5 个变量中的 4 个，计算出另一个状态中的变量。N 的范围是 350，每一个 x[i]的范围是 40，因此可以选择把较大的 N 省去，方程优化为：

$$dp[x_1][x_2][x_3][x_4]=\min(dp[x_1-1][x_2][x_3][x_4],\ dp[x_1][x_2-1][x_3][x_4]\cdots)+score[x_1+2x_2+3x_3+4x_4]$$

时间复杂度下降到 $O(4\times40^4)$。

【程序实现】

```
/*
PROG: 乌龟棋
LANG: c++
*/
#include<cstdio>
#include<cstring>
#include<algorithm>

#define MAXN 355
#define MAX_CARD 42

using namespace std;

int score[MAXN];
int dp[MAX_CARD][MAX_CARD][MAX_CARD][MAX_CARD];
int n, m;
int maxUsed[4];
int main( void )
{
    int t;
    scanf("%d %d", &n, &m);
    for (int i=1; i<=n; i++)
```

```
{
    scanf("%d", &score[i]);
}
for (int i=0; i<m; i++)
{
    scanf("%d", &t);
    maxUsed[t-1]++;
}
int step=0;
for (int a=0; a<=maxUsed[0]; a++)
{
    for (int b=0; b<=maxUsed[1]; b++)
    {
        for (int c=0; c<=maxUsed[2]; c++)
        {
            for (int d=0; d<=maxUsed[3]; d++)
            {
                step=a+b * 2+c * 3+d * 4+1;
                if (a+1<=maxUsed[0] && step+1<=n)
                {
                    dp [a+1][b][c][d]=max(dp[a][b][c][d]+score[step+1], dp[a
                      +1][b][c][d]);
                }
                if (b+1<=maxUsed[1] && step+2<=n)
                {
                    dp [a][b+1][c][d]=max(dp[a][b][c][d]+score[step+2],
                      dp[a][b+1][c][d]);
                }
                if (c+1<=maxUsed[2] && step+3<=n)
                {
                    dp [a][b][c+1][d]=max(dp[a][b][c][d]+score[step+3],
                      dp[a][b][c+1][d]);
                }
                if (d+1<=maxUsed[3] && step+4<=n)
                {
                    dp [a][b][c][d+1]=max(dp[a][b][c][d]+score[step+4],
                      dp[a][b][c][d+1]);
            }
        }
    }
  }
}
```

```
    printf("%d\n", dp[maxUsed[0]][maxUsed[1]][maxUsed[2]][maxUsed[3]]
                +score[1]);
    return 0;
}
```

【例 3.24】 最少花费。

一条笔直的单向公路上共有 N 个加油站(包括起点和终点)，每个加油站每一升油的价格是 w[i](w[i]是实数)。汽车的油箱容量是 M，每一升油可以跑 10 公里，每次加油必须得加满，并且只有当油量少于一半的时候才能加油。问：从 1 到 N 最少的花费是多少？如果不能到达，输出-1(假设一定可以到达并且汽车在起点初始是没有油的)。

【算法分析】 看到本题，非常容易想到搜索做法 dfs(i, oil, cost)，表示当前在第 i 个加油站，油量是 oil，花费 cost。根据这个搜索算法很容易定义出状态转移方程：

dp[i][oil]=cost

这个方程满足动态规划的基本要求，但是第二维状态 oil 是实数，状态数必然非常多，而且由于实数在判断相等时存在精度问题，这样的做法并不精确。此时，可以从状态的变化特征角度，考虑如何把这一维实数状态消去。

考虑 i、oil 的变化过程：

$(1, M)->(2, K_1)->(3, K_2)->\cdots->(i, M)$(此处加满油)$->(i+1, k_{i+1})->\cdots->(j, M)\cdots$

可以看到，油箱的油量总是从满 M 递减，到下一处 M 再次加满。那么，状态能否只保存 dp[i]表示在加油站 i 的时候加满了油呢？答案是可以的。

使用 dp[i]=cost 表示到达加油站 i，并且在这个位置加满油时候的最少花费，此时状态转移方程是：

dp[i]=max(dp[j]+cost(j, i)) j<i & j 能到达 i & j 到 i 油量消耗超过 M/2

考虑如何判断 j 是否满足这三个条件：

j<i：只需要在枚举 j 的时候限制 j<i 即可。

j 能到达 i：dist(i, j)<=M×10<==>dist(1, i)-dist(1, j)<=M×10，预处理前缀和即可。

j 到 i 油量消耗超过 M/2：M/2×10<dist(i, j)。

处理完每一个 dp[i]后，枚举最后一步是从哪加满油走到 N 即可。

状态数为 O(N)，状态转移复杂度为 O(N)，总的时间复杂度为 $O(N^2)$。

【程序实现】

```
/*
PROG：最少花费
LANG：c++
*/
#include<cstdio>
#include<cstring>
#include<algorithm>
#include<iostream>
```

```
using namespace std;

double dist[55];
double cost[55];
double C, d2;
int n;
double far, half;
double dp[55];
int pre[55];
double ans=0x3f3f3f3f;
int main(){
    freopen("gas.in", "r", stdin);
    double a, b, c, d;
    cin>>a>>C>>d2>>dp[0];
    far=C * d2;
    half=c / 2;
    cin>>n;
    dist[n+1]=a;
    for (int i=1; i<=n; i++){
        cin>>dist[i]>>cost[i];
    }
    n++;
    memset(pre, -1, sizeof(pre));
    for (int i=1; i<=n; i++)dp[i]=0x3f3f3f3f;
    for (int i=0; i<n; i++){
        if (dist[n]-dist[i]<=far){
            if (dp[i]<ans){
                ans=dp[i];
                pre[n]=i;
            }
        }
        for (int j=i+1; j<n; j++){
            if (dist[j]-dist[i]>far)break;
            if ((dist[j]-dist[i])/ d2<half && dist[j+1]-dist[i]>far){
                continue;
            }
            if (dp[j]>dp[i]+((dist[j]-dist[i])/ d2) * cost[j]+2){
                dp[j]=dp[i]+((dist[j]-dist[i])/ d2) * cost[j]+2;
                pre[j]=i;
            }

        }
    }
```

```
    cout<<ans<<endl;

    return 0;
}
```

3.4.2 利用数据结构加速状态转移过程

有一类动态规划问题，状态转移方程比较容易想到，但状态转移的复杂度却很高，这一类动态规划问题要从状态转移的过程入手，优化状态转移的过程，达到降低算法复杂度的效果。

【例 3.25】 最大价值。

在一条直线上有 N 个点，每个点有一个价值 W[i]，有一个人起初在节点 1，向右走，每次只能走 1～K(K≤N)步，问：路径上能够取得的最大价值是多少？

【算法分析】 此题的状态转移方程非常明显：

$$dp[i]=\max(dp[j]+W[i]) \qquad i-k\leqslant j\leqslant i-1$$

状态数 O(N)没有优化的空间，只能从状态转移的过程中优化。

把状态转移方程稍微变形：

$$dp[i]=\max(dp[j])+W[i] \qquad i-k\leqslant j\leqslant i-1$$

max 括号内的内容变成了从一个连续区间内选择最大值，显而易见，使用线段树可以解决。

线段树的代码量不算短，在简单题中浪费代码时间并不划算，因此给出另一种使用大根堆的做法。由于大根堆在 STL 有自带的优先队列实现，代码量将会降低不少。

定义这样一个结构体：

```
struct node{int val, id};
```

对于每一个求出来的 dp 值，将其对应的位置 id 以及 dp 值 val 组成一个 node 插入到大根堆中，大根堆每次弹出 val 最大的 node。每次要求一个位置 i 的 dp 值，不断地从大根堆中取得最大的元素 node，有两种情况：

node.id<i−k：将这个 node 弹出大根堆；

node.id≥i−k：dp[i]=node.val，继续保持其在大根堆中，结束弹出。

这样一来，每个 node 只进出堆一次，时间复杂度依然是线段树的复杂度。

【程序实现】

```
/*
PROG：最大价值
LANG：c++
*/
#include<cstdio>
#include<cstring>
#include<algorithm>
#include<iostream>
#include<queue>
using namespace std;
```

```
int arr[1000005];
struct node
{
        int id, val;
        friend bool operator<(node n1, node n2)
        {
            return n1.val<n2.val;
        }
};
priority_queue<node>q;
int main()
{
    int n, k, t;
    while (cin>>n>>k)
    {
        while (!q.empty())q.pop();
        for (int i=1; i<=n; i++)
            cin>>arr[i];
        node x;
        t=arr[1];
        x.id=1; x.val=arr[1];
        q.push(x);
        for (int i=2; i<=n; i++)
        {
            while (true)
            {
                x=q.top();
                if (x.id>=i-k)break;
                q.pop();
            }
            t=x.val+arr[i];
            x.val=t;
            x.id=i;
            q.push(x);
        }
        cout<<t<<endl;
    }
}
```

当题目中每次可以走 1～K 步变成每次走 L～R 步时，依然可以用大根堆来做，请读者思考如何实现。

【例 3.26】 数星星。

在一个平面上有 N 颗星星，坐标分别是(X_i，Y_i)，保证这 N 颗星星坐标不会重复。有一个人在数星星，他数星星的方式很特别，每数一个星星 i，他数的下一个星星就必须满足：

$$Y_i \leqslant Y_j \ \&\& \ X_i \leqslant X_j$$

问：他最多能数到多少颗星星？

【算法分析】

从几个数据范围角度思考本题的做法：

N≤10：数据范围特别小时，使用暴力搜索即可。

N≤100：对坐标进行离散化，枚举每一个坐标(X, Y)，如果这个点有星星，枚举所有比它小的(X′, Y′)，用 dp[X][Y]=max(dp[X′][Y′])+1 更新即可。

N≤1000：首先暴力枚举任何两个星星(i, j)能否满足数完 i 还能数 j，如果可以就建一条边，之后用最长路径算法解决即可。

N≤1 000 000：之前的算法复杂度都不能满足，此处具体分析此时的做法。

首先考虑题目简化成一维的情况。

做法显而易见，对每个星星按照 X 从小到大排序，方程是：

dp[i]=max(dp[j])+1

利用线段树进行更新即可。

当题目变成二维时，用二维线段树是否可以？答案是肯定的。但此题是否一定要用到二维线段树？答案是否定的。请看下面的做法：

对所有的星星按照 X 坐标排序：

此时，对于枚举的每一个 i<j，必定满足 $X_i \leqslant X_j$，此时，只需要在这里面找到 $Y_i \leqslant Y_j$ 的点即可。考虑到这里，可以对 Y 坐标建立一棵线段树，对于每一个排好序的星星 i，更新了它的答案之后，把它的答案插入到线段树中 Y_i 的位置即可。

算法的流程如下：

(1) 把所有星星按照 X 坐标排序。

(2) 枚举每一颗星星 i，查询线段树中[1, Y_i]区间中的最大值 val，dp[i]=val+1。

(3) 更新线段树，将 Y_i 这个位置更新为其原值与 val+1 中的最大值。

【设计技巧】 普遍的，很多二维的题目都可以从一维的题目入手，对第一维排序后，把第二维插入到线段树中，来达到两个坐标都有序的结果。

【程序实现】

```
#include<cstdio>
#include<iostream>
#include<algorithm>

using namespace std;

#define maxn 100005
#define lson l, m, rt<<1
#define rson m+1, r, rt<<1|1
#define root 1, n, 1

int MAX[maxn<<1];
```

```
int n;

struct POINT{
    int x, y;
} a[maxn];

void PushUP(int rt)
{
    MAX[rt]=max(MAX[rt<<1], MAX[rt<<1|1]);
}

void Update(int p, int add, int l, int r, int rt)
{
    if(l==r)
    {
        MAX[rt]=add;
        return;
    }
    int m=(l+r)>>1;
    if(p<=m)
        Update(p, add, lson);
    else
        Update(p, add, rson);
    PushUP(rt);
}

int Query(int L, int R, int l, int r, int rt)
{
    if(L<=l&&R>=r)
        return MAX[rt];
    int m=(l+r)>>1;
    int ret=0;
    if(L<=m)
        ret=max(ret, Query(L, R, lson));
    if(R>m)
        ret=max(ret, Query(L, R, rson));
    return ret;
    PushUP(rt);
}

bool cmp(POINT a1, POINT a2)
{
    if(a1.x!=a2.x)
```

```
            return a1.x<a2.x;
        else
            return a2.y<a1.y;
    }

    int main()
    {
        while(cin>>n)
        {
            memset(MAX, 0, sizeof(MAX));
            for(int i=1; i<=n; i++)
                scanf("%d%d", &a[i].x, &a[i].y);

            sort(a+1, a+n+1, cmp);

            for(int i=1; i<=n; i++)
            {
                int dp=Query(1, a[i].y, root);
                Update(a[i].y, dp+1, root);
            }
            cout<<Query(1, n<<1, root)<<endl;
        }
        return 0;
    }
```

3.4.3 四边形不等式优化

四边形不等式优化是优化动态规划的又一重要方法，常常用来求解区间 dp。我们从区间 dp 的普遍方程看起：

$$dp[i][j]=\min\{dp[i][k-1]+dp[k+1][j]+w(i,j)\}$$

假如对于 $i\leqslant i'\leqslant j\leqslant j'$，有 $w(i',j)\leqslant w(i,j')$，我们称 w 满足关于区间包含的单调性。另外，如果有 $w(i,j)+w(i',j')\leqslant w(i',j)+w(i,j')$，我们称 w 满足四边形不等式。我们规定让 dp[i][j]取得最大值的位置 k 叫做 s[i][j]。

【定理 1】 如果 w 满足上述条件，那么 dp 函数也满足四边形不等式，即：

$$dp[i][j]+dp[i'][j']\leqslant dp[i'][j]+dp[i][j']$$

【定理 2】 假如 dp 函数满足四边形不等式，那么 s 函数满足单调，即：

$$s[i][j-1]\leqslant s[i][j]\leqslant s[i+1][j]$$

定理 1、2 对于区间 dp 是非常有意义的，如果我们在求解 dp 的过程中记录每一个区间[l][r]的决策位置 s[i][j]，那么对于任何一个还未求解的区间[l][r]，我们只需要枚举 s[l][r-1]到 s[l+1][r]即可。

在比赛中，时间紧张，没有时间去证明四边形不等式，如何利用四边形不等式在比赛中解决问题，请看下面的例子。

【例 3.27】 石子归并。

有 1～N 一共 N 颗石子，每个石子有一个重量 W[i]，每次合并操作可以把两堆相邻的石子合并，代价是其重量之和，合并后石子重量是两堆重量之和。问：把它们合并成一堆后的总代价最大是多少？其中，N≤1000。

【算法分析】 题目是区间 dp 的入门经典题目，很容易可以设计出状态转移方程：

$$dp[l][r]=\max(dp[l][k]+dp[k+1][r])+sum(l, r)\quad l\leqslant k<r$$

但本题中，N 的范围是 1000，这个算法的时间复杂度是 $O(N^3)$，无法满足时间要求，因此可以从四边形不等式的角度去思考如何解决本题。在比赛中，耗费大量时间去证明函数满足四边形不等式是很不划算的，读者可以采用如下策略去验证它。

首先，写出 $O(N^3)$复杂度的代码，并对每个区间记录取得最优解的决策位置 s[i][j]。其次，设计时间可接受的规模较大的随机数据(例如本题可以选择 N=100)。使用本代码去计算该数据，计算完成后，枚举每一个区间[i，j]，验证是否对于每一个这样的区间，都满足：

$$s[i][j-1]\leqslant s[i][j]\leqslant s[i+1][j]$$

上述过程可执行多次，如果多次执行都满足上式，说明该状态转移方程极有可能满足四边形不等式，此时修改代码的决策方式即可。

【设计技巧】 由于普通的区间 dp 和四边形不等式优化后的 dp 在代码上只有细微的差别，因此，验证的过程也是编码的过程，相比于在纸上推导，节省了大量时间。

【程序实现】

```
/*
PROG：石子合并
LANG：c++
*/
#include<iostream>
#include<stdio.h>
#include<string.h>
#include<set>
#include<vector>
#include<algorithm>
#include<math.h>
using namespace std;
int arr[1005], n;
int sum[1005];
int dp[1005][1005], s[1005][1005];
int dfs(int l, int r)
{
    if (dp[l][r]!=-1)return dp[l][r];
    if (r-l<=1)
    {
        s[l][r]=l;
        if (l==r)dp[l][r]=0;
```

```
            else dp[l][r]=arr[l]+arr[r];
            return dp[l][r];
        }
        dfs(l+1, r);
        dfs(l, r-1);
        for (int i=s[l][r-1]; i<=s[l+1][r]; i++)
        {
            int pre=dp[l][r];
            dp[l][r]=max(dp[l][r], dfs(l, i)+dfs(i+1, r)+sum[r]-sum[l-1]);
            if (dp[l][r]!=pre)s[l][r]=i;
        }
        return dp[l][r];
    }
    int main()
    {
        while (cin>>n)
        {
            memset(dp, -1, sizeof(dp));
            for (int i=1; i<=n; i++){cin>>arr[i]; sum[i]=sum[i-1]+arr[i]; }
            dfs(1, n);
            cout<<dp[1][n]<<endl;
        }
    }
```

四边形不等式优化决策不好证明，但在比赛中选手应大胆猜测，写程序验证，利用计算机的优势来验证自己的猜想，确定该题目极可能满足四边形不等式的条件后，大胆地使用这个结论去优化自己的代码。但此时还需要一定的技巧性，例如在本题中，如果不能确定自己的优化是否正确，则可以将代码按数据量分开处理：

如果 $n\leqslant 100$，可使用 $O(N^3)$ 复杂度的动态规划运行结果；

如果 $n>100$，可使用四边形不等式优化的动态规划运行。

3.4.4 斜率优化

在动态规划中，很多的状态转移方程可以转化成 dp[i]=max(f[i, j]+dp[j])的形式，其中，f[i, j]是与 i 和 j 相关的函数。这样的动态规划方程有时可以使用斜率优化的办法降低决策复杂度，原理如下：

对于三个点 k、j、i(k<j<i)：

从 j 推到 i，结果是：dp[i]=f[i, j]+dp[j]。

从 k 推到 i，结果是：dp[i]=f[i, k]+dp[k]。

如果对于任何一个 i，k 都不会产生最优解，则必须存在 j 满足，对于任何一个 i：

$$f[i, j]+dp[j]>f[i, k]+dp[k]$$

即(f[i, j]-f[i, k])/(dp[j]-dp[k])<0

把 f[i, j]看成 y_j，把 dp[j]看成 x_j，那么原式相当于：

$$(y_j - y_k)/(x_j - x_k) < 0,$$

如果 $y_j - y_k$ 与 i 无关，那么这样的式子就变成了一个斜率方程，用维护凸包的思想维护一个单调队列，就可以很好地降低决策的复杂度。

【例 3.28】 Print Article。

一共有 N(N≤500 000)个数字 a[i]，要按顺序输出它们，每次可以连续输出一串，它的费用是这一段数字之和的平方＋M(M 是一个常数)，求输出完所有数字后最少的花费。

【算法分析】 本题的状态转移方程非常容易给出：

dp[i]表示输出了前 i 个数字时的最少花费，那么 dp[i]＝min(dp[j]＋M＋(sum[i]－sum[j])²)，表示从 j＋1 到 i 一起输出，花费是 M＋(sum[i]－sum[j])²。时间复杂度是 $O(N^2)$，显然不能满足要求。从状态转移方程入手，考虑如何解决此题。

对于任何三个点 k、j、i(k<j<i)，如果决策 k 比决策 j 差，则必须满足：

$$dp[k]+M+(sum[i]-sum[k])^2 > dp[j]+M+(sum[i]-sum[j])^2$$

$$\rightarrow dp[k]+sum[k]^2+2sum[i]sum[k] > dp[j]+sum[j]^2+2sum[i]sum[j]$$

$$\rightarrow dp[k]+sum[k]^2-dp[j]-sum[j]^2 > 2sum[i](sum[j]-sum[k])$$

$$\rightarrow (dp[k]+sum[k]^2-dp[j]-sum[j]^2)/2(sum[k]-sum[j]) < sum[i]$$

把 $dp[k]+sum[k]^2$ 看做 y 坐标，2sum[k]看做 x 坐标，上式左边就是点 j 与点 k 间斜率的表示，设 $g[j,k]=(dp[k]+sum[k]^2-dp[j]-sum[j]^2)/2(sum[k]-sum[j])$，那么对于任何三个点 k、j、i(k<j<i)，如果有 g[i，j]<g[j，k]，那么：

假设 g[i，j]<sum[i]，说明 i 点比 j 点优；

假设 g[i，j]≥sum[i]，那么 g[j，k]>g[i，j]≥sum[i]，说明 k 点比 j 点优。

无论是哪一种情况，总是有一个点比 j 点优，因此，当有 g[i，j]<g[j，k]时，k 点被排除。g[i，j]<g[j，k]实际上对应了二维坐标系中的一个凹角。

该算法本质上维护了一个斜率单调递减的点的队列，也就是说，对于任意三个队列中相邻的元素 a<b<c，有：

$$g[b,a] > g[c,b]。$$

此时，队列中的所有点存在着一个很好的性质：对于一个点 d，决策 c 比决策 b 优，必须满足 g[c，b]<sum[d]，而在队列中，g 的值是递减的。因此，对于队列中的第一个点 x，如果满足：

$$g[x+1,x] < sum[d],$$

则说明：对于 d 来说，x＋1 比 x 更优。又因为 sum[d]是一个递增的函数，说明对于所有的 y≥d 来说，x＋1 比 x 更优。因此 x 可以出队。

又因为，队列中维护的斜率递减，所以当队首节点不满足 g[x＋1，x]<sum[d]时，后面的斜率更不满足该式，此时队首节点比之后的每一个节点都优，该节点就是 d 的最优解。

至此，本题的解决方法已经明确，如下：

用一个单调队列维护所有的点(dp[i]，sum[i])，共支持两种操作：进队，出队。

进队：当有一个节点 d 要入队时，每当和当前队尾节点构成凹角时，则让队尾节点出队。

出队：求解的时候，每当队首节点与下一个节点构成的斜率小于 sum[i]，就说明队首节点已经没用，将队首节点出队。当不能出队时，队首节点就是最优解。

【程序实现】

```
/*
PROG: printarticle
LANG: c++
*/
#include<iostream>
#include<string.h>
using namespace std;

int dp[500005];
int q[500005];
int sum[500005];
int head, tail, n, m;

int getDP(int i, int j)
{
    return dp[j]+m+(sum[i]-sum[j])*(sum[i]-sum[j]);
}

int getUP(int j, int k)  //yj-yk 的部分
{
    return dp[j]+sum[j]*sum[j]-(dp[k]+sum[k]*sum[k]);
}

int getDOWN(int j, int k)//xj-xk 的部分
{
    return 2*(sum[j]-sum[k]);
}

int main()
{
    int i;
    while(scanf("%d%d", &n, &m)!=EOF)
    {
        for(i=1; i<=n; i++)
            scanf("%d", &sum[i]);
        sum[0]=dp[0]=0;
        for(i=1; i<=n; i++)
            sum[i]+=sum[i-1];
        head=tail=0;
        q[tail++]=0;
        for(i=1; i<=n; i++)
        {
```

```
            //while 队列还有元素并且队首斜率<=sum[i]，队首出队
            while(head+1<tail && getUP(q[head+1], q[head])<=sum[i] * getDOWN
(q[head+1], q[head]))
                head++;
            //此时队首的节点更新出的结果就是 dp[i]
            dp[i]=getDP(i, q[head]);
            //while 队列还有元素并且新加入的节点与队尾构成了凹角，队尾出队
            while(head+1<tail && getUP(i, q[tail-1]) * getDOWN(q[tail-1], q[tail-
2])<=getUP(q[tail-1], q[tail-2]) * getDOWN(i, q[tail-1]))
                tail--;
            q[tail++]=i;
        }
        printf("%d\n", dp[n]);
    }
    return 0;
}
```

习　题　3

1. 陈述什么是动态规划，满足怎样的条件才可以使用动态规划求解。

2. 陈述动态规划和搜索算法的异同点。

3. 总结不同类型的动态规划的特点，以及一般情况下适用的数据范围。

4. 过河。

题目描述：

在河上有一座独木桥，一只青蛙想沿着独木桥从河的一侧跳到另一侧。在桥上有一些石子，青蛙很讨厌踩在这些石子上。由于桥的长度和青蛙一次跳过的距离都是正整数，我们可以把独木桥上青蛙可能到达的点看成数轴上的一串整点：0，1，…，L(其中 L 是桥的长度)。坐标为 0 的点表示桥的起点，坐标为 L 的点表示桥的终点。青蛙从桥的起点开始，不停地向终点方向跳跃。一次跳跃的距离是 S 到 T 之间的任意正整数(包括 S、T)。当青蛙跳到或跳过坐标为 L 的点时，就算青蛙已经跳出了独木桥。

题目给出独木桥的长度 L，青蛙跳跃的距离范围 S、T，桥上石子的位置。你的任务是确定青蛙要想过河，最少需要踩到的石子数。

对于 30%的数据，$L \leqslant 10\ 000$；

对于全部的数据，$L \leqslant 10^9$。

输入格式：

输入的第一行有一个正整数 $L(1 \leqslant L \leqslant 10^9)$，表示独木桥的长度。第二行有三个正整数 S、T、M，分别表示青蛙一次跳跃的最小距离、最大距离及桥上石子的个数，其中 $1 \leqslant S \leqslant T \leqslant 10$，$1 \leqslant M \leqslant 100$。第三行有 M 个不同的正整数分别表示这 M 个石子在数轴上的位置(数据保证桥的起点和终点处没有石子)。所有相邻的整数之间用一个空格隔开。

输出格式：

输出只包括一个整数，表示青蛙过河最少需要踩到的石子数。

输入样例：

10

2 3 5

2 3 5 6 7

输出样例：

2

5. 小胖吃巧克力。

题目描述：

xuzhenyi 在玩一个游戏，他每次从盒子中取出一颗巧克力放到桌子上，如果两颗巧克力为同一种时就吃了它们。现在的问题是：如果盒子里有 C 种(C⩽100)巧克力，当 N 颗巧克力被从盒子里拿出来后，M 颗巧克力留在桌子上的概率是多少(N，M⩽1 000 000)？

输入格式：

若干行

以 0 结尾

输出格式：

输出概率保留三位小数

输入样例：

5 100 2

0

输出样例：

0.625

6. 公路巡逻。

题目描述：

在一条没有分岔的高速公路上有 n 个关口，相邻两个关口之间的距离都是 10 km。所有车辆在这条高速公路上的最低速度为 60 km/h，最高速度为 120 km/h，并且只能在关口处改变速度。巡逻的方式是在某个时刻 T_i 从第 n_i 个关口派出一辆巡逻车匀速驶抵第(n_i+1)个关口，路上耗费的时间为 t_i 秒。

两辆车相遇是指它们之间发生超车或者两车同时到达某关口(同时出发不算相遇)。

巡逻部门想知道一辆于 6 点整从第 1 个关口出发去第 n 个关口的车(称为目标车)最少会与多少辆巡逻车相遇，请编程计算之。假设所有车辆到达关口的时刻都是整秒。

输入格式：

输入第一行为两个用空格隔开的整数，分别为关口数 n 和巡逻车数 m($1<n<50$，$1<m<300$)。接下来的 m 行每一行为一辆巡逻车的信息(按出发位置递增排序)，包括 n_i、T_i、t_i，三项用空格隔开，分别表示第 i 辆巡逻车的出发位置、出发时刻和路上耗费的时间，其中 n_i 和 t_i 为整数，T_i 形如 hhmmss，表示时、分、秒，采用 24 小时制，不足两位的数用前置 0 补齐。($1\leqslant n_i<n$，05：00：00$\leqslant T_i\leqslant$23：00：00，$300\leqslant t_i\leqslant 600$)

输出格式：

输出第一行为目标车与巡逻车相遇次数。第二行为目标车与巡逻车相遇次数最少时最早到达第 n 个关口的时刻(格式同输入中的 T_i)。

输入样例：

3 2

1 060000 301

2 060300 600

输出样例：

0

061301

7. 快乐的蜜月。

题目描述：

位于某个旅游胜地的一家宾馆里，有一个房间是总统套房。由于总统套房价格昂贵，因此常常无人光临。宾馆的经理为了创收，决定将总统套房改建为专门为新婚夫妇服务的蜜月房。宾馆经理不仅大幅度降低了蜜月房的价位，而且还对不同身份的顾客制定了不同的价位，以吸引不同身份、不同消费水平的游客。比如对于来订蜜月房的国内来宾、海外旅客、港澳台同胞等，区别收取费用。

宾馆经理的举措获得了不同凡响的效果。由于蜜月房环境幽雅，服务周到，因此生意红火。宾馆经理在每年年底都会收到第二年的所有蜜月房预订单。每张预订单包括以下几个必要的信息：到达日期、离去日期和顾客身份。

由于宾馆只有一间蜜月房，只能同时接待一对新婚夫妇。因此并不是所有的预订要求都能得到满足。当一些预订要求在时间上发生了重叠的时候，我们就称这些预订要求发生了冲突。

对于那些不与任何其他预订要求发生冲突的预订单，必然会被接受，因为这对宾馆和顾客双方面来说都是件好事。而对于发生冲突的预订要求，宾馆经理则必须拒绝其中的一部分，以保证宾馆有秩序地运转。显然，对于同一时间内发生冲突的预定要求，宾馆经理最多只能接受其中的一个。经理也有可能拒绝同一时间段内的所有预定要求，因为这样可以避免顾客间发生争执。经理在做出决策后，需要将整个计划公布于众，以示公平。这是一个必须慎重做出的决定，因为它牵涉诸多方面的因素。经理首先考虑的当然是利润问题。他必然希望获得尽可能多的收入。可是宾馆在获得经济效益的同时，也应该兼顾社会效益，不能太唯利是图，还必须照顾到顾客们的感情。如果宾馆经理单从最大获利角度出发来决定接受或拒绝顾客的预订要求的话，就会引起人们的不满。经理有一个学过市场营销学的顾问。顾问告诉经理，可以采取一种折中的做法，放弃牟利最大的方案，而采纳获利第 k 大的方案。他还通过精确的市场分析，找到了 k 的最佳取值点，告诉了宾馆经理。

现在请你帮助宾馆经理，从一大堆预订要求中，在上述原则下寻找到获利第 k 大的方案。宾馆经理将根据此方案来决定接受和拒绝哪些预订要求。

当然，可能有若干种方案的获利是一样大的。这时候，它们同属于获利第 i 大的方案而不区分看待。例如，假如有三种方案的收入同时为 3，有二种方案的收入为 2，则收入为 3 的方案都属于获利最大，收入为 2 的方案都属于获利第二大。依此类推。

假设所有的住、离店登记都在中午 12 点进行。

输入格式：

输入的第一行是两个数，k(1≤k≤100)和 t(1≤t≤100)。其中 k 表示需要选择获利第

k 大的方案；t 表示顾客的身份共划分为 t 类。

第二行是一个数 y，表示下一年的年份。

第三行是一个数 r(0≤r≤20 000)，表示共有 r 个预订要求。

以下 r 行每行是一个预订要求，格式为：

m1/d1 TO m2/d2 id;

其中，m1/d1 和 m2/d2 分别表示到达和离去日期。id 是一个整数(1≤id≤t)，用来标识预订顾客的身份。

最后 t 行每行为一个整数 Pi(1≤i≤t，1≤Pi≤32 767)，表示蜜月房对于身份代号为 i 的顾客的日收费标准。

例：某对顾客于 6 月 1 日到达，6 月 3 日离去，对他们的日收费标准为 m 元/天，则他们共住店两天，需付钱 2m 元。

输出格式：

输出仅包含一个整数 p，表示在获利第 k 大的方案下，宾馆的年度总收入额。如果获利第 k 大的方案不存在，则输出－1。

输入样例：

```
2 1
2000
4
1/1 TO 1/2 1
2/1 TO 2/2 1
3/1 TO 3/2 1
3/1 TO 3/3 1
1
```

输出样例：

```
3
```

8. 打砖块。

题目描述：

小红很喜欢玩一个叫打砖块的游戏，这个游戏的规则如下：

在刚开始的时候，有 n 行×m 列的砖块，小红有 k 发子弹。小红每次可以用一发子弹，打碎某一列当前处于最下面的那块砖，并且得到相应的得分，如图 3.14 所示。

图 3.14　打砖块示意

某些砖块在打碎以后，还可能得到一发子弹的奖励。最后当所有的砖块都被打碎了，或者小红没有子弹了，游戏结束。

小红在游戏开始之前，就已经知道每一块砖在打碎以后的得分，并且知道能不能得到一发奖励的子弹。小红想知道在这次游戏中她可能得到的最大得分，可是这个问题对于她来说太难了，你能帮帮她吗？

输入格式：

第一行有 3 个正整数：n、m、k。表示开始的时候，有 n 行×m 列的砖块，小红有 k 发子弹。

接下来有 n 行，每行的格式如下：

f1 c1 f2 c2 f3 c3 … fm cm

其中，fi 为正整数，表示这一行的第 i 列的砖，在打碎以后的得分；ci 为一个字符，只有两种可能：Y 或者 N，Y 表示有一发奖励的子弹，N 表示没有。

所有的数与字符之间用一个空格隔开，行末没有多余的空格。

输出格式：

仅一个正整数，表示最大的得分。

输入样例：

```
3 4 2
9 N 5 N 1 N 8 N
5 N 5 Y 5 N 5 N
6 N 2 N 4 N 3 N
```

输出样例：

```
13
```

9. 聚会的快乐。

题目描述：

你要组织一个由你公司的人参加的聚会。你希望聚会非常愉快，尽可能多地找些有趣的热闹。但是你无法同时邀请某个人和他的上司，因为这可能带来争吵。给定 N 个人(包括其姓名、他幽默的系数以及他上司的名字)，编程找到能使幽默系数和最大的若干个人。

输入格式：

第一行为一个整数 N(N<100)。接下来有 N 行，每一行描述一个人的信息，信息之间用空格隔开。姓名是长度不超过 20 的字符串，幽默系数是在 0 到 100 之间的整数。

输出格式：

所邀请的人最大的幽默系数和。

输入样例：

```
5
BART 1 HOMER
HOMER 2MONTGOMERY
MONTGOMERY 1 NOBODY
LISA 3 HOMER
SMITHERS 4MONTGOMERY
```

输出样例：

```
8
```

10. 最佳课题选择。

题目描述：

Matrix67 要在下个月交给老师 n 篇论文，论文的内容可以从 m 个课题中选择。由于课题数有限，Matrix67 不得不重复选择一些课题。完成不同课题的论文所花的时间不同。具体地说，对于某个课题 i，若 Matrix67 计划一共写 x 篇论文，则完成该课题的论文总共需要花费 $A_i \times x^{B_i}$ 个单位时间(系数 A_i 和指数 B_i 均为正整数)。给定与每一个课题相对应的 A_i 和 B_i 的值，请帮助 Matrix67 计算出如何选择论文的课题，使得他可以花费最少的时间完成这 n 篇论文。

输入格式：

第一行有两个用空格隔开的正整数 n 和 m，分别代表需要完成的论文数和可供选择的课题数。

以下 m 行每行有两个用空格隔开的正整数。其中，第 i 行的两个数分别代表与第 i 个课题相对应的时间系数 A_i 和指数 B_i。

输出格式：

输出完成 n 篇论文所需要耗费的最少时间。

输入样例：

```
10 3
2 1
1 2
2 1
```

输出样例：

```
19
```

11. 密令。

题目描述：

给定一小写字母串 s，每次操作你可以选择一个 p(1≤p<|s|)执行下述修改中的任意一个：

(1) 将 s[p]改为其字典序+1 的字母，将 s[p+1]改为其字典序-1 的字母。

(2) 将 s[p]改为其字典序-1 的字母，将 s[p+1]改为其字典序+1 的字母。

在经过任意多次操作后，串 s 能变化成多少种字符串？

修改过程中必须保证 s 是合法的小写字母串(即不能对字母“a”进行字典序-1 的操作)，答案对 1 000 000 007(10^9+7)取模。

输入格式：

第一行为一个整数 T，表示数据组数。

接下来的 T 行，每行有一个小写字母串 s。

输出格式：

输出 T 行，每行有一个整数表示答案。

输入样例：

```
3
aaaaaaaaa
ya
klmbfxzb
```

输出样例：

0
24
320092793

12. 生产产品。

题目描述：

在经过一段时间的经营后，dd_engi 的 OI 商店不满足于从别的供货商那里购买产品放上货架，而要开始自己生产产品了。产品的生产需要 M 个步骤，每一个步骤都可以用 N 台机器中的任何一台完成，但生产的步骤必须严格按顺序执行。由于这 N 台机器的性能不同，它们完成每一个步骤所需的时间也不同。机器 i 完成第 j 个步骤的时间为 T[i，j]。把半成品从一台机器上搬到另一台机器上也需要一定的时间 K。同时，为了保证安全和产品的质量，每台机器最多只能连续完成产品的 L 个步骤。也就是说，如果有一台机器连续完成了产品的 L 个步骤，下一个步骤就必须换一台机器来完成。现在，dd_engi 的 OI 商店有史以来的第一个产品就要开始生产了，那么最短需要多长时间呢？

输入格式：

第一行有四个整数：M、N、K、L。

下面的 N 行，每行有 M 个整数。第 I+1 行的第 J 个整数为 T[J，I]。

输出格式：

输出只有一行，表示需要的最短时间。

输入样例：

3 2 0 2
2 2 3
1 3 1

输出样例：

4

13. 学校食堂。

题目描述：

小 F 的学校在城市的一个偏僻角落，所有学生都只能在学校吃饭。学校有一个食堂，虽然简陋，但食堂大厨总能做出让同学们满意的菜肴。当然，不同的人口味也不一定相同，但每个人的口味都可以用一个非负整数表示。

由于人手不够，食堂每次只能为一个人做菜。做每道菜所需的时间是和前一道菜有关的，若前一道菜对应的口味是 a，这一道为 b，则做这道菜所需的时间为(a or b)－(a and b)，而做第一道菜是不需要计算时间的。其中，or 和 and 分别表示整数逐位或运算和逐位与运算，C 语言中对应的运算符为"|"和"&"。

学生数目相对于这个学校还是比较多的，吃饭做菜往往就会花去不少时间。因此，学校食堂偶尔会不按照大家的排队顺序做菜，以缩短总的进餐时间。

虽然同学们能够理解学校食堂的这种做法，不过每个同学还是有一定容忍度的。也就是说，队伍中的第 i 个同学，最多允许紧跟他身后的 Bi 个人先拿到饭菜。一旦在此之后的任意同学比当前同学先拿到饭，当前同学将会十分愤怒。因此，食堂做菜还得照顾到同学们的情绪。

现在，小 F 想知道在满足所有人的容忍度这一前提下，自己的学校食堂做完所有菜最少需要多少时间。

输入格式：

输入文件 dining.in 的第一行包含一个正整数 C，表示测试点的数据组数。

每组数据的第一行包含一个正整数 N，表示同学数。

从每组数据的第二行起共 N 行，每行包含两个用空格分隔的非负整数 Ti 和 Bi，表示按队伍顺序从前往后的每个同学所需的菜的口味和这个同学的容忍度。

每组数据之间没有多余空行。

输出格式：

输出文件 dining.out 包含 C 行，每行一个整数，表示对应数据中食堂完成所有菜所需的最少时间。

输入样例：

```
2
5
5 2
4 1
12 0
3 3
2 2
2
5 0
4 0
```

输出样例：

```
16
1
```

14. 多米诺骨牌。

题目描述：

有一个 n×m 的矩形表格，其中有一些位置有障碍。现在要在这个表格内放一些 1×2 或者 2×1 的多米诺骨牌，使得任何两个多米诺骨牌没有重叠部分，任何一个骨牌不能放到障碍上，并且任何相邻两行之间都至少有一个骨牌横跨，任何相邻两列之间也都至少有一个骨牌横跨。求有多少种不同的放置方法。注意：你并不需要放满所有没有障碍的格子。

输入格式：

第一行有两个整数 n、m。接下来 n 行，每行有 m 个字符，表示这个矩形表格。

其中字符“x”表示这个位置有障碍，字符“.”表示没有障碍。

输出格式：

一行一个整数，表示不同的放置方法数 mod 19 901 013 的值。

输入样例：

```
3 3
...
...
...
```

输出样例：

2

15. 圆环取数。

题目描述：

守护者拿出被划分为n个格子的一个圆环，每个格子上都有一个正整数，并且定义两个格子的距离为两个格子之间的格子数的最小值。环的圆心处固定了一个指针，一开始指向了圆环上的某一个格子，你可以取下指针所指的那个格子里的数以及与这个格子距离不大于k的格子的数，取一个数的代价即这个数的值。指针是可以转动的，每次转动可以将指针由一个格子转向其相邻的格子，且代价为圆环上还剩下的数的最大值。

现在对于给定的圆环和k，求将所有数取完的最小代价。

输入格式：

输入文件cirque.in的第1行有两个正整数n和k，描述了圆环上的格子数与取数的范围。

第2行有n个正整数，按顺时针方向描述了圆环上每个格子上的数，且指针一开始指向了第1个数字所在的格子。

所有整数之间用一个空格隔开，且不超过10 000。

输出格式：

输出文件cirque.out仅包括1个整数，为取完所有数的最小代价。

输入样例：

```
6 1
4 1 2 3 1 3
```

输出样例：

```
21
```

第4章 搜索算法中的优化技巧

搜索算法的本质是穷举，但穷举在很多情况下效率不高，因此，如何提高搜索的效率，缩小搜索的范围，是搜索算法所关心的内容。大量搜索类的问题，仅使用最基本的搜索算法是难以取得良好的效果的，需要在此基础上进行剪枝或优化。

4.1 搜索中的剪枝技巧

搜索算法本质上是没有技巧性的，在搜索的过程中，大量不可能成为最优解的子树被遍历，造成了时间上的浪费，让程序发现这些“无用”的节点，并在很早的时候就把它们剪去，可以显著提高程序的效率。

在搜索算法进行剪枝的过程中，必须注意以下几点：

(1) 正确性：剪枝必须保证不能影响到结果的正确性。

(2) 准确性：能够尽可能多的剪掉不会得到正确结果的枝条。

(3) 高效性：在剪枝的过程中，会添加额外的计算过程，带来额外的消耗，剪枝的过程中必须保证减少的计算量比这些计算的过程要多，以避免“得不偿失”的剪枝结果。

【例 4.1】 输入一个 n·m 的迷宫，以及一个时间 t，‘x’代表障碍物，迷宫中起点和终点已知。移动到相邻的格子需要 1 秒的时间，并且走过的格子会塌陷掉，不能再次经过，问：能否在时间 t 恰好到达终点？

n、m≤6，t≤36。

【算法分析】 看到数据范围，应联想到此题的算法复杂度一定不低(因为如果有复杂度较低的算法，本题的数据范围应更大)。在网格上寻找路径的典型算法有插头 dp 和搜索，但本题中，使用插头 dp 很难建立模型，因此，使用搜索算法是一个不错的选择。

在本题中，需要记录的状态是这个迷宫的状态，以及当前的坐标，使用宽度优先搜索，每个节点需要记录的空间大小太过庞大(每个节点需要至少 n·m+3 的空间)，所以本题使用深度优先搜索更合适。

本题使用深度优先搜索，代码非常容易实现：

```
int dfs(int i, int j, int step)
{
    if (isTarget(i, j, step))
        return 1;
    if (step>t)
        return 0;
    //枚举四个方向
    for (int fx=0; fx<=3; fx++)
```

```
    {
        int nex=i+dx[fx];
        int ney=j+dy[fx];
        if (can(nex, ney))
        {
            vis[nex][ney]=1;
            if (dfs(nex, ney, step+1)==1)
                return 1;
            vis[nex][ney]=0;
        }
    }
    return 0;
}
```

但这样的暴力算法显然不能满足题目的时间要求，需要在此基础上进行优化。

剪枝 1：

每个格子在经过之后就会塌陷，因此，只能在第 t 步到达终点，凡是在中间过程中经过终点的，都不能够成为最优解：

```
if (i==tx && j==ty && step!=t)
    return 0;
```

如此一来，凡是中间经过了终点的路径全部都在经过终点的那一刻被剪掉。

剪枝 2：

假设当前搜索到位置(x, y)，已经走了 step 步，终点是(tx, ty)，那么，即使是最好的情况，也需要 $|tx-x|+|ty-y|$ 步才可以走到终点。如果 $|tx-x|+|ty-y|$ 满足：

$$|tx-x|+|ty-y|>t-step$$

显然剩余的步数不能够在第 t 步时到达终点，可以被剪去。

剪枝 3：

考虑坐标(x, y)，每走一步，(x+y)的奇偶性都会变化，从第一步到最后一步，奇偶性会变化 t 次，如果起点(sx, sy)在奇偶性变化 t 次后奇偶性与终点(tx, ty)不同，则永远不可能在第 t 步的时候到达终点，可以在搜索之前剪掉。

此优化可以显著提高搜索的效率，因为它是从一开始就把大量不可能有解的情况判断出来，避免了搜索的过程。

剪枝 4：

考虑剪枝 2，使用 $|tx-x|+|ty-y|$ 只是一个粗略的估计，如果对于当前的状态，使用 bfs 求出从(x, y)到达(tx, ty)的最短路 dis，如果 dis>t-step，则剪去，这样剪枝力度更大。

由于这个剪枝需要用到一次 bfs，时间复杂度是 O(nm)，因此本剪枝须慎重考虑。实际上，在本题目中，这个剪枝的效果是很明显的。

在以上四个剪枝的基础上实现代码，此题目可以达到秒杀的效果，本书所附代码只使用了优化 2、3，使用所有优化的代码请读者自行实现。

【程序实现】

```
/*
prob: hdu1010
lang: c++
*/
#include<iostream>
#include<math.h>
using namespace std;
char s[10][10];
int ax, ay, bx, by, n, m, k;
int t[4][2]={1, 0, -1, 0, 0, 1, 0, -1}, vist[10][10], flag;
void dfs(int x, int y, int count)
{
    int i, mx, my;
    if(x==bx&&y==by)
    {
        if(k==count)
            flag=1;
        return;
    }
    if(count>=k)
        return;
    if(s[x][y]!='X')
    {
        for(i=0; i<4; i++)
        {
            mx=x+t[i][0];
            my=y+t[i][1];
            if(s[mx][my]!='X'&&mx>=1&&mx<=n&&my>=1&&my<=m&&!
                        vist[mx][my])
            {
                vist[mx][my]=1;
                dfs(mx, my, count+1);
                vist[mx][my]=0;
                if(flag)                        //注意，在找到了目标之后，就不需要再
                                                找！以往编写 dfs 时，没有注意这点
                    return;
            }
        }
    }
}
int main()
{
```

```
    while(scanf("%d%d%d", &n, &m, &k)>0&&(n+m+k))
    {
        int i, count;
        for(i=1; i<=n; i++)
        {
            getchar();
            for(int j=1; j<=m; j++)
            {
                scanf("%c", &s[i][j]);
                if(s[i][j]=='S')
                {
                    ax=i;
                    ay=j;
                }
                if(s[i][j]=='D')
                {
                    bx=i;
                    by=j;
                }
            }
        }
        getchar();
        memset(vist, 0, sizeof(vist));
        if(abs(ax-bx)+abs(ay-by)>k||(ax+bx+ay+by+k)%2==1)          //剪枝
        {
            printf("NO\n");
            continue;
        }
        vist[ax][ay]=1;
        flag=0;
        count=0;
        dfs(ax, ay, count);
        if(flag==1)
            printf("YES\n");
        else
            printf("NO\n");
    }
    return 0;
}
```

【例 4.2】 给定一个 n・m 的游戏地图，地图上每个位置都有一颗宝石，每次消除，可以将相邻的 3 个以上的宝石一次性消除，然后其余宝石向下平移到对应位置。一次消除的得分是该次消除宝石个数的平方，问：最多能得多少分？

注意：顶点上相邻也算是相邻。

例：

1 3 1

1 3 1

3 1 4

消除 1 后得到：

0 0 0

0 3 0

3 3 4

【算法分析】 本题目中，暴力的 dfs 很容易实现，核心代码如下：

```
int map[11][11]; //地图的副本
memcpy(map, g, sizeof(map));
memset(vis, 0, sizeof(vis));
for (int i=1; i<=n; i++)
{
    for (int j=1; j<=m; j++)
    {
        memcpy(g, map, sizeof(g));
        //先将地图还原
        if (g[i][j] && ! vis[i][j])
        {
            int cnt=floodFill(i, j, g[i][j], vis);
            // 消除该连通块并统计个数
            if (cnt<3)continue;
            change();
            // 下落与坐移操作
            dfs(now+cnt * cnt);
        }
    }
}
```

注意，在暴力 dfs 的代码中用到了种子填充—floodfill 算法来计算和该点相邻的连通节点个数共有多少个。每次搜索的过程中，首先将地图还原，消除之后再将地图改变后搜索。

这样的暴力搜索显然不能通过全部测试数据，要提高程序效率，需要使用到剪枝策略。

在 dfs 的过程中，当前的游戏状态 state、得分情况 score 都是已知的，对于任何一个游戏状态，其最理想情况下的消除情况是：每次把同一个颜色的宝石一次性消除，如此一来，不会有任何一种其他方式得分会超过它。我们规定这样的情况下的得分叫做 h(state)，在这种情况下，最大的可能得分是 score+h(state)。

如果在这种情况下，score+h(state)依然达不到当前最优解 ans，那么这个游戏状态对于本题所关心的结果是完全没有意义的，可以剪去。

计算 h(state)的方法非常简单，只需要枚举每一个格子，统计不同颜色的宝石个数即可。

```
int best()
{
    int cnt[7];
    memset(cnt, 0, sizeof(cnt));
    for (int i=1; i<=n; i++)
        for (int j=1; j<=m; j++)
            cnt[g[i][j]]++; // 统计个数
    int res=0;
    for (int i=1; i<=k; i++)
        res+=cnt[i] * cnt[i]; // 计算得分
    return res;
}
```

剪枝的复杂度是 O(nm)。虽然剪枝的复杂度略高，但由于该剪枝的力度非常大，程序整体的运行效率得到了明显的提高。

【程序实现】

```
/*
PROB: hdu4090
LANG: c++
*/
#include<cstdio>
#include<cstring>
#include<algorithm>
#include<iostream>

using namespace std;

int n, m, k;
int dir[8][2]={{1, 0}, {-1, 0}, {0, 1}, {0, -1}, {1, 1}, {-1, 1}, {1, -1}, {-1, -1}};
int g[11][11];
int ans=0;

int best(){
    int cnt[7];
    memset(cnt, 0, sizeof(cnt));
    for (int i=1; i<=n; i++)
        for (int j=1; j<=m; j++)
            cnt[g[i][j]]++;
    int res=0;
    for (int i=1; i<=k; i++)
        res+=cnt[i] * cnt[i];
    return res;
}
```

```
int floodFill(int x, int y, int color, bool vis[11][11])
{
    int res=1;
    vis[x][y]=1;
    g[x][y]=0;
    for (int i=0; i<8; i++)
    {
        int nx=x+dir[i][0];
        int ny=y+dir[i][1];
        if (nx>=1 && nx<=n && ny>=1 && ny<=m && g[nx][ny]==color && !
           vis[nx][ny])
        {
            res+=floodFill(nx, ny, color, vis);
        }
    }
    return res;
}

bool flag[10];
void change()
{
    int t=n;
    memset(flag, 0, sizeof(flag));
    for(int i=1; i<=m; i++)
    {
        t=n;
        for(int j=n; j>=1; j--)
        {
            g[t][i]=g[j][i];
            if(j<t)
                g[j][i]=0;
            if(g[t][i])
            {
                t--;
                flag[i]=true;
            }
        }
    }
    t=1;
    for(int i=1; i<=m; i++)
    {
        if(! flag[i])continue;
        if(i>t){
```

```
                for(int j=1; j<=n; j++)
                {
                    g[j][t]=g[j][i];
                    g[j][i]=0;
                }
            }
            t++;
        }
    }

void dfs(int now)
{
    if (now+best()<=ans)return;
    int map[11][11];
    bool vis[11][11];
    ans=max(ans, now);
    memcpy(map, g, sizeof(map));
    memset(vis, 0, sizeof(vis));
    for (int i=1; i<=n; i++)
    {
        for (int j=1; j<=m; j++)
        {
            memcpy(g, map, sizeof(g));
            if (g[i][j] && ! vis[i][j])
            {
                int cnt=floodFill(i, j, g[i][j], vis);
                if (cnt<3)continue;
                change();
                dfs(now+cnt * cnt);
            }
        }
    }
}

int main()
{
    while (~scanf("%d %d %d", &n, &m, &k))
    {
        memset(g, 0, sizeof(g));
        for (int i=1; i<=n; i++)
        for (int j=1; j<=m; j++)
            scanf("%d", &g[i][j]);
        ans=0;
```

```
        dfs(0);
        cout<<ans<<endl;
    }
    return 0;
}
```

【例 4.3】 给定一个有向图，节点分为'T'和'P'两种。现在以其中一个 T 点为起点，要到达一个 P 点，其中：

(1) 路径上的权值之和必须是 k 的倍数。

(2) 路径必须最短。

(3) 路径相同时取终点编号最小的。

(4) 可以选择任意一个 P 点作为终点。

问：在这样的要求下，可以满足要求的最短的道路长度是多少？

$n \leqslant 1000$，$k \leqslant 1000$，边数 $e \leqslant 20\ 000$。

【算法分析】 初看此题，很像是一道动态规划题目，用 dp[i][j]表示走到节点 i，当前路径长度 mod k=j 的最短路径长度，那么有：

$$dp[i][j]=\min(dp[t][(j-dis[t][i]+k)\%k]+dis[t][i])$$

空间复杂度 O(nk)，状态转移复杂度 $O(e_i)$，总的时间复杂度是 $O(k\sum e_i)=O(ke)\approx$ 20 000 000。由于本题是多组数据，单组数据 2000 万的复杂度并不能满足题目的要求，需要从中寻找优化点。

首先考虑该题目的一种顺序搜索实现，代码并不难编写：

```
void dfs(int v, int now)
{
    if (str[v-1]=='P' &&! (now % k))
    {
        ans[v]=min(now, ans[v]);
        return;
    }
    if (ans[v]!=INF)return;
    for (int i=0; i<edges[v]. size(); i++)
    {
        Edge e=edges[v][i];
        int nex=e. value+now;
        dist[e. to][nex % k]=min(dist[e. to][nex % k], nex);
        dfs(e. to, nex);
    }
}
```

这本质上还是一个搜索算法的实现，dist 数组显得很多余，如何有效利用 dist 数组是解决本题的关键。

考虑更新 dist 数组的关键部分：

```
dist[e. to][nex % k]=min(dist[e. to][nex % k], nex);
```

如果当前节点的 nex 值并未更新该点的 dist 值，那么在之后的搜索过程中，它显然也不会得到更好的结果，可以剪掉。代码如下：

```
if ((! dist[e.to][nex % k])|| nex<dist[e.to][nex % k]){
    //继续搜索
}
```

如此一来，把大量不会产生最优解的值在中间剪掉，起到了显著的加速效果。本题加入此优化后，可以在很短的时间内秒杀。此外，使用倒推的动态规划方法也可以解决此题。

【程序实现】

```
/*
PROB: hdu2437
LANG: c++
*/
#include<cstdio>
#include<cstring>
#include<algorithm>
#include<iostream>
#include<vector>

#define INF 0x3f3f3f3f

using namespace std;

struct Edge
{
    int to, value;
    Edge(int a, int b): to(a), value(b){}
};

int T;
int n, m, s, k;
char str[1111];
vector<Edge>edges[1111];
int ans[1111];
int dist[1111][1111];
void addEdge(int from, int to, int value)
{
    edges[from].push_back(Edge(to, value));
}

void dfs(int v, int now)
{
    if (str[v-1]=='P' &&! (now % k))
    {
```

```
        ans[v]=min(now, ans[v]);
        return;
    }
    if (ans[v]!=INF)return;
    for (int i=0; i<edges[v].size(); i++)
    {
        Edge e=edges[v][i];
        int nex=e.value+now;
        if ((!dist[e.to][nex % k])|| nex<dist[e.to][nex % k])
        {
            dist[e.to][nex % k]=nex;
            dfs(e.to, nex);
        }
    }
}

int main()
{
    scanf("%d", &T);
    int cas=1;
    while (T--)
    {
        printf("Case %d: ", cas++);
        scanf("%d %d %d %d", &n, &m, &s, &k);
        scanf("%s", str);
        memset(dist, 0, sizeof(dist));
        for (int i=0; i<=n; i++)
        {
            ans[i]=INF;
            edges[i].clear();
        }
        int a, b, c;
        for (int i=0; i<m; i++)
        {
            scanf("%d %d %d", &a, &b, &c);
            addEdge(a, b, c);
        }
        dfs(s, 0);
        int minans=INF;
        int idx;
        for (int i=1; i<=n; i++)
        {
            if (ans[i]<minans)
```

```
            {
                idx=i;
                minans=ans[i];
            }
        }
        if (minans!=INF)printf("%d %d\n", minans, idx);
        else printf("-1  -1\n");
    }

    return 0;
}
```

【例 4.4】 魔法森林。

在一个魔法森林中，有 n 个节点(n≤50 000)，m 条边(m≤100 000)，每个节点有两个值 ai、bi，1≤ai，bi≤50 000。有一个精灵要从节点 1 到达节点 n，一个节点 i 可以经过的要求是它携带的两个值 A、B 需满足 A≥ai，B≥bi，求 min(A+B)。

【算法分析】 本题目的标准解法是 LCT(link－cut－tree)，这里讨论一种基于搜索算法的解决方法，其编程复杂性和理解难度略低于 LCT 做法。

如果每个节点只有一个值 ai，则本题是一道标准的简单动态规划：

dp[i]＝max(min(dp[j])，ai)map[i][j]＝1

可以使用 spfa 或其他最短路径算法实现。当每个节点的值从一个变为两个时，最容易想到的做法是，枚举其中一个值 A，然后用 spfa 求最小的 B，利用 A＋B 更新答案。程序实现如下：

【代码 1】

```
#include<iostream>
#include<stdio.h>
#include<string.h>
#include<set>
#include<vector>
#pragma comment(linker, "/STACK:102400000,102400000")
using namespace std;
int n, m, i, j, a, b, best=100001;
struct nod{
    int nex, a, b;
};
vector<nod>lin[50005];
int dp[50001], q[50005];
bool vis[50001];
int ans[50001];
int spfa(int a)
{
    if (ans[a]!=0)return ans[a];
    memset(vis, 0, sizeof(vis));
```

```
    memset(dp, -1, sizeof(dp));
    dp[1]=0;
    int head, tail;
    head=tail=1;
    q[1]=1;
    vis[1]=1;
    int now, xia, b;
    nod nex;
    while (head<=tail)
    {
        now=q[head%50003];
        vis[now]=0;
        for (int j=0; j<lin[now].size(); j++)
        {
            nex=lin[now][j];
            xia=nex.nex;
            if (nex.a>a)continue;
            b=max(dp[now], nex.b);
            if (dp[xia]==-1 || b<dp[xia])
            {
                dp[xia]=b;
                if (vis[xia]==0)
                {
                    vis[xia]=1;
                    tail++;
                    q[tail%50003]=xia;
                }
            }
        }
        head++;
    }
    if (dp[n]==-1)ans[a]=-1; else ans[a]=dp[n]+a;
    if (dp[n]==-1)return-1;
    return dp[n]+a;
}

int main()
{
    //freopen("1.txt", "r", stdin);
    memset(ans, 0, sizeof(ans));
    scanf("%d%d", &n, &m);
    for (int i=1; i<=n; i++)lin[i].clear();
    nod temp;
```

```
    for (int k=1; k<=m; k++)
    {
        scanf("%d%d%d%d", &i, &j, &a, &b);
        //cout<<i<<' '<<j<<endl;
        if (i==j)continue;
        temp.nex=j; temp.a=a; temp.b=b;
        lin[i].push_back(temp);
        temp.nex=i;
        lin[j].push_back(temp);
    }
    if (spfa(50000)==-1)
    {
        cout<<-1<<endl;
        return 0;
    }
    for (int i=1; i<=50000; i++)
    {
        int temp=spfa(i);
        if (temp!=-1)best=min(best, temp);
    }
    cout<<best<<endl;
}
```

这个做法很容易想到，但极限情况下需要做 50 000 次 spfa，只能得到 25 分，需要考虑其是否有优化点。（提交记录见 http：//uoj.ac/submission/4830）

优化 1：

在起初时，需要枚举的区间是[1，50 000]中的每一个 A，假设在 A=25 000 时，B=15 000。最终答案 ans 必然满足 ans≤40 000，因此，A 在[40 000，50 000]这个区间不可能产生最优解，可以迅速剪去。同理，假设当前最优解 best 是 30 000，由于当 A≤25 000 时，满足条件 A 的边数会比 25 000 时有所减少，B 必然会满足 B≥15 000，因此，当 A 在[30 000－15 000，25 000]=[15 000，25 000]这个区间时，也不可能产生最优解，可以剪去。

利用这个思路，可以使用 dfs 的思想按照中点的顺序枚举每一个节点，思路如下：

(1) 搜索区间(l，r)，首先对中点 mid 求其 spfa 后的结果 temp，并更新全局当前最优解 best。

(2) 搜索区间(l，min(mid，best－(temp－mid)))。

(3) 搜索区间(mid+1，min(r，best))。

实现的过程中需要注意使用 dp[i]记录每一个 spfa(i)的值，避免重复运算。

【代码 2】

```
#include<iostream>
#include<stdio.h>
#include<string.h>
```

```
#include<set>
#include<vector>
#pragma comment(linker, "/STACK: 102400000, 102400000")
using namespace std;
int n, m, i, j, a, b, best=100001;
struct nod{
    int nex, a, b;
};
vector<nod>lin[50005];
int dp[50001], q[50005];
bool vis[50001];
int ans[50001];
int spfa(int a)
{
    if (ans[a]!=0)return ans[a];
    memset(vis, 0, sizeof(vis));
    memset(dp, -1, sizeof(dp));
    dp[1]=0;
    int head, tail;
    head=tail=1;
    q[1]=1;
    vis[1]=1;
    int now, xia, b;
    nod nex;
    while (head<=tail)
    {
        now=q[head%50003];
        vis[now]=0;
        for (int j=0; j<lin[now].size(); j++)
        {
            nex=lin[now][j];
            xia=nex.nex;
            if (nex.a>a)continue;
            b=max(dp[now], nex.b);
            if (dp[xia]==-1 || b<dp[xia])
            {
                dp[xia]=b;
                if (vis[xia]==0)
                {
                    vis[xia]=1;
                    tail++;
                    q[tail%50003]=xia;
                }
```

```
            }
        }
        head++;
    }
    if (dp[n]==-1)ans[a]=-1; else ans[a]=dp[n]+a;
    if (dp[n]==-1)return-1;
    return dp[n]+a;
}

int dfs(int l, int r)
{
    //cout<<l<<' '<<r<<' '<<best<<endl;
    if (l==r)
    {
        int temp=spfa(l);
        if (temp!=-1)best=min(best, temp);
        return 0;
    }
    if (l>r)return 0;
    int mid=(l+r)/2;
    int temp=spfa(mid);
    if (temp==-1)
    {
        dfs(mid+1, r);
        return 0;
    }
    best=min(best, temp);
    //左端点 ll+temp
    //A 的上限
    int lef=best-(temp-mid);
    dfs(l, min(lef, mid));
    dfs(mid+1, min(r, best));
    return 0;
}

int main()
{
    //freopen("1.txt", "r", stdin);
    memset(ans, 0, sizeof(ans));
    scanf("%d%d", &n, &m);
    for (int i=1; i<=n; i++)lin[i].clear();
    nod temp;
    for (int k=1; k<=m; k++)
```

```
    {
        scanf("%d%d%d%d", &i, &j, &a, &b);
        //cout<<i<<' '<<j<<endl;
        if (i==j)continue;
        temp.nex=j; temp.a=a; temp.b=b;
        lin[i].push_back(temp);
        temp.nex=i;
        lin[j].push_back(temp);
    }
    if (spfa(50000)==-1)
    {
        cout<<-1<<endl;
        return 0;
    }
    dfs(1, 50000);
    cout<<best<<endl;
}
```

加上这个优化后，程序的效率有显著的提高。

优化 2：

在 spfa 的过程中，会枚举每个节点 i 的每一条边，由于存边的时候是杂乱无序的，因此只能枚举每个节点所有的边。为了优化枚举的过程，我们可以将每个节点对应的边按照 a 的值从小到大排序，在 spfa(a)的过程中，一旦枚举到某一个大于 a 的边时，就 break 掉，缩小枚举的量。这个优化是针对 spfa 实现过程中的一个优化，但是效果显著。

优化 3：

使用了 spfa 算法实现，当程序效率出现问题时，可以考虑 spfa 算法的两个优化，本处只考虑其中一种优化。当加入队尾的节点的距离比当前队首节点的距离大时，交换两个节点在队列中的位置。

```
if (dp[q[(head+1)%50003]]>dp[q[tail%50003]])
    {
        swap(q[(head+1)%50003], q[tail%50003]);
    }
```

加上这个优化，本题已经取得 97 分，耗时 3858 ms，通过了 NOI 比赛时的所有正式数据，OJ 附加数据中一组超时。

优化 4：

当 A 变化时，B 随之变化的图像并不是连续的，而是一些离散的点，例如：

当 A=1、2、3、…、20 时，B=10000，

当 A=21、22、23、…、30 时，B=9500，

…

即：当 A 变化时，B 会在某些点产生突变，而不是随着 A 的变化连续变化。

那么，对于一个搜索区间[l, r]，如果 spfa(l)==spfa(r)，则不需要对这个区间进行枚举。

在以上基础上应用此优化，本题中取得了 97 分，耗时 2063 ms，在之前的基础上效率得到了显著提升。

优化 5：

在搜索算法无论如何也不能在有限时间内求出结果时，可以采用卡时的策略，在程序即将超过时间限制时，停止运算，将当前最优解输出，有一定概率得到正确的结果。

修改代码执行后，总耗时 1758 ms。

实际上，本题目在此基础上还有很多优化，例如：对 A、B 进行离散化，缩小枚举的范围；使用 spfa 算法的两个优化；把 spfa 算法改为最小生成树等。都可以使效率得到提升，请读者自行尝试。

【程序实现】

```
/*
PROB：魔法森林
LANG：c++
*/
#include<iostream>
#include<stdio.h>
#include<string.h>
#include<set>
#include<vector>
#include<algorithm>
using namespace std;
int cnt=0;
int n, m, i, j, a, b, best=100001;
struct nod{
    int nex, a, b;
};
vector<nod>lin[50005];
int dp[50001], q[50005];
bool vis[50001];
int ans[50001];
int cmp(nod x, nod y)
{
    return x.a<y.a;
}
inline int spfa(int a)
{
    if (ans[a]!=0)return ans[a];
    memset(vis, 0, sizeof(vis));
    memset(dp, -1, sizeof(dp));
    dp[1]=0;
    int head, tail;
    head=tail=1;
```

```
        q[1]=1;
        vis[1]=1;
        int now, xia, b;
        nod nex;
        while (head<=tail)
        {
            now=q[head%50003];
            vis[now]=0;
            if (dp[n]!=-1 && dp[now]>=dp[n])
            {
                head++;
                continue;
            }
            for (int j=0; j<lin[now].size(); j++)
            {
                nex=lin[now][j];
                xia=nex.nex;
                if (nex.a>a)break;
                b=max(dp[now], nex.b);
                if (dp[xia]==-1 || b<dp[xia])
                {
                    dp[xia]=b;
                    if (vis[xia]==0)
                    {
                        vis[xia]=1;
                        tail++;
                        q[tail%50003]=xia;
                        if (dp[q[(head+1)%50003]]>dp[q[tail%50003]])
                        {
                            swap(q[(head+1)%50003], q[tail%50003]);
                        }
                    }
                }
            }
            head++;
        }
        if (dp[n]==-1)ans[a]=-1; else ans[a]=dp[n]+a;
        if (dp[n]==-1)return-1;
        return dp[n]+a;
    }

    int dfs(int l, int r)
    {
```

```
    cnt++;
    if (cnt>1000)return 0;
    //cout<<l<<' '<<r<<' '<<best<<endl;
    if (l==r)
    {
        int temp=spfa(l);
        if (temp!=-1)best=min(best, temp);
        return 0;
    }
    if (l>r)return 0;
    int mid=(l+r)/2;
    int temp=spfa(mid);
    if (temp==-1)
    {
        dfs(mid+1, min(r, best));
        return 0;
    }
    best=min(best, temp);
    //左端点 ll+temp
    //A 的上限
    int lef=best-(temp-mid);
    if (spfa(l)-l!=spfa(mid)-mid)dfs(l, min(lef, mid));
    else
    {
        int temp=spfa(l);
        if (temp!=-1)best=min(best, temp);
    }
    if (spfa(r)-r!=spfa(mid)-mid)dfs(mid+1, min(r, best));
    return 0;
}

int main()
{
    int zuida=0;
    //freopen("1.txt", "r", stdin);
    memset(ans, 0, sizeof(ans));
    scanf("%d%d", &n, &m);
    for (int i=1; i<=n; i++)lin[i].clear();
    nod temp;
    for (int k=1; k<=m; k++)
    {
        scanf("%d%d%d%d", &i, &j, &b, &a);
        //cout<<i<<' '<<j<<endl;
```

```
            if (i==j)continue;
            zuida=max(zuida, a);
            temp.nex=j; temp.a=a; temp.b=b;
            lin[i].push_back(temp);
            temp.nex=i;
            lin[j].push_back(temp);
        }
        for (int i=1; i<=n; i++)
        {
            sort(lin[i].begin(), lin[i].end(), cmp);
        }
        if (spfa(50000)==-1)
        {
            cout<<-1<<endl;
            return 0;
        }
        dfs(1, zuida);
        cout<<best<<endl;
    }
```

搜索算法的效率受剪枝力度的影响很大，设计合理的剪枝方法可以极大的提高搜索的效率。需要注意的是，剪枝的计算过程也是需要代价的，一个代价很大，但力度很差的剪枝有时会使得程序效率变得更低。因此，在设计剪枝时，一定要权衡利弊，谨慎使用。

4.2 选择合适的搜索方向

在很多时候，搜索算法的效率不光与剪枝有关，还与搜索的方向有极大的关系，选择更好的搜索方向可以使程序的效率得到显著提高。

【例 4.5】 有 N 个糖果，M 个小孩（$1\leqslant N, M\leqslant 13$），给定一个 like 矩阵，like[i][j]=1 表示第 i 个小孩喜欢第 j 个糖果，like[i][j]=0 表示第 i 个小孩不喜欢第 j 个糖果。如果把第 j 个糖果给第 i 个小孩吃，他喜欢，则得到 K（K 不变且 $K\leqslant 10$）的欢喜值，不喜欢则只得到 1 的欢喜值，问：是否能够合理分配糖果，使得每个小孩的欢喜值超过 B[i]？

【算法分析】 本题的正解是最大费用最大流，此处只讨论搜索做法。

显而易见，本题目中，穷举所有的分配方式，共有 $n\times m$ 种情况，极限情况下情况数是：302 875 106 592 253$\approx 3\times 10^{14}$，显然不能通过此题。

考虑真实的情况，老师在发糖果时，为了得到较好的结果，一定会尽量给每个小孩发他们喜欢的糖果吃。（没有哪个老师会让更多的孩子吃不到喜欢的糖果）基于此，在搜索的过程中，也应该尽量先去搜索那些让小孩吃到他们喜欢的糖果的情况。

因此，在搜索之前，可以对每个小孩，按照喜欢程度对每个小孩分别排序出一个糖果顺序，喜欢的糖果在前，不喜欢的糖果在后。（优化 1）

继续考虑真实的情况，如果有一个糖果，只有一个孩子喜欢，其他孩子都不喜欢，老师必然会把这个糖果尽量发给这个孩子吃。更普遍的，对于每个糖果来说，喜欢他的人越少，它在喜欢的孩子中的价值也就越大。用 tang[i]表示喜欢糖果 i 的人数，用 like[j][i]表示小孩 j 对糖果 i 的喜欢程度。那么，对于一个小孩 j，like[j][i]是糖果 i 在小孩 j 中排序的第一关键字，tang[i]是第二关键字。(优化 2)

最后，应用卡时的思想，在有限时间内不能得到 YES 的结果，则认为它不能得到正解，输出 NO。(优化 3)

算法	无优化	优化 1	优化 2	优化 2+优化 3
得分	30	50	90	100

三个优化的效果如下：

【程序实现】

```
/*
PROB: hdu4322
LANG: c++
*/
#include<stdio.h>
#include<string.h>
#include<algorithm>
#include<iostream>
#include<stdlib.h>
#include<time.h>
using namespace std;
int t;
int n, m, k;
int sum;
int like[15][15];
int sou[15][15];
int tang[15], judge;
int vis[15];
struct sdfs{
        intyao, bh;
        }ren[15];
int a, b, c, d, e, f;
int cmp(sdfs x, sdfs y)
{
    return x.yao>y.yao;
}
int dfs(int i, int now, int cong, int tang)
{
    int a, b, man;
    man=ren[i].bh;
    if (i==m+1)
    {
```

```
            judge=1;
            return 0;
        }
        if (judge==1)return 0;
        if (now>=ren[i].yao)
        {
            dfs(i+1, 0, 1, tang);
            return 0;
        }
        if (tang<m-i+1)return 0;
        if (cong==n+1)return 0;
        for (a=cong; a<=n; a++)//枚举糖
        {
            b=sou[man][a];
            if (vis[b]==0)
            {
                vis[b]=1;
                if (like[man][b]==1)dfs(i, now+k, a+1, tang-1);
                else                dfs(i, now+1, a+1, tang-1);
                vis[b]=0;
            }
        }
        return 0;
    }
    int main()
    {
        //freopen("1003.in", "r", stdin);
        srand(time(0));
        cin>>t;
        for (int cas=1; cas<=t; cas++)
        {
            sum=0;
            memset(tang, 0, sizeof(tang));
            cin>>n>>m>>k;
            for (a=1; a<=m; a++)
            {
                ren[a].bh=a;
                cin>>ren[a].yao;
            }
            sort(ren+1, ren+1+m, cmp);
            for (a=1; a<=m; a++)
                for (b=1; b<=n; b++)
                {
```

```
                cin>>like[a][b];
                tang[b]++;
                sou[a][b]=b;
            }
        for (a=1; a<=m; a++)
        {
            for (b=1; b<=n; b++)
                for (c=b+1; c<=n; c++)
                {
                    d=sou[a][b];
                    e=sou[a][c];
                    if (like[a][d]<like[a][e] || (like[a][d]==like[a][e] &&
                        tang[d]>tang[e]))
                    {
                        swap(sou[a][b], sou[a][c]);
                    }
                }
        }
        judge=0;
        memset(vis, 0, sizeof(vis));
        dfs(1, 0, 1, n);
        printf("Case #%d: ", cas);
        if (judge==1)cout<<"YES"<<endl; else cout<<"NO"<<endl;
    }
}
```

【例 4.6】 选数。

读入 n≤1000 个数字，能否从中选出 4 个(可以重复选)，使得他们的和为 K，读入的数字之和≤MaxInt ?

【算法分析】 刚拿到题目，很多读者会想到背包问题。这的确是背包问题的模型，但由于每个数字的范围太过庞大，显然无法使用背包算法去求解。

首先考虑只选 2 个数字的情况，直接枚举两个数字分别是谁即可：

```
int judge()
{
    for (int i=1; i<=n; i++)
        for (int j=1; j<=n; j++)
            if (arr[i]+arr[j]==K)
                return 1;
    return 0;
}
```

接下来考虑选择 3 个数字的情况，可以枚举两个数字，然后用 K−arr[i]−arr[j]得到最后一个数字，利用哈希表判断其是否出现过即可。

```
int judge()
```

```
{
    for (int i=1; i<=n; i++)
        for (int j=1; j<=n; j++)
            if (vis[K-arr[i]+arr[j]])
                return 1;
    return 0;
}
```

当需要选择 4 个数字的时候，枚举 3 个数字，哈希最后一个数字的做法显然是不能满足要求的，此时需要考虑改变枚举的方向，把单向枚举改为双向搜索。

双向搜索是一种搜索技术，其核心是将问题一分为二，分别对两边进行搜索，并保存搜索的结果，再利用两边的结果得到最终的结果。

首先，枚举选择两个数字的所有情况，并将它们的和存入哈希表。

```
map<int, int>vis;
for (int i=1; i<=n; i++)
    for (int j=1; j<=n; j++)
        vis[arr[i]+arr[j]]=1;
```

此时，vis 保存的是选择两个数字时的所有情况，最多有 1000 * 1000 个。

接下来，再次枚举选择两个数字的所有情况，并利用之前的结果进行判断：

```
int judge()
{
    for (int i=1; i<=n; i++)
        for (int j=1; j<=n; j++)
            if (vis[K-arr[i]+arr[j]])
                return 1;
    return 0;
}
```

共使用了两次 n^2 的枚举及 $O(n^2)$ 的空间，将选择 4 个数字时的问题完美解决。

【程序实现】

```
/*
PROB: 选数
LANG: c++
*/
#include<stdio.h>
#include<string.h>
#include<iostream>
using namespace std;
map<int, int>vis;
int arr[1050];
int n, K;
int work()
{
    for (int i=1; i<=n; i++)
```

```
        for (int j=1; j<=n; j++)
            vis[arr[i]+arr[j]]=1;
}
int judge()
{
    for (int i=1; i<=n; i++)
        for (int j=1; j<=n; j++)
            if (vis[K-arr[i]+arr[j]])
                return 1;
    return 0;
}
int main()
{
    while (cin>>n>>K)
    {
        vis.clear();
        for (int i=1; i<=n; i++)
            cin>>arr[i];
        work();
        cout<<judge()<<endl;
    }
}
```

实际上，本题还可以有升级版本，只需要把可以重复选择改成不能重复选择即可，请读者自己思考。

【例 4.7】 选数 2。

读入 $2\leqslant n\leqslant 30$ 个数字，每个数字可以选或者不选，能否使得它们的和为 K，读入的数字之和≤MaxInt？

【算法分析】

本题和上一题极其相似，首先考虑暴力的 dfs 做法。

```
int dfs(int i, int sum)
{
    if (sum==K)
    {
        flag=1;
        return 0;
    }
    if (i>n)
        return 0;
    dfs(i+1, sum);
    dfs(i+1, sum+arr[i]);
}
```

时间复杂度是 $O(2^{30})$，不能满足要求。继续采用双向搜索的策略，把要搜索的区间

[1, n]分成[1, mid]、[mid+1, n]两个区间，对第一个区间搜索并保存结果，对第二个区间搜索并验证结果，两个区间最多都只有 15 个数字，时间复杂度从 $O(2^{30})$降低到 $O(2^{15})$。

【程序实现】

```
/*
PROB: 选数 2
LANG: c++
*/
#include<stdio.h>
#include<string.h>
#include<iostream>
using namespace std;
int arr[35];
int n, K, flag;
map<int, int>vis;
int dfs1(int i, int now)
{
    if (i>n/2)
        return 0;
    vis[now]=1;
    dfs(i+1, now);
    dfs(i+1, now+arr[i]);
}
int dfs2(int i, int now)
{
    if (i>n)
        return 0;
    if (vis[K-now]==1)
        flag=1;
    dfs(i+1, now);
    dfs(i+1, now+arr[i]);
}
int main()
{
    while (cin>>n>>K)
    {
        flag=0;
        vis.clear();
        dfs1(1, 0);
        dfs2(n/2+1, 0);
        cout<<flag<<endl;
    }
}
```

【例 4.8】 靶形数独。

小城和小华都是热爱数学的好学生，最近，他们不约而同地迷上了数独游戏，好胜的他们想用数独来一比高低。但普通的数独对他们来说都过于简单了，于是他们向 Z 博士请教，Z 博士拿出了他最近发明的“靶形数独”，作为这两个孩子比试的题目。靶形数独的方格同普通数独一样，在 9 格宽乘以 9 格高的大九宫格中有 9 个 3 格宽乘以 3 格高的小九宫格(用粗黑色线隔开的)。在这个大九宫格中，有一些数字是已知的，根据这些数字，利用逻辑推理，在其他的空格上填入 1 到 9 的数字。每个数字在每个小九宫格内不能重复出现，每个数字在每行、每列也不能重复出现。但靶形数独有一点和普通数独不同，即每一个方格都有一个分值，而且如同一个靶子一样，离中心越近则分值越高。

如图 4.1 所示，具体的分值分布是：最里面一格(黄色区域)为 10 分，黄色区域外面的一圈(红色区域)每个格子为 9 分，再外面一圈(蓝色区域)每个格子为 8 分，蓝色区域外面一圈(棕色区域)每个格子为 7 分，最外面一圈(白色区域)每个格子为 6 分，如图 4.1 所示。比赛的要求是：每个人必须完成一个给定的数独(每个给定数独可能有不同的填法)，而且要争取更高的总分数。而这个总分数即每个方格上的分值和完成这个数独时填在相应格上的数字的乘积的总和。

如图，在以下的这个已经填完数字的靶形数独游戏中，总分数为 2829。游戏规定，将以总分数的高低决出胜负。

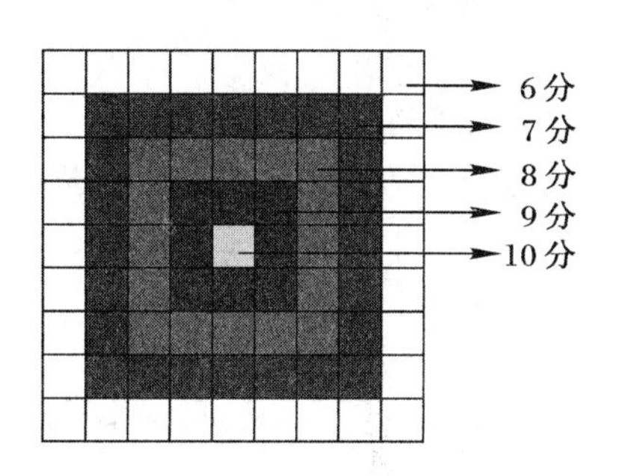

图 4.1　靶形数独分值分布

由于求胜心切，小城找到了善于编程的你，让你帮他求出，对于给定的靶形数独，能够得到的最高分数。

【算法分析】 本题目的搜索部分的代码不难实现，定义 vertical、horizontal、squared 三个数组用来统计横、竖、方格内每个数字的放置情况。搜索的过程中，只需要在每次搜索的过程中模拟放、取过程，“放”操作本质上是把数组从 0 变 1，“取”操作本质上是把数组从 1 变 0，此时，聪明的读者可能会直接写出如下的代码：

```
int dfs(int x, int y, int score)
{
        …
}
```

这样按照坐标(x, y)一个一个去搜索，这样的写法从正确性的角度考虑，没有任何问题，从程序效率的角度考虑，却在两个方面产生了问题。

(1) 在数独中，大量的数字在读入时已经被填好，在实现代码的时候，处理已经填好的数字，会出现如下代码：

```
    if (arr[x][y]!=0)
        dfs(next(x), next(y));
```

使得递归的深度变为 9×9=81，实质上，如果数独中仅有 20 个数字没有被填好时，递归深度仅需要 20 层即可，上述写法加大了递归的深度。

(2) 在实现代码时，已经规定好了搜索的方向，当选手在比赛中想到了优化点，想要改变搜索的方向时，需要在 dfs 函数中进行修改，容易出现修改后的代码不理想，撤销时找不到位置的情况。

一个比较好的程序实现方式如下：

```
struct nod
{
    int i, j;
}node[9*9+1];
//i 表示第 i 个方格
int dfs(int i, int now)
{
    ...
}
```

在读入数独初始情况时，只把那些未填好的格子加入 node 数组，对这些格子进行搜索，当选手想要改变搜索的方向时，只需要对 node 数组改变排序规则重新排序即可。在本题目中，可以有多种搜索顺序，下文中将一一介绍。

(1) 按照从左上角到右下角按行搜索(算法 1)。这是最普通的搜索顺序，仅作为对比列入。

(2) 按照分值从大到小的顺序搜索(算法 2)。靶形数独中，越靠近中间的格子分数越高，越应该填入尽量大的数字，把所有的格子按照分数高低从大到小排序，在搜索的过程中，对每个格子按照数字从 9 到 1 的顺序倒序枚举，尽量填入较大的数字。这样，人为的将有可能出现正解的分支优先搜索，配合卡时策略，期望得到更高的效率。

(3) 按照从右下角到左上角的顺序按列搜索(算法 3)。也可以考虑换一种顺序去搜索，避开被“卡掉”的情况。

(4) 按照每一列剩余的数字个数排序(算法 4)。当我们用人脑破解数独的时候，会优先把那些“能够确定”的格子确定下来，以避免无用的尝试。例如：在第 4 行第 5 列这个位置，只可能填入数字 9，那么如果不优先把 9 放入该格子，而是盲目的去尝试，会带来大量的浪费。基于此，可以把每一列按照剩余空白格子的个数进行排序，优先搜索那些“选择更少”的列，加速破解的过程。

(5) 按照每个格子的可能选择数字进行排序(算法 5)。同算法 4，只是本次排序的规则是按照每个格子的选择情况数。

编写五种不同的排序算法并提交，结果如下：

算法	算法 1—按行	算法 2—分值卡时	算法 3—按列倒序	算法 4—列选择数	算法 5—格选择数
得分	30	65	85	100	80

算法 5 不如算法 4 效率高的主要原因是，其并没有很好的利用格子之间的相关性，当同一列的某一个格子被填上数字的时候，这一列其他位置的选择也在相应的减少，每次动态的选择当前最少可选的格子进行填充是一个不错的选择，这样的实现需要十字链表的支持，在本章之后的章节中将会介绍。

【程序实现】

```
/*
PROB：靶形数独
LANG：c++
*/

#include<cstdio>
#include<cstring>
#include<algorithm>
#include<iostream>

using namespace std;
int arr[11][11];
int score[11][11];
int vertical[11][11];
int horizontal[11][11];
int squared[11][11];
int vis[11][11][11];
int xz[11][11];
int sum[11];
int Score, best=0;
int num;
struct nod{
    int i, j;
}node[9*9+1];
//按照从左上角到右下角的顺序搜索，30 分
//因为加点的时候原本就是这样的顺序，因此并不需要排序

//按照每个格子的分数排序，并卡时，65 分
int cmp(nod x, nod y)
{
    return score[x.i][x.j]>score[y.i][y.j];
}
//从右下角开始按列排序，85～90 分
int cmp2(nod x, nod y)
{
    if (x.j!=y.j)return x.j>y.j;
    return x.i>y.i;
```

```
}
//按照每一列剩余数字个数排序，100 分
int cmp3(nod x, nod y)
{
    if (sum[x.j]!=sum[y.j])return sum[x.j]>sum[y.j];
    if (x.j!=y.j)return x.j>y.j;
    return x.i>y.i;
}
//按照每个格子的可选择个数进行排序，80 分
int cmp4(nod x, nod y)
{
    return xz[x.i][x.j]>xz[y.i][y.j];
}
/**
    数独的每一格的分数
    666666666
    677777776
    678888876
    678999876
    6789109876
    678999876
    678888876
    677777776
    666666666

*/
void initScore()
{
    for (int i=1; i<=9; i++)
    {
        score[1][i]=6;
        score[i][1]=6;
        score[9][i]=6;
        score[i][9]=6;
    }
    for (int i=2; i<=8; i++)
    {
        score[2][i]=7;
        score[i][2]=7;
        score[8][i]=7;
        score[i][8]=7;
    }
    for (int i=3; i<=7; i++)
```

```
    {
        score[3][i]=8;
        score[i][3]=8;
        score[7][i]=8;
        score[i][7]=8;
    }
    for (int i=4; i<=6; i++)
    {
        score[4][i]=9;
        score[i][4]=9;
        score[6][i]=9;
        score[i][6]=9;
    }
    score[5][5]=10;
}
int cal(int i, int j)
{
    if (i<=3)
    {
        return (j-1)/3+1;
    }
    else
    if (i<=6)
    {
        return (j-1)/3+4;
    }
    else
    {
        return (j-1)/3+7;
    }
}

int can(int i, int tt)
{
    int x, y;
    x=node[i].i;
    y=node[i].j;
    if (vertical[x][tt]==1)return 0;
    if (horizontal[y][tt]==1)return 0;
    if (squared[cal(x, y)][tt]==1)return 0;
    return 1;
}
```

```
int Put(int i, int tt, int flag)
{
    int x, y;
    x=node[i].i;
    y=node[i].j;
    vertical[x][tt]=flag;
    horizontal[y][tt]=flag;
    squared[cal(x, y)][tt]=flag;
    return 0;
}

int dfs(int i, int now)
{
    if (i==num+1)
    {
        best=max(best, now+Score);
        return 0;
    }
    for (int x=1; x<=9; x++)
    {
        if (can(i, x))
        {
            Put(i, x, 1);
            dfs(i+1, now+score[node[i].i][node[i].j] * x);
            Put(i, x, 0);
        }
    }
    return 0;
}

int work()
{
    for (int i=1; i<=9; i++)
        for (int j=1; j<=9; j++)
        {
            for (int x=1; x<=9; x++)
            {
                if(vertical[i][x]==1||horizontal[j][x]==1||squared[cal(i, j)][x]==1)
                    xz[i][j]++;
            }
        }
    return 0;
}
```

```
int main()
{
    int step=0;
    initScore();
    for (int i=1; i<=9; i++)
        for (int j=1; j<=9; j++)
        {
            cin>>arr[i][j];
            Score+=arr[i][j] * score[i][j];
            if (arr[i][j]!=0)
            {
                sum[j]++;
                vertical[i][arr[i][j]]=1;
                horizontal[j][arr[i][j]]=1;
                squared[cal(i, j)][arr[i][j]]=1;
            }
            else
            {
                num++;
                node[num].i=i;
                node[num].j=j;
            }
        }
    work();
    sort(node+1, node+num+1, cmp4);
    dfs(1, 0);
    if (best==0)best=-1;
    cout<<best<<endl;
    return 0;
}
```

4.3　A* 算　法

A* 搜寻算法俗称 A 星算法。这是一种在图形平面上，有多个节点的路径，求出最低通过成本的算法。常用于游戏中 NPC 的移动计算，或线上游戏中 BOT 的移动计算上。A* 算法的应用非常广泛，其思想可以应用在搜索算法的每一个角落。要了解 A* 搜索，首先要学习以下几个概念：

启发式搜索算法：

普通的搜索算法，在搜索的过程中，只是穷举每一个可能的选择，在搜索的过程中并没有选择性，无论是“好”或“坏”的节点，都会搜索下去，使得算法的复杂度变得非常高。启发式搜索算法，相当于在搜索的过程中，人为的规定评定规则，对当前的状态进行评估，让程序只去搜索那些认为“值得”去搜索的节点，牺牲了答案的绝对正确性，换来时间上的优化，这样的算法无法保证其正确性，但往往会得到正解。A^* 算法作为启发式算法的一种，在保证正确性的前提条件下提高了搜索的效率。以下是在 A^* 算法中经常用到的概念。

估价函数：

估价函数是用来估计当前状态距离目标状态的距离的函数，通过好的估价函数，可以很好的看到每个节点产生最优解的可能性，在搜索中有着极其重要的用途。

一种通用的估价函数是这样的：

假设当前状态下，已经使用的代价是 g(n)，到达目标状态的真实代价是 $h^*(n)$，如果有一种方法估计当前状态距离目标状态的代价 h(n)满足

$$g(n)+h(n)<h^*(n)$$

我们称 h(n)是一种满足理想状态情况下的估价。这样的估价方式有非常重要的意义，在之后的例题中将会体现。

A^* 搜索：

A^* 搜索本质上是一种有序的启发式算法，在宽度优先搜索时，哪个节点先进队，就会先搜索那个节点，即使是相对“坏”的进队，也会不加考虑的去搜索它，造成大量“坏”的节点先被搜索完整棵子树，浪费了大量的时间。A^* 搜索会对扩展出的每一个节点进行排序，每次搜索时，优先搜索那些我们认为“好”的节点，使得答案向正确的方向逼近，及早找到目标状态。

IDA^*：

IDA^* 是 A^* 搜索在使用深度优先搜索实现时的应用，其特点是，每次枚举搜索的深度，当深度在 1 以内时找不到结果，才会在深度为 2 以内的子树中寻找，避免了深度优先搜索“一条路走到黑”的情况，同时，利用良好的估价函数，让那些在本次深度限制下不可能到达目标状态的分支被剪掉，节省了大量的时间。

【例 4.9】 八数码问题。

给定一个 3×3 的矩阵，矩阵上 1～8 恰好都出现了一次，x 也出现了一次，x 表示该位置是一个空格，每次操作可以将 x 与其上、下、左、右四个位置中的一个数字交换，当所有的数字满足如下排列时达到目标：

1 2 3

4 5 6

7 8 x

如果可能，输出任意一种方案即可(用 u、d、l、r 表示上、下、左、右)，如果不可能，输出“unsolvable”。

【算法分析】 本题是一道非常典型的搜索题目，使用 BFS 或者 DFS 都可以轻易的写出穷举的代码，由于本题只需要一种方案即可，因此，只需要记录每一个状态是否遍历过即可。对于本题目，常见的两种哈希方法是：C++中的 map 和康拓展开。

方法 1：map

用 x 表示 9，把这个 3×3 的矩阵当做一个 9 位的 10 进制数，例如题目中的目标状态是[123 456 780]，状态中数值的范围是[123 456 789～987 654 321]，在竞赛中，数组显然不能开这么大，使用哈希表又会增加一定的编程复杂度，因此，可以退而求其次使用 C++ STL 中的 map。

方法 2：康拓展开

对于本题目，每个状态实际上是自然数[1，9]的一个全排列，可以使用康拓展开。康拓展开是一个把全排列和自然数构建双射的算法，它可以将一个全排列映射到一个自然数中去，并且这个自然数不会很大。公式如下：

$X=a[n]\times(n-1)!+a[n-1]\times(n-2)!+\cdots+a[i]\times(i-1)!+\cdots+a[1]\times0!$

其中，a[n]表示的是还没有出现过的数字中，比这个位置上的数字小的数字个数。

例如 3 5 7 4 1 2 9 6 8，比 3 小的数字有 2 个，比 5 小的数字有(1，2，3，4)四个，但 3 已经出现过，因此未出现的只有 3 个，同理，比 7 小还未出现过的数字有 4 个。

按照这样的方式计算：

$X=2\times8!+3\times7!+4\times6!+2\times5!+0\times4!+0\times3!+2\times2!+0\times1!+0\times0!=98\,884$

康拓展开计算出的数，最大是：

$(n-1)\times(n-1)!+(n-2)\times(n-2)!+\cdots+(i-1)\times(i-1)!+\cdots+0\times0!\approx n!$

当 $n=9$ 时，最大也只有约 $9!=362\,880$，是完全可以接受的。需要注意的是，康拓展开的时间复杂度是 $O(n^2)$，使用树状数组可以优化到 $O(n\ln n)$。

在此基础上，本题还要求记录路径，保存路径的方法有两种可供参考：

方法 1：对于每一个状态，把这个状态所走过的路径全部都保存在其对应的空间下，例如，某状态经历操作“urrlrrl”到达，则把这个字符串记录在其对应的状态编号下。其可以通过 d 操作到达新的状态，在新的状态中，记录路径为“urrlrrl”+“d”=“urrlrrld”。这样的记录方式很好理解，但效率却很差。

方法 2：考虑到对于任何两个可以通过一步到达的状态，它们记录的字符串除了最后一个，全部都一样，因此，可以使用一个数组 pre 来记录每个状态的前一个状态是谁，action数组来记录每个状态的最后一次操作。在输出结果时，只需要不停向前寻找，将路径上的 action 倒序输出，即是每次操作。这样的做法，本质上是构建了一棵搜索树，注明了每个状态是由哪一个状态转移而来以及转移的操作。在效率上，方法 2 要优于方法 1。

解决了状态表示和记录路径的问题，本题的代码比较容易实现，提交后可以通过此题。但本题还有更好的做法。

考虑本题中的搜索树：当只走一步时，最多只会扩展出 4 个不同的状态；只走两步时，最多会扩展出 $4\times4=16$ 个不同的状态；走 k 步时，最多会扩展出 4^k 个不同的状态。每当搜索树深度增加一层，树中可能的节点个数都要增加近 4 倍之多。而正确答案很可能就在深度很浅的位置，因此，使用深度优先搜索会有概率遇到极端情况，耗费大量时间。为解决这个问题，引入一个搜索算法的优化：迭代加深搜索(In Depth - dfs)。

迭代加深算法的思想非常简单，是在每次进行深度优先搜索前，首先限制搜索的深度最大为 1，超过此深度则直接返回，如果深度≤1 的全部节点都不是答案，再限制搜索的深度最大为 2，重复上述工作。如此扩大搜索的最大深度直到搜索到答案或是无解为止。

这样的做法看似很愚蠢，同一个节点被大量重复的访问，但实际上却能够在同级别的时间复杂度下规避上面的情况，达到均摊复杂度提高的效果，一个简单的证明如下：

假设深度最小的答案节点深度为 k，则枚举的深度 depth 为[1，k]，

当 depth=1 时，共遍历最多 X1=4 个节点。

当 depth=2 时，共遍历最多 $X2=4+4\times4=20$ 个节点。

当 depth=3 时，共遍历最多 X3=4+4×4+4×4×4=84 个节点。

当 depth=i 时，共遍历最多 $Xi=\sum 4^i$ 个节点。

显而易见，$Xi>\sum Xj(j<i)$。因此，ID-dfs 算法时间复杂度不超过原算法的两倍。

在此基础上，还有另一个基于 A* 思想的优化：

用 g(n)表示到达状态 n 时，已经走过的步数，

用 h(n)表示到达状态 n 时，理想情况下最少需要的步数，

用 h*(n)表示到达状态 n 时，实际的最少代价。

对于当前枚举的最大深度 k，如果有：

$$h(n)<=h\times(n) \qquad 式1$$

$$g(n)+h(n)>k \qquad 式2$$

则将这个状态剪掉，不再进行搜索。式 1 限制了估计的理想状态一定不能比实际状态差，式 2 表示，如果当前状态在最理想的状态下，都不能在深度 k 以内完成，则将它剪枝，不再在当前深度 k 下搜索。对于式 2，g(n)和 k 都是已知量，需要设计一个满足是理想情况，并且与事实相差并不太远的估价函数 h(n)。

看下面一个样例：

```
3 1 2
5 6 4
7 8 9
```

它们距离目标状态位置的曼哈顿距离是(9 作为交换位置，不统计)：

```
2 1 1
1 1 2
0 0 x
```

每次交换操作，最多只有其中一个元素向自己的目标近了 1 步，因此，在上述状态中，最少要经过 2+1+1+1+1+2=8 次操作，才能够将这个状态变为目标状态。

更普遍的，对于任何一个当前状态，利用它们距离目标状态位置的曼哈顿距离之和作为 h(n)，作为到达目标状态的估价函数。显然，这样的估价一定不会比实际情况更快到达。

结合 ID 和 A*，该 IDA* 算法的流程如下：

(1) 枚举搜索的深度 depth，进行深度优先搜索。

(2) 对每一个状态计算 h(n)，如果满足 h(n)+g(n)>depth，则剪去。

(3) 枚举四个方向可能的交换，进行搜索。

【程序实现】

```
/*
PROB: hdu1043
LANG: c++
*/

#include<iostream>
#include<string.h>
#include<stdio.h>
#include<algorithm>
```

```
#include<stdlib.h>
#include<map>
using namespace std;
map<int, int>vis;
int a, b, c, d, e, f;
int arr[4][4];
int dirx[5]={-1, 0, 1, 0}, diry[5]={0, 1, 0, -1}; //U, R, D, L
char shu[5]={'u', 'r', 'd', 'l'};
int deep;
int i, j, k, judge;
char s;
int lie[12], ni;
int ans[1];
char as[105];
int pan(int shen)
{
    int a, b;
    int i, j;
    int sum=0;
    for (a=1; a<=3; a++)
        for (b=1; b<=3; b++)
        {
            if (arr[a][b]==9)continue;
            i=(arr[a][b]-1)/3+1;
            j=arr[a][b]%3;
            if (j==0)j+=3;
            sum+=abs(i-a)+abs(b-j);
        }
    /* for (a=1; a<=3; a++)
    {
        for (b=1; b<=3; b++)cout<<arr[a][b]<<' ';
        cout<<endl;
    }
    cout<<sum<<endl; */
    if (shen==999)return sum;
    if (sum>shen)return 1;
    return 0;
}
int dfs(int i, int j, int k)
{
    int a, b;
    int s;
    if (judge==1)return 0;
```

```
    s=0;
    for (a=1; a<=3; a++)
        for (b=1; b<=3; b++)
        {
            s=s*10+arr[a][b];
        }
    if (s==123456789)
    {
        judge=1;
        return 1;
    }
    if (vis[s]!=0)return 0;
    //if (k!=0 && vis[s]<=k && vis[s]!=0)return 0;
    vis[s]=k;
    if (pan(deep-k)==1){return 0; }
    for (a=3; a>=0; a--)
    if (i+dirx[a]<=3 && i+dirx[a]>=1 && j+diry[a]<=3 && j+diry[a]>=1)
    {
        swap(arr[i][j], arr[i+dirx[a]][j+diry[a]]);
        if (dfs(i+dirx[a], j+diry[a], k+1)==1)
        {
            ans[0]++;
            as[ans[0]]=shu[a];
            //cout<<ans[0]<<' '<<as[ans[0]]<<endl;
            //cout<<shu[a];
            return 1;
        }
        swap(arr[i][j], arr[i+dirx[a]][j+diry[a]]);
    }
    return 0;
}
int main()
{
    while (cin>>s)
    //cin>>s;
    {
        memset(ans, 0, sizeof(ans));
        if (s=='x')arr[1][1]=9; else arr[1][1]=s-'0';
        for (a=1; a<=3; a++)
            for (b=1; b<=3; b++)
            {
                if (a==1 && b==1)continue;
                cin>>s;
```

```
            if (s=='x')arr[a][b]=9;
            else arr[a][b]=s-'0';
        }
    int num=0;
    for (a=1; a<=3; a++)
        for (b=1; b<=3; b++)
        {
            num++;
            lie[num]=arr[a][b];
        }
    ni=0;
    for (a=1; a<=num; a++)
        for (b=a+1; b<=num; b++)
        if (lie[b]<lie[a] && lie[a]!=9 && lie[b]!=9)ni++;
    if (ni%2!=0)
    {
        cout<<"unsolvable"<<endl;
        //return 0;
        continue;
    }
    judge=0;
    int ri=pan(999);
    for (a=1; a<=3; a++)for (b=1; b<=3; b++)if (arr[a][b]==9){i=a; j=b; }
    for (deep=ri; deep<=ri+100; deep++)
    {
        if (judge==1)
        {
            break;
        }
        vis.clear();
        dfs(i, j, 0);
    }
    //cout<<ans[0]<<endl;
    for (int b=ans[0]; b>=1; b--)cout<<as[b];
    if (judge!=1){cout<<"unsolvable"; }
    cout<<endl;
  }
}
```

【例 4.10】 第 k 短路。

给定一个有向图，求从 s 到达目标节点 t 的第 k 短路径的长度。

【算法分析】

如果题目要求最短路径，则直接使用 spfa 算法即可，本题目要求第 k 短路，需要用到

A*算法。

首先考虑如何使用A*算法实现最短路径。spfa算法中，所有新加入的节点都会放在队尾，每次取出一个节点进行更新，队列中的路径长度会出现如下的无序情况：

1 1 19 7 5 12 …

队列扩展到无法扩展时，最短路径求解结束。这样的做法，每个节点会入队多次，不断更新到达其的最短路径。若是像dijkstra算法那样，每次都选择距离节点1最近的节点加入，则所有的节点只入队一次即可，算法如下：

(1) 把节点s加入队列。

(2) 枚举节点s所有相邻的节点，更新到达这些节点的最短路径并挑选一个最短的加入。

(3) 枚举这个节点相邻的所有节点，更新s到它们的最短路径，并挑选一个最短的加入。

(4) 重复上述2、3过程。

dijkstra算法虽不能解决k短路径问题，但其每次挑选一个当前路径最短的节点加入队列，却有着极其重要的价值。借鉴这个思想，稍微改变一下spfa的算法流程。

(1) 把节点s加入队列。

(2) 从当前队列中取出一个"最好的节点"，并用它来更新相邻的所有节点，无论该节点是否被扩展，加入队列中。

(3) 重复过程2，直到节点t第k次进入队列。

在上述流程中，如果我们每次选出的"最好的节点"都能够保证该节点一定会产生当前情况下未出现过的最短路径，那么，用这样的策略求出的首次加入队列中的节点t，必然是未出现过的路径中，s到t的最短路。

考虑当前所有在队列中的节点a、b、…，它们已走过的路径长度是A、B、…，这些节点距离目标节点t的最短路分别是dist[a]、dist[b]、…，那么，此刻从a、b到达节点t最远的距离不会超过A+dist[a]、B+dist[b]、…，因此，当前情况下未出现过的最短路必然会经过满足I+dist[i]最小的节点i。使用这样的估价方式，必然会使得每一条到达t的路径按顺序被加入队列。

本题目是一道典型的A*算法题目，有序的扩展每一个节点使得搜索的结果满足有序递增的特性。

在实现这样的每次取"最好"的队列时，可以使用STL中的vector，也可以使用小根堆，取决于程序实现者的喜好。dist数组可以在调用A*算法之前，对原图做一遍反向spfa求得。

【程序实现】

```
/*
PROB: poj2449
LANG: c++
*/
#include<cstdio>
#include<cstring>
#include<algorithm>
#include<iostream>
#include<vector>
#include<queue>
```

```
#define INF 0x3f

using namespace std;

struct Node
{
    int v, dist, tot;
    Node(){}
    Node(int a, int b, int c): v(a), dist(b), tot(c){}
    bool operator<(const Node &n)const
    {
        if (tot!=n.tot)
            return tot>n.tot;
        return dist<n.dist;
    }
};

struct Edge
{
    int to, value;
    Edge(int a, int b): to(a), value(b){}
};

int V, E;
int s, t, k;
Node start;
vector<Edge>edges[1005], redges[1005];
void addEdge(int from, int to, int value)
{
    edges[from].push_back(Edge(to, value));
    redges[to].push_back(Edge(from, value));
}

int dist[1005];
void spfa()
{
    bool vis[1005];
    memset(vis, 0, sizeof(vis));
    memset(dist, 0x3f, sizeof(dist));
    queue<int>q;
    dist[t]=0;
    vis[t]=1;
```

```
        q.push(t);
        while (!q.empty())
        {
            int cur=q.front();
            q.pop();
            for (int i=0; i<redges[cur].size(); i++)
            {
                Edge e=redges[cur][i];
                if (dist[cur]+e.value<dist[e.to])
                {
                    dist[e.to]=dist[cur]+e.value;
                    if (!vis[e.to])
                    {
                        vis[e.to]=1;
                        q.push(e.to);
                    }
                }
            }
            vis[cur]=0;
        }
    }

    priority_queue<Node>q;
    int spfaAstar()
    {
        if (dist[s]==INF)return-1;
        q.push(start);
        if (s==t)k++;
        int cnt=0;
        while (!q.empty())
        {
            Node cur=q.top();
            q.pop();
            if (cur.v==t)
            {
                cnt++;
                if (cnt==k)return cur.dist;
            }
            for (int i=0; i<edges[cur.v].size(); i++)
            {
                Edge e=edges[cur.v][i];
                q.push(Node(e.to, cur.dist+e.value, cur.dist+e.value+dist[e.to]));
            }
```

```
    }
    return-1;
}

int main()
{
    scanf("%d %d", &V, &E);
    int a, b, c;
    for (int i=0; i<E; i++)
    {
        scanf("%d %d %d", &a, &b, &c);
        addEdge(a, b, c);
    }
    scanf("%d %d %d", &s, &t, &k);
    spfa();
    start=Node(s, 0, dist[s]);
    int ans=spfaAstar();
    cout<<ans<<endl;
    return 0;
}
```

4.4 跳舞链

跳舞链(Dancing Links)，又叫十字链表(以下简称 dlx)，是一类搜索问题的通用优化，可以高效解决精确覆盖、重复覆盖类的问题，其结构如图 4.2 所示。

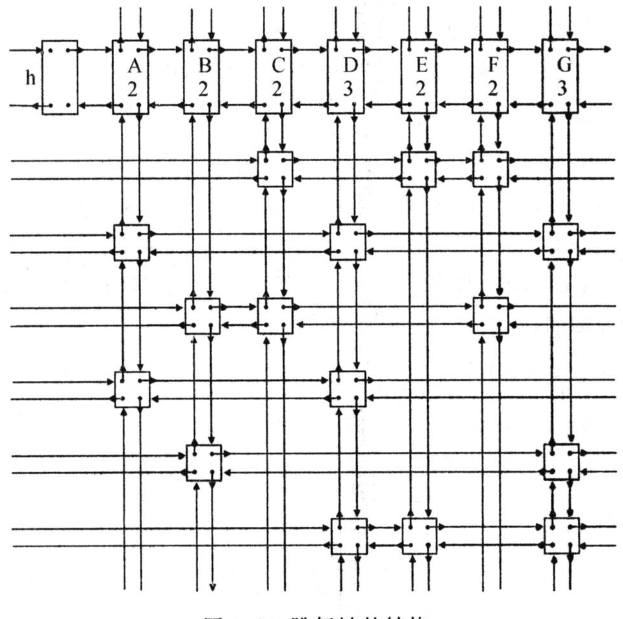

图 4.2　跳舞链的结构

为引出 dlx，请看如下一段代码：

```
int dfs()
{
    for (int i=1; i<=n; i++)
    if (!vis[i])
    {
        vis[i]=1;
        dfs();
        vis[i]=0;
    }
}
```

这一段代码的复杂度是 O(n!)。但是，其实际运行时，复杂度却比 n!要高。原因是，其在每次枚举时，只需要 vis[i]=0 的点，却枚举了所有的点来判断其 vis 值。一种合理的优化是：用链表来实现这个数组，每当有一个元素被选择，就把它从链表中删掉，并进行搜索，当搜索完毕时，再将其恢复。由于链表的删除和插入操作都是 O(1)的，这样的优化可以使得每次枚举只枚举有效的点，而不是所有的点，代码如下：

```
int dfs()
{
    for (int i=qhead; i->next!=null; i=i->next)
    {
        delete(i);
        dfs();
        resume(i);
    }
}
```

这样一来，该算法就是严格意义上的 O(n!)。

现在把该问题从一维扩展到二维。假设在一个矩阵中，每次选择一行之后，一些对应的行就不能再选了。那么在搜索的过程中，如果使用普通数组的方式实现，无用的枚举代价会更大，造成算法效率的严重降低。dlx 实质上就是上述链表的二维实现，其是一个链表结构，每个节点有上、下、左、右四个方向的指针，其中，上、下指针中有一个指针用来删除行，一个指针来恢复行，左、右指针中有一个指针用来删除列，一个指针用来恢复列。通过这样高效的删除、恢复操作，优化搜索的枚举过程，提高搜索的效率。

【例 4.11】 精确覆盖。

给定一个 M·N(M≤16，N≤300)的矩阵，能否从中找到一些行，使得每列恰好仅有一个 1？

例如：

0 1 1

1 0 0

0 0 1

选择第 1 行和第 2 行可以使得每列恰好仅有一个 1。

【算法分析】 本题是标准的精确覆盖模型，由于题目数据范围的原因，使用 $O(2^{16}\times16\times300)$的暴力搜索算法，一边搜索、一边验证，可以解决该题目，但时间效率一般。代码如下：

```
int dfs()
{
    if (ok())
    {
        return 1;
    }
    for (int i=1; i<=m; i++)
    {
        if (can(i))
        {
            put(i);
            dfs();
            resume(i);
        }
    }
}
```

其中，因为每次操作都要对一列进行操作，ok( )、can( )、put( )、resume( )函数复杂度都是 O(n)的进行了 m 次，造成了大量的浪费，使用 dlx 可以很好的减少这种浪费。学习 dancing links，首先来看十字链表是如何建立的：

定义部分：

//U、D、L、R 分别是每个节点的上、下、左、右指针

//C 代表每个节点所在列的序号，S 代表每一列中 1 的个数

int U[5001], D[5001], L[5001], R[5001], S[5001], C[5001];

第一步：构造一个头指针链表，共有 m+1 个节点，它们并不代表任何一个有效的点，仅是为了方便枚举每一列而构造的头指针，即图 4.2 中 h、A、B、…所在的行。这些节点的 D 数组指向其下方第一个该列有 1 的行对应的节点，U 数组指向最后一个该列有 1 的行对应的节点。U 和 D 共同构成了该列的双向循环链表。

```
//dlx 中第一个节点的编号是 0
head=0;
R[head]=1;
L[head]=m;
//构造该行中的 m 个节点
for (a=1; a<=m; a++)
{
    L[a]=a-1;
    R[a]=a+1;
    if (a==m)R[a]=0;
    U[a]=a;
    D[a]=a;
    C[a]=a;
```

```
        S[a]=0;
    }
    //num记录的是十字链表中的节点总数
    num=m;
```

第二步：对于每一行读入的数据，检测其每一列上的数字，如果该数字是1，则在十字链表的对应位置上插入一个节点，把它和其上、下、左、右四个方向的点分别相连，操作相当于在两个双向循环链表上插入节点，只需要分横向、竖向分别处理即可。

```
    for (i=1; i<=n; i++)
    {
        //stack用于记录该行的所有节点，因为在之后的过程中不再使用行的头指针，因此在此
          处重复利用
        stack[0]=0; //相当于清空了这个栈
        for (j=1; j<=m; j++)
        {
            scanf("%d", &temp);
            if (temp==1)
            {
                num++;
                stack[0]++;
                stack[stack[0]]=num;
                //此处是把这个节点插入竖向的链表的操作
                insert(j, num);
                //此处是把这个节点插入横向链表的操作，该操作比较简单，未单独写函数
                S[j]++; //该列的1加1
                C[num]=j; //该点是第j列的
                if (stack[0]==1)//只有一个点的话
                {
                    L[num]=num;
                    R[num]=num;
                }
                else
                {
                    L[num]=stack[stack[0]-1];
                    R[num]=stack[1];
                    L[stack[1]]=num;
                    R[stack[stack[0]]-1]=num;
                }
            }
        }
    }
```

把节点插入列的过程：

```
    void insert(int j, int num)//这个是把上下给链接起来
```

```
{
    int temp;
    temp=j;
    //从头结点开始不停循环向下，直到找到该列最下方
    while (D[temp]!=j)temp=D[temp];
    //temp是该列最底下的那一个
    U[num]=temp; D[temp]=num;
    D[num]=j;       U[j]=num;
    return;
}
```

构造完毕该十字链表，只需要有对于节点的删除(delete)和恢复(resume)操作，即可对该十字链表进行搜索。删除和恢复操作本质上还是对两个双向链表分别进行删除和恢复操作，与插入操作思路类似，此处不再赘述。

完成删除和恢复操作后，本题解决起来就很轻松了。算法流程如下：

(1) 如果当前情况，所有列都已经被删除，说明已经找到结果，return true。

(2) 对于当前情况，枚举所有可能的行，删除该行以及该行上有 1 的所有列。

(3) 继续搜索。

(4) 恢复删去的所有行、列。

在搜索的过程中，像数独问题中的优化一样，每次选择剩余 1 个数最少的列去枚举，可以有效的减少搜索量。删除列的时候需注意，不仅仅要将列上所有的元素删除，还要删除其对应列上所有的行。

使用 dlx 这种高效的十字链表结构，可以显著的提高搜索过程中对于无用节点的删除，明显的提高搜索的速度，很多问题都可以转化为精确覆盖问题，使用 dlx 来求解。

【程序实现】

```
/*
PROB: 精确覆盖
LANG: c++
*/
#include<iostream>
#include<stdio.h>
#include<string.h>
#include<algorithm>
using namespace std;
int a, b, i, j, temp;
int U[5001], D[5001], L[5001], R[5001], S[5001], C[5001];
int OK[5001];
//C是每个节点的列的序号，S是每列1的个数
int n, m, num, head;
void insert(int j, int num)//这个是把上下给链接起来
{
    int temp;
```

```
        temp=j;
        while (D[temp]!=j)temp=D[temp];
        //temp是该列最底下的那一个
        U[num]=temp; D[temp]=num;
        D[num]=j;        U[j]=num;
        return;
    }
    int initialize()//这个是造十字链表
    {
        int a, i, j, k;
        int stack[5001];
        head=0;
        R[head]=1;
        L[head]=m;
        for (a=1; a<=m; a++)
        {
            L[a]=a-1;
            R[a]=a+1;
            if (a==m)R[a]=0;
            U[a]=a;
            D[a]=a;
            C[a]=a;
            S[a]=0;
        }
        num=m;
    for (i=1; i<=n; i++)
    {
        //stack用于记录该行的所有节点，因为在之后的过程中不再使用行的头指针，因此在此
          处重复利用
        stack[0]=0; //相当于清空了这个栈
        for (j=1; j<=m; j++)
        {
            scanf("%d", &temp);
            if (temp==1)
            {
                num++;
                stack[0]++;
                stack[stack[0]]=num;
                //此处是把这个节点插入竖向的链表的操作
                insert(j, num);
                //此处是把这个节点插入横向链表的操作，该操作比较简单，未单独写函数
                S[j]++; //该列的1加1
                C[num]=j; //该点是第j列的
```

```
                if (stack[0]==1)//只有一个点的话
                {
                    L[num]=num;
                    R[num]=num;
                }
                else
                {
                    L[num]=stack[stack[0]-1];
                    R[num]=stack[1];
                    L[stack[1]]=num;
                    R[stack[stack[0]]-1]=num;
                }
            }
        }
    }
}

void remove(int c)//删除某一列 j
{
    int i, j;
    R[L[c]]=R[c];   //先删除那一列的最前一个
    L[R[c]]=L[c];
    for (i=D[c]; i!=c; i=D[i])
    {
        for (j=R[i]; j!=i; j=R[j])
        {
            U[D[j]]=U[j];   //然后再把在那一列里面包含 1 的行全部都删掉
            D[U[j]]=D[j];
            S[C[j]]--; //那一列上的 1 的个数减少 1
        }
    }
    return;
}

void resume(int c)
{
    int i, j;
    for (i=U[c]; i!=c; i=U[i])
    {
        for (j=L[i]; j!=i; j=L[j])
        {
            S[C[j]]++;
            D[U[j]]=j;
```

```
                U[D[j]]=j;
            }
        }
        R[L[c]]=c;
        L[R[c]]=c;
    }

    bool dfs(int k)
    {
        if (head==R[head])return true; //如果没有了就返回 true
        int a, s=1000000, c;
        int i, j;
        for (a=R[head]; a!=head; a=R[a])
        {
            if (s>S[a]){s=S[a]; c=a; }
        }
        remove(c);
        for (i=D[c]; i!=c; i=D[i])
        {
            OK[k]=i;
            for (j=R[i]; j!=i; j=R[j])remove(C[j]);
            if (dfs(k+1)==true)return true;
            for (j=L[i]; j!=i; j=L[j])resume(C[j]);
        }
        resume(c);
        return false;
    }

    int main()
    {
        while (scanf("%d%d", &n, &m)!=EOF)
        {
            if (n==0 && m==0)break;
            memset(C, 0, sizeof(C));
            memset(OK, 0, sizeof(OK));
            initialize();
            if(dfs(0))printf("Yes, I found it\n");
            else printf("It is impossible\n");
        }
    }
```

【例 4.12】 数独。

给定一个数独的初始状态，输出数独的结果。

【算法分析】 在上文中已经讲过使用普通的深度优先搜索算法处理数独的若干种优

化，实际上，使用 dlx 可以更快的解决数独类的问题，其效率超过普通 dfs 的任何一种实现。

数独的实现目标是：填入 9×9=81 个数字，使得每行、每列、每个九宫格恰好都刚好出现 1～9 各一次，每个小方格只有一个数字。我们使用行来表示每一种可能的填法，每个小方格有 1～9 共 9 种填法，共 9×9=81 个小方格，因此共有 81×9=729 行。使用列来表示每一种填法带来的影响，编号为(1～81)的列用来代表某一行是否能填入某个数字，编号为(82～162)的列用来代表某一列是否能填入某个数字，编号为(163～243)的列用来代表某一个九宫格是否能填入某个数字，编号为(244～324)的列用来代表某一个小方格现在是否填入数字。那么，当数独找到正解的时候，这些列恰好仅仅各有一个 1，问题被转化成了精确覆盖问题。

对于每一个可能的在第 i 行 j 列填数字 k 的填法(i，j，k)，其对应行上恰好仅有 4 个 1，所在列如下：

(i−1)×9+k：对应第 i 行不能填 k。

81+(j−1)×9+k：对应第 j 行不能填 k。

81+81+suan(i，j)×9+k：对应这个九宫格不能填 k。

lie=81+81+81+(i−1)×9+j：对应这个小方格不能填数字了。

按照上述方法构造十字链表，并使用 dlx 解决，程序效率有了质的飞跃。

【程序实现】

```
/*
PROB：数独
LANG：c++
*/
#include<iostream>
#include<stdio.h>
#include<string.h>
#include<algorithm>
using namespace std;
int a, b, i, j, k, temp;
int U[260001], D[260001], L[260001], R[260001], S[260001], C[260001], H[260001],
    J[260001], SHU[260001];
int OK[26001];
int vis[350];
int stack[10];
int ans[10][10];
//C 是每个节点的列的序号，S 是每列 1 的个数
int n, m, num, head;
void insert(int j, int num)//这个是把上下给链接起来
{
    int temp;
    temp=j;
    while (D[temp]!=j)temp=D[temp];
```

```
    //temp是该列最底下的那一个
    U[num]=temp; D[temp]=num;
    D[num]=j;     U[j]=num;
    return;
}

void fuck(int lie, int num)
{
    stack[0]++;
    stack[stack[0]]=num;
    insert(lie, num);
    S[lie]++;
    C[num]=lie;
    if (stack[0]==1)//只有一个点的话
    {
            L[num]=num;
            R[num]=num;
    }
    else
    {
        L[num]=stack[stack[0]-1];
        R[num]=stack[1];
        L[stack[1]]=num;
        R[stack[stack[0]]-1]=num;
    }
}
int suan(int i, int j)
{
    if (i<=3)
    {
        if (j<=3)return 0;
        if (j<=6)return 1;
        if (j<=9)return 2;
    }
    if (i<=6)
    {
        if (j<=3)return 3;
        if (j<=6)return 4;
        if (j<=9)return 5;
    }
    if (i<=9)
    {
        if (j<=3)return 6;
```

```
        if (j<=6)return 7;
        if (j<=9)return 8;
    }
}

int initialize()//这个是造十字链表
{
    int a, i, j, k;
    head=0;
    n=9*9*9; //81 个格子，每个格子有 9 种放法
    m=324;    //(9+9+9)*9+81=324 9 行 9 列 9 小块
    R[head]=1;
    L[head]=m;
    for (a=1; a<=m; a++)
    {
        L[a]=a-1;
        R[a]=a+1;
        if (a==m)R[a]=0;
        U[a]=a;
        D[a]=a;
        C[a]=a;
        S[a]=0;
    }
    int hang, lie;
    num=m;
    for (i=1; i<=9; i++)
        for (j=1; j<=9; j++)
            for (k=1; k<=9; k++)
            {
                //第 i 行 j 列放了 k
                stack[0]=0;
                //首先是第 i 行不能有 k 了
                lie=(i-1)*9+k;
                num++;
                H[num]=i;
                J[num]=j;
                SHU[num]=k;
                fuck(lie, num);
                //然后是第 j 列不能有 k 了
                lie=81+(j-1)*9+k;
                num++;
                H[num]=i;
                J[num]=j;
```

```
                SHU[num]=k;
                fuck(lie, num);
                //然后是某个方格不能有 k 了
                lie=81+81+suan(i, j) * 9+k;
                num++;
                H[num]=i;
                J[num]=j;
                SHU[num]=k;
                fuck(lie, num);
                //最后是某个方格不能填了
                lie=81+81+81+(i-1) * 9+j;
                num++;
                H[num]=i;
                J[num]=j;
                SHU[num]=k;
                fuck(lie, num);
            }
    }

    void remove(int c)//删除某一列 j
    {
        int i, j;
        //if (vis[c]==1)cout<<c<<endl;
        vis[c]=1;
        R[L[c]]=R[c];   //先删除那一列的最前一个
        L[R[c]]=L[c];
        for (i=D[c]; i!=c; i=D[i])
        {
            for (j=R[i]; j!=i; j=R[j])
            {
                U[D[j]]=U[j];    //然后再把在那一列里面包含 1 的行全部都删掉
                D[U[j]]=D[j];
                S[C[j]]--; //那一列上的 1 的个数减少 1
            }
        }
        return;
    }

    void resume(int c)
    {
        int i, j;
        for (i=U[c]; i!=c; i=U[i])
        {
```

```
            for (j=L[i]; j!=i; j=L[j])
            {
                S[C[j]]++;
                D[U[j]]=j;
                U[D[j]]=j;
            }
        }
        R[L[c]]=c;
        L[R[c]]=c;
}

bool dfs(int k)
{
    if (head==R[head])return true; //如果没有了就返回 true
    int a, s=10000000, c;
    int i, j;
    for (a=R[head]; a!=head; a=R[a])
    {
        if (s>S[a]){s=S[a]; c=a; }
        if (s==1)break;
    }
    remove(c);
    for (i=D[c]; i!=c; i=D[i])
    {
        OK[k]=i;
        ans[H[i]][J[i]]=SHU[i];
        for (j=R[i]; j!=i; j=R[j])remove(C[j]);
        if (dfs(k+1)==true)return true;
        for (j=L[i]; j!=i; j=L[j])resume(C[j]);
    }
    resume(c);
    return false;
}

int main()
{
    int lie;
    char sss;
    while (true)
    {
        memset(C, 0, sizeof(C));
        memset(OK, 0, sizeof(OK));
        memset(vis, 0, sizeof(vis));
```

```
        initialize();
        for (int i=1; i<=9; i++)
          for (int j=1; j<=9; j++)
          {
              if (sss=='e')return 0;
              cin>>sss;
              if (sss=='.')continue;
              int k=sss-'0';
              ans[i][j]=k;

              lie=(i-1) * 9+k;
              remove(lie);
              lie=81+(j-1) * 9+k;
              remove(lie);
              lie=81+81+suan(i, j) * 9+k;
              remove(lie);
              lie=81+81+81+(i-1) * 9+j;
              remove(lie);
          }
        dfs(0);
        for (int i=1; i<=9; i++)
            for (int j=1; j<=9; j++)
            {
                cout<<ans[i][j];
            }
        cout<<endl;
    }
}
```

4.5 搜索还是动态规划

在很多时候会遇到这样的题目：一眼望上去是一道搜索题目，但仔细分析又觉得搜索算法的复杂度并不能满足题目的时间或空间要求，此时，就需要谨慎思考下一步的改进策略。常常被误认为是暴力的搜索的题目往往可能是以下类型的题目：搜索＋剪枝、动态规划、动态规划＋搜索、网络流。如何在第一时间想到搜索算法，并且当该方法无法满足题目时限要求时，如何改进或修改算法是很重要的技能。本节将会给出很多例子，让读者在思考中循序渐进的寻找更好的算法，来解决一道道难题。

【例 4.13】 Pills。

一个瓶子里有 n 片药，每次吃半片，从瓶子里可能取出整片，也可能取出半片，如果取到的药是整片的，就把它分成两半，吃掉其中的一半，另一半重新放入瓶中，如果取到半粒药，则直接吃掉。问 2n 天内吃完药有多少种取法？ $n\leqslant 32$。

【算法分析】 这道题目，从数据范围上看，显然像是一道搜索题目，读者可以很轻松的写出如下的代码：

```
#include<iostream>
using namespace std;
long long fun(int x, int y)
{
    long long ans=0;
    if (y==0)return 1;
    if (x==0)return 1;
    ans+=fun(x-1, y+1);
    if(y)
        ans+=fun(x, y-1);
    return ans;
}
int main()
{
    int i, n;
    while(scanf("%d", &n)&&n)
    {
        printf("%I64d\n", fun(n, 0));
    }
    return 0;
}
```

其中，x 表示剩余的完整药片数量，y 表示剩余的半片药片数量。显而易见，这样的搜索算法是一定正确的。但是，其算法复杂度却是相当高的，原因是同一个 fun(x，y)会被调用多次：

fun(5，5)调用了 fun(4，6)和 fun(5，4)。

fun(5，4)会调用 fun(4，5)。

fun(4，6)也会调用 fun(4，5)。

实际上，同一个 fun(x，y)会被调用多次，导致时间上的巨大浪费。为了应对这种浪费，必须得引入动态规划的思想，记录中间每一个 fun(x，y)的结果，当重复调用时，直接返回结果即可。这种思想叫做记忆化，这样的写法往往被称作记忆化搜索，在第三章中也有提到。

【设计技巧】

在设计记忆化搜索时，边界条件可以写在搜索部分内，也可以写在搜索部分外，本题的代码实现选择将其实现在搜索部分外，更好理解。

【程序实现】

```
#include<iostream>
using namespace std;
long long f[32][32]; //f[i][j]=剩下 i 片整药和 j 半片药时的序列数
long long fun(int x, int y)
{
```

```
        long long ans=0;
        if(f[x][y])
            return f[x][y];
        ans+=fun(x-1, y+1);
        if(y)
            ans+=fun(x, y-1);
        return f[x][y]=ans;
    }
    int main()
    {
        int i, n;
        memset(f, 0, sizeof(f));
        for(i=0; i<=30; i++)
            f[1][i]=i+1;
        while(scanf("%d", &n)&&n)
        {
            printf("%I64d\n", fun(n, 0));
        }
        return 0;
    }
```

【例 4.14】 十五数码问题。

与八数码问题相同，只是这次从 3×3=9 个格子变成一共 4×4=16 个格子，需要将其排列成：

1 2 3 4

5 6 7 8

9 10 11 12

13 14 15 *

的形式。问最少的步数及方案，如果 50 步内没有解，则输出“unsolvable”。

【算法分析】 与上一题相反，本题很容易想到这样一种动态规划解法：

dp[x1][x2][x3]…[x16]表示当前每个格子分别是 x1、x2、…、x16 时候的最小步数，然后从初始状态开始用宽度优先搜索(bfs)的形式扩展即可。进一步，可以发现，每次扩展出来的状态必然是最小步数，可以直接使用 bfs。

但此时，新的问题产生了，每一个 x 有 16 种取法，共 1616 种选择，在内存中显然存不下。聪明的读者会发现，实际上有效的状态并没有那么多，仅仅有 16!种而已，通过一次枚举将所有有效状态离散化后存储即可。但是，16!依然是一个庞大的数字，在内存中还是无法保存。因此，需要选择更加有效的算法解决这道题。

对于动态规划或者是宽度优先搜索算法，他们都有一个必要的要求，就是记录状态！对于这样庞大的状态总数，显然没有一种办法可以把所有的状态记录下来，因此，必须从其他角度考虑此题的解法。在八数码问题中我们提到了 IDA * 算法，在此题中，IDA * 算法依然适用。

IDA * 算法求解十五数码问题，此处不再赘述，仅仅通过此题来分析搜索和动态规划算法的适用范围。

显然的，当可能的状态数太过庞大时，动态规划算法是显然不能满足题目要求的，可以考虑使用搜索算法。而当搜索算法在搜索的过程中，可以提炼出状态使得对于同一个状态 state，dfs(state)或 bfs(state)的结果总是一致的，那么很可能此题可以使用动态规划的思想对过程中每一个结果做记录，这个策略往往是对的，但在有些时候却是不必要的，需要读者仔细分析题目。

【程序实现】

```
#include<stdio.h>
#include<string.h>
#include<math.h>
#define size 4
int move[4][2]={{-1, 0}, {0, -1}, {0, 1}, {1, 0}}; //上 左 右 下
char op[4]={'U', 'L', 'R', 'D'};
int map[size][size], map2[size * size], limit, path[100];
int flag, length;
//int goal_st[3][3]={{1, 2, 3}, {4, 5, 6}, {7, 8, 0}};
int goal[16][2]={{3, 3}, {0, 0}, {0, 1}, {0, 2}, {0, 3}, {1, 0},
                {1, 1}, {1, 2}, {1, 3}, {2, 0}, {2, 1}, {2, 2}, {2, 3}, {3, 0}, {3, 1},
                {3, 2}};; //目标位置
int nixu(int a[size * size])
{
    int i, j, ni, w, x, y;
    ni=0;
    for(i=0; i<size * size; i++)
    {
        if(a[i]==0)
            w=i;
        for(j=i+1; j<size * size; j++)
        {
            if(a[i]>a[j])
                ni++;
        }
    }
    x=w/size;
    y=w%size;
    ni+=abs(x-3)+abs(y-3);
    if(ni%2==1)
        return 1;
    else
        return 0;
}
int hv(int a[][size])//估价函数，曼哈顿距离，小于等于实际总步数
```

```
{
    int i, j, cost=0;
    for(i=0; i<size; i++)
    {
        for(j=0; j<size; j++)
        {
            int w=map[i][j];
            cost+=abs(i-goal[w][0])+abs(j-goal[w][1]);
        }
    }
    return cost;
}
void swap(int *a, int *b)
{
    int tmp;
    tmp=*a;
    *a=*b;
    *b=tmp;
}
void dfs(int sx, int sy, int len, int pre_move)//sx, sy 是空格的位置
{
    int i, j, nx, ny;
    if(flag)
        return;
    int dv=hv(map);
    if(len==limit)
    {
        if(dv==0)
        {
            flag=1;
            length=len;
            return;
        }
        else
            return;
    }
    else if(len<limit)
    {
        if(dv==0)
        {
            flag=1;
            length=len;
            return;
```

```
        }
    }
    for(i=0; i<4; i++)
    {
        if(i+pre_move==3&&len>0)//不和上一次移动方向相反，对第二步以后而言
            continue;
        nx=sx+move[i][0];
        ny=sy+move[i][1];
        if(0<=nx&&nx<size && 0<=ny&&ny<size)
        {
            swap(&map[sx][sy], &map[nx][ny]);
            int p=hv(map);
            if(p+len<=limit&&! flag)
            {
                path[len]=i;
                dfs(nx, ny, len+1, i);
                if(flag)
                    return;
            }
            swap(&map[sx][sy], &map[nx][ny]);
        }
    }
}
int main()
{
    int i, j, k, l, m, n, sx, sy;
    char c, g;
    i=0;
    scanf("%d", &n);
    while(n--)
    {
        flag=0; length=0;
        memset(path, -1, sizeof(path));

        for(i=0; i<16; i++)
        {
            scanf("%d", &map2[i]);
            if(map2[i]==0)
            {
                map[i/size][i%size]=0;
                sx=i/size; sy=i%size;
            }
            else
```

```
                {
                    map[i/size][i%size]=map2[i];
                }

            }
            if(nixu(map2)==1)//该状态可达
            {
                limit=hv(map);
                while(!flag&&length<=50)//题中要求 50 步之内到达
                {
                    dfs(sx, sy, 0, 0);
                    if(!flag)
                    limit++;//得到的是最小步数
                }
                if(flag)
                {
                    for(i=0; i<length; i++)
                    printf("%c", op[path[i]]);
                    printf("\n");
                }
            }
            else if(!nixu(map2)||!flag)
                printf("This puzzle is not solvable.\n");
        }
        return 0;
    }
```

【例 4.15】 由于整日整夜地对着这个棋盘，Lele 终于走火入魔。每天一睡觉，他就会梦到自己会被人被扔进一个棋盘中，一直找不到出路，然后从梦中惊醒。久而久之，Lele 被搞得精神衰弱。梦境是否会成为现实，谁也说不准，不过不怕一万只怕万一。现在 Lele 每次看到一个棋盘，都会想象一下自己被关进去以后要如何逃生。

Lele 碰到的棋盘都是正方形的，其中有些格子是坏的，不可以走，剩下的都是可以走的。只要一走到棋盘的边沿(最外面的一圈)，就算已经逃脱了。Lele 梦见自己一定会被扔在一个可以走的格子里，但是不确定具体是哪一个，所以他要做好被扔在任意一个格子的准备。

现在 Lele 请你帮忙，对于任意一个棋盘，找出一个最短的序列，序列里可以包括“north”(地图里向上)、“east”(地图里向右)、“south”(地图里向下)、“west”(地图里向左)这四个方向命令。不论 Lele 被扔在棋盘里的哪个好的格子里，都能按这个序列行走逃出棋盘。

逃脱的具体方法是：不论 Lele 被扔在哪里，Lele 按照序列里的方向命令一个一个地走，每个命令走一格，如果走的时候会碰到坏的格子，则忽略这条命令。当然，如果已经逃脱了，就可以不考虑序列中剩下的命令了。

总的格子数 N≤64。

【算法分析】 本题又是一道很容易想到动态规划解法的题目，dp[x_1][y_1][x_2][y_2]…[x_N][y_N]表示分别从节点 1、2、…、N 出发，当前到达(x_1，y_1)、(x_2，y_2)、…、(x_N，y_N)的最小步数，假设计算机的内存大小是无穷大，这样显然是可解的，而且可以很快到达目标。但现状却是，计算机的内存根本不可能存储如此庞大的状态，因此需要考虑更好的解法。

考虑宽度优先搜索，从每个节点出发，然后依次枚举四个方向，即使不需要判重，队列中每个节点依然需要 O(2N)的空间大小去存储，队列很快就会超过题目的内存限制。

此时，只有深度优先搜索可以考虑，但是，本题又要求最少的步数，因此，必然需要结合 IDA* 算法。

显然的，我们需要从小到大枚举每一个最大步数，然后对其进行深度优先搜索，这个搜索的效率取决于我们的目标函数 h 的定义。

对于搜索的每一步，我们当前保存的节点是一个 O(2N)大小的状态，表示每个节点当前的坐标，对于已经到达边界的点，显然不需要进一步对其进行搜索。如何判断当前状态距离目标状态的最小步数呢？我们换个角度这样想：

在理想的状态下，每个节点都按照他们的理想方法到达目标节点，需要的步数我们可以通过一次 bfs 预处理出来。假设对于当前状态，每个节点距离目标节点的距离是 x_1、x_2、…、x_N，那么，它们到达目标节点的最理想情况下的步数是：

$$\text{Max}\{x_1, x_2, \cdots, x_N\}$$

加上当前步数 step，就是当前情况下到达目标状态的最少步数，如果这个值大于我们枚举的深度 deep，就将它剪掉。

加上这个剪枝后，我们可以很快的通过 IDA* 算法求出题目要求的解。

【设计技巧】

在搜索的过程中，我们需要修改当前状态，还需要改回当前状态。一个可行的办法是，在改变状态前，使用一个数组记录当前状态，当下面的情况搜索结束后，再将其改回来，这样的做法虽然速度较慢，但是好写，也不会改变搜索的复杂度，是一个可以接受的实现方式。

【程序实现】

```
#include<cstdio>
#include<cstring>
usingnamespace std;

int n;
bool maze[10][10];
int dir[4][2]={{0, 1}, {-1, 0}, {1, 0}, {0, -1}};

int ans[100];
int dis[10][10];
int deep;

struct S
```

```
{
    bool maze[10][10];
    S(){memset(maze, false, sizeof(maze)); }
}s;

inline bool h(int d, S ts)
{
    for(int i=1; i<n-1; i++)
    {
        for(int j=1; j<n-1; j++)
        {
            if(!ts.maze[i][j])continue;
            if(dis[i][j]+d>deep)
            {
                return false;
            }
        }
    }
    return true;
}

bool dfs(int d, S tu)
{
    if(!h(d, tu))return false;
    if(d==deep)return true;
    for(int i=0; i<4; i++)
    {
        S tv;
    for(int ii=1; ii<n-1; ii++)
    {
        for(int jj=1; jj<n-1; jj++)
        {
            if(!maze[ii][jj])continue;
            int tx=ii-dir[i][0];
            int ty=jj-dir[i][1];
            tv.maze[ii][jj]=tu.maze[tx][ty];
            tx=ii+dir[i][0];
            ty=jj+dir[i][1];
            if(maze[tx][ty])continue;
          tv.maze[ii][jj]|=tu.maze[ii][jj];
        }
    }
    ans[d]=i;
```

```
    if(dfs(d+1, tv))return true;
    }
    return false;
}

int que[1000][2];
void bfs(int x, int y)
{
        dis[x][y]=0;
    int ss=0, ee=0;
        que[0][0]=x;
        que[0][1]=y;
    while(ss<=ee)
    {
        int ux=que[ss][0];
        int uy=que[ss][1];
        ss++;
        for(int i=0; i<4; i++)
        {
            int tx=ux+dir[i][0];
            int ty=uy+dir[i][1];
            if(tx<=0||ty<=0||tx>=n-1||ty>=n-1)continue;
            if(!maze[tx][ty])continue;
            if(dis[tx][ty]<=dis[ux][uy]+1)continue;
            dis[tx][ty]=dis[ux][uy]+1;
            ee++;
            que[ee][0]=tx;
            que[ee][1]=ty;
        }
    }
}

inline voidin(bool& val)
{
    charin=getchar();
    while(in<=32)in=getchar();
    val=(in=='0');
}

int main()
{
    bool flag=false;
    while(~scanf("%d", &n))
```

```
        {
            for(int i=0; i<n; i++)
            {
                for(int j=0; j<n; j++)
                {
                    in(maze[i][j]);
                    if(i*j&&i!=n-1&&j!=n-1)
                    {
                        s.maze[i][j]=maze[i][j];
                    }
                }
            }
            if(n<=2)
            {
                puts("");
                continue;
            }
            memset(dis, 0x7f, sizeof(dis));
            for(int i=0; i<n; i++)
            {
                if(maze[0][i])bfs(0, i);
                if(maze[n-1][i])bfs(n-1, i);
                if(maze[i][0])bfs(i, 0);
                if(maze[i][n-1])bfs(i, n-1);
            }
            deep=0;
            while(true)
            {
                if(dfs(0, s))break;
                deep++;
            }

            if(flag)puts(""); flag=true;
            for(int i=0; i<deep; i++)
            {
                if(ans[i]==0)puts("east");
                else if(ans[i]==1)puts("north");
                else if(ans[i]==2)puts("south");
                else if(ans[i]==3)puts("west");
            }
        }
    }
```

搜索和动态规划算法有着各自的适用场景。其中，深度优先搜索适合于寻找一组可行解，或是状态表示占用巨大空间的问题，如例 4.14 中，状态的空间占用极为庞大，使用宽度优先搜索或动态规划算法无法开辟如此巨大的空间，只能使用深度优先搜索及其优化算法；宽度优先搜索适用于寻找最快到达目标状态的路径，搜索的过程中需要对每一个扩展出来的状态进行保存，为了提高搜索的效率，往往可以通过 A* 算法的估价方式把更容易产生目标状态的节点更早的进行搜索；动态规划是一类较为通用的算法思想，无论是深度优先搜索，还是宽度优先搜索，只要在搜索的过程中产生了重复的子问题，都可以使用动态规划的思想来优化，例如，当搜索的过程中会多次产生一个状态 state，而这个 state 的搜索结果总是一个定值，就可以使用动态规划的思想将这个 state 的搜索结果保存下来，下一次搜索到重复的状态时，直接返回保存的结果即可，需要注意的是，在一些搜索问题中，状态数极其庞大，状态表示要消耗巨大的空间，此时就需要仔细斟酌，谨慎记录搜索的结果。

搜索和动态规划有极多的类似之处，但是本质上却有着很大的区别。如何选择合适的算法，是算法设计者永远需要考虑的内容，选择动态规划还是搜索算法，本质上取决于题目模型本身。对于算法设计者，能否选择最合适的算法，取决于算法设计者对所有算法的了解及熟悉程度。算法设计的路上没有捷径，唯一的办法就是多学习、多练习。

习 题 4

1. 简述搜索算法在剪枝的过程中必须要注意到的内容。
2. 简述 A* 搜索的原理。
3. 简述 IDA* 和 A* 算法的区别，以及应用场景。
4. 编写 dancing links 代码并整理成模板。
5. 试找到分类为网络流的题目，用搜索＋剪枝的思路去做，尝试 AC 题目。
6. 试用搜索算法解决数独，并编写一种数独游戏的外挂。
7. 找到身边可以用搜索算法解决的 3 个游戏，并建模编写程序解决每一关。
8. 简述动态规划和搜索算法的区别。
9. 举出一个既可以用搜索算法解决，又可以用动态规划解决的例子。
10. 整理自己的搜索算法模板。
11. 虫食算。

题目描述：

所谓虫食算，就是原先的算式中有一部分被虫子啃掉了，需要我们根据剩下的数字来判定被啃掉的字母。来看一个简单的例子：

```
    43#9865#045
+     8468#6633
    44445506978
```

其中#号代表被虫子啃掉的数字。根据算式，我们很容易判断：第一行的两个数字分别是 5 和 3，第二行的数字是 5。

现在，我们对问题做两个限制：

首先，我们只考虑加法的虫食算。这里的加法是 N 进制加法，算式中三个数都有 N 位，允许有前导的 0。

其次，虫子把所有的数都啃光了，我们只知道哪些数字是相同的，我们将相同的数字用相同的字母表示，不同的数字用不同的字母表示。如果这个算式是 N 进制的，我们就取英文字母表示的前 N 个大写字母来表示这个算式中的 0 到 N－1 这 N 个不同的数字，但是这 N 个字母并不一定顺序地代表 0 到 N－1。输入数据保证 N 个字母分别至少出现一次。

```
   BADC
+  CRDA
   DCCC
```

上面的算式是一个 4 进制的算式。很显然，我们只要让 ABCD 分别代表 0123，便可以让这个式子成立了。你的任务是，对于给定的 N 进制加法算式，求出 N 个不同的字母分别代表的数字，使得该加法算式成立。输入数据保证有且仅有一组解。

输入格式：

输入文件 alpha.in 包含 4 行。第一行有一个正整数 N(N≤26)，后面的 3 行每行有一个由大写字母组成的字符串，分别代表两个加数以及和。这 3 个字符串左右两端都没有空格，从高位到低位，并且恰好有 N 位。

输出格式：

输出文件 alpha.out 包含一行。在这一行中，应当包含唯一的那组解。解是这样表示的：输出 N 个数字，分别表示 A、B、C、…所代表的数字，相邻的两个数字用一个空格隔开，不能有多余的空格。

输入样例：

```
5
ABCED
BDACE
EBBAA
```

输出样例：

```
1 0 3 4 2
```

说明：

对于 30％的数据，保证有 N≤10；

对于 50％的数据，保证有 N≤15；

对于全部的数据，保证有 N≤26。

12. 生日蛋糕。

题目描述：7 月 17 日是 Mr. W 的生日，ACM－THU 为此要制作一个体积为 $N\times p_i$ 的 M 层生日蛋糕，每层都是一个圆柱体。设从下往上数第 i(1≤i≤M)层蛋糕是半径为 R_i、高度为 Hi 的圆柱。当 i＜M 时，要求 $R_i>R_{i+1}$ 且 $H_i>H_{i+1}$。由于要在蛋糕上抹奶油，为尽可能节约经费，我们希望蛋糕外表面(最下一层的下底面除外)的面积 Q 最小。令 $Q=S\times p_i$，请编程对给出的 N 和 M，找出蛋糕的制作方案(适当的 R_i 和 H_i 的值)，使 S 最小。(除 Q 外，以上所有数据皆为正整数)。

输入格式：

每组数据两行，第一行为 N(N≤10 000)，表示待制作的蛋糕的体积为 $N\times p_i$；第二行为 M(M≤20)，表示蛋糕的层数为 M。

输出格式：

仅一行，是一个正整数 S(若无解则 S=0)。

输入样例：

100

2

输出样例：

68

13. 部落卫队。

题目描述：原始部落 byteland 中的居民们为了争夺有限的资源，经常发生冲突，几乎每个居民都有仇敌。村落酋长为了组织一支保卫部落的队伍，希望从部落的居民中选出最多的居民入伍，并保证队伍中的任何 2 个人都不是仇敌。

给定 byteland 部落中居民之间的仇敌关系，编程计算组成部落卫队的最佳方案。

输入格式：

第一行有 2 个正整数 n 和 m，表示 byteland 部落中有 n 个居民，居民间有 m 个仇敌关系。接下来的 m 行中，每行有 2 个正整数 u 和 v，表示居民 u 与居民 v 是仇敌。

(居民编号按输入顺序为 1，2，…，n)。

输出格式：

第一行是部落卫队的最多人数。第二行是卫队组成 xi，1≤i≤n，xi=0 表示居民 i 不在卫队中，xi=1 表示居民 i 在卫队中。

(有多组解时先选编号小的入伍)。

输入样例：

7 10

1 2

1 4

2 4

2 3

2 5

2 6

3 5

3 6

4 5

5 6

输出样例：

3

1 0 1 0 0 0 1

14. 算 24 点。

题目描述：

几十年前全世界就流行一种数字游戏，至今仍有人乐此不疲。在中国我们把这种游戏称为“算 24 点”。您作为游戏者将得到 4 个 1～9 之间的自然数作为操作数，而您的任务是对这 4 个操作数进行适当的算术运算，要求运算结果等于 24。

您可以使用的运算只有：+、-、*、/，您还可以使用()来改变运算顺序。注意：所有的中间结果须是整数，所以一些除法运算是不允许的(例如，(2×2)/4 是合法的，2×(2/4)是不合法的)。下面我们给出一个游戏的具体例子：

若给出的 4 个操作数是：1、2、3、7，则一种可能的解答是 1+2+3×7=24。

输入格式：

只有一行，四个 1 到 9 之间的自然数。

输出格式：

如果有解的话，只要输出一个解，输出的是三行数据，分别表示运算的步骤。其中第一行是输入的两个数和一个运算符和运算后的结果，第二行是第一行的结果和一个输入的数据、运算符、运算后的结果；第三行是第二行的结果和输入的一个数、运算符和"=24"。如果两个操作数有大小的话则先输出大的，如果没有解则输出"No answer!"

输入样例：

1 2 3 7

输出样例：

2+1=3

7×3=21

21+3=24

15. 单词游戏。

题目描述：

Io 和 Ao 在玩一个单词游戏。

他们轮流说出一个仅包含元音字母的单词，并且后一个单词的第一个字母必须与前一个单词的最后一个字母一致。

游戏可以从任何一个单词开始。

任何单词禁止说两遍，游戏中只能使用给定词典中含有的单词。

游戏的复杂度定义为游戏中所使用的单词长度总和。

编写程序，求出使用一本给定的词典来玩这个游戏所能达到的游戏最大可能复杂度。

输入格式：

输入文件的第一行，表示一个自然数 N(1≤N≤16)，N 表示一本字典中包含的单词数量以下的每一行包含字典中的一个单词，每一个单词是由字母 A、E、I、O 和 U 组成的一个字符串，每个单词的长度将小于等于 100，所有的单词是不一样的。

输出格式：

输出文件仅有一行，表示该游戏的最大可能复杂度。

输入样例：

5

IOO

IUUO

AI

OIOOI

AOOI

输出样例：

16

第 5 章　图上的算法

图论(Graph Theory)是数学的一个分支，它以图为研究对象。图是由若干给定的点及连接两点的线所构成的图形，这种图形通常用来描述事物之间的某种特定关系，其中可用点代表事物，用连接两点的线表示相应两个事物间的关系。

图是由两个集合 V 和 E 组成，记为 G=(V，E)，其中 V 是顶点的有穷非空集合，E 是 V 中顶点的偶对(边或弧)的有穷集合，其中 E(G)可以是空集。若 E(G)为空，则图 G 只有顶点而没有边(或弧)。通常，描绘一个图的方法是把顶点画成一个小圆圈，如果相应的顶点之间有关系，就在顶点之间画一条边(或弧)。

图论涉及的问题比较多，常见的有以下几个方面：

(1) 并查集。

(2) 生成树。

(3) 最短路。

(4) 强连通分量。

(5) 2－SAT。

(6) 差分约束。

(7) 二分图。

(8) 网络流。

图论中的相关理论为解决现实生活中的实际问题提供了依据，分析、设计这些算法很有意义。

5.1　并查集

并查集是一种树形的数据结构，其组成结构往往是森林。我们知道，森林是图的特殊形式。并查集经常用于处理不相交集合的合并及查询问题。

并查集支持以下三种操作：

(1) 初始化：将所有集合进行初始化操作。

(2) 合并：合并两个集合。

(3) 查询：查询某个节点所属的集合编号。

为实现以上三种操作，我们定义 int fa[](farther)数组用来计算每个节点所属的集合，每一个 fa[i]代表节点 i 的父节点的编号。那么，所有节点组成的 fa 数组共同构成了一个森林，每一个森林的根的编号作为该棵树所有子树所在的集合，用 find(i)表示节点 i 当前所处子树的根，那么，如果 find(i)==find(j)，则说明点 i 和点 j 此刻处在同一个集合中。

初始情况下，每个节点所属集合都是该节点本身的编号，其父亲都是该节点本身，因此，初始化函数是：

```
void init()
{
    for (int i=1; i<=n; i++)
        fa[i]=i;
    return;
}
```

当需要查找某一个节点所属的集合时，只需要从这个节点开始，不停的调用 i=fa[i]向其父亲寻找，直到找到该子树满足 i==fa[i]的根节点即可。

```
int find(int i)
{
    if (i==fa[i])return i;
    return find(fa[i]);
}
```

合并两个集合，可以直接将两个集合的根进行合并，假设当前需要对点 i、j 所处的集合进行合并，find(i)、find(j)代表它们所处子树的根节点，那么，只需要将 find(i)的farther 更改为 find(j)或将 find(j)的 farther 改为 find(i)即可，如图 5.1 所示。

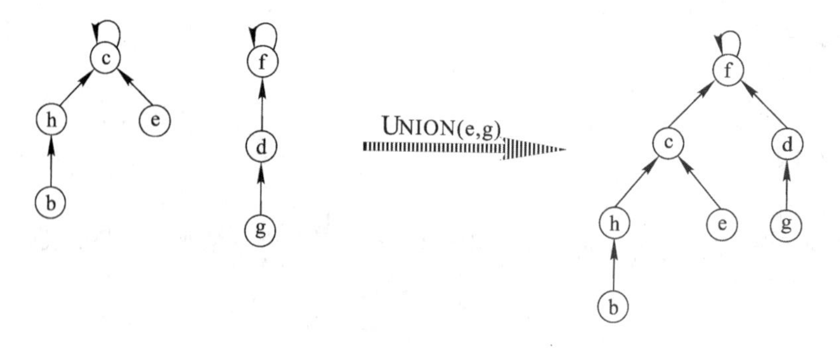

图 5.1 并查集的合并操作

```
int union(int i, int j)
{
    fa[find(i)]=find(j);
    return 0;
}
```

上面的操作共同构成了并查集，但是在实际运行的时候，却有一个明显的问题：在合并的过程中，如果每次都在合并两条链，那么最终的并查集将会成为一个链式结构，每次的查询操作复杂度会退化成 O(n)，如图 5.2 所示。

为避免这样问题的发生，需引入并查集 find 操作的一个优化：路径压缩。在查找的过程中，已经知道了该节点所在子树的根是谁，那么，在查找的过程中，将路径上所有节点的父亲都更改成这棵子树的根，在下次查找的过程中，只需要一次操作便可以找到这棵子树的根是谁，为实现它，需要稍稍修改 find 函数。

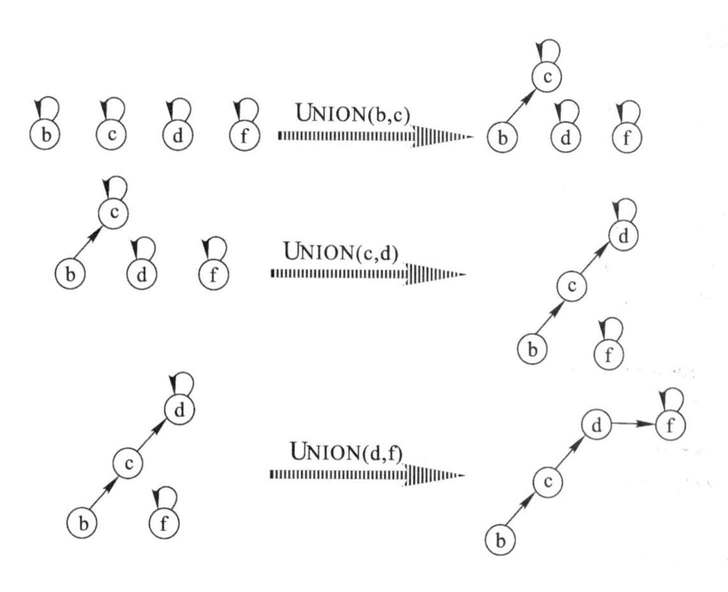

图5.2 并查集可能出现的一种问题

```
int find(int i)
{
    if (i==fa[i])return i;
    return fa[i]=find(fa[i]);
}
```

如此一来，并查集就变成了一个时间复杂度为O(kn)的数据结构，其中，n代表节点的个数，k可以认为是一个不超过5的常数。

并查集在图论中用来维护节点的连通性，是一种非常高效简洁的数据结构，有着广泛的应用。

【例5.1】 亲戚。

若某个家族人员过于庞大，要判断两个人是否是亲戚，确实还很不容易。现在给出某个亲戚关系图，求任意给出的两个人是否具有亲戚关系。

规定：x和y是亲戚，y和z是亲戚，那么x和z也是亲戚。如果x，y是亲戚，那么x的亲戚都是y的亲戚，y的亲戚也都是x的亲戚。

第一行：三个整数n、m、p($n\leqslant5000$，$m\leqslant5000$，$p\leqslant5000$)，分别表示有n个人，m个亲戚关系，询问p对亲戚关系。

以下m行：每行两个数M_i、M_j，$1\leqslant M_i$，$M_j\leqslant N$，表示A_i和B_i具有亲戚关系。

接下来p行：每行两个数P_i、P_j，询问P_i和P_j是否具有亲戚关系。

输出格式：

P行，每行一个'Yes'或'No'。表示第i个询问的答案为"具有"或"不具有"亲戚关系。

【算法分析】 本题是一道典型的并查集问题，利用并查集来维护每一个家族的亲戚关系。如果两个人x、y具有亲戚关系，就将他们所属的家族合并，执行union(x，y)。当询问两个人x、y是否有亲戚关系时，只需要比较find(x)和find(y)即可。

本题是并查集的入门题目，思路非常简单，代码也容易实现，但并不是每一道题目都像本题一样容易看出并查集的模型，之后的题目将具有一定的挑战性。

【程序实现】

```
/*
prob: 落谷 p1551
lang: c++
*/
#include<cstdio>
#include<cstring>
#include<algorithm>

using namespace std;

int n, m, p;
int parent[5010];

int find(int r)
{
    if (r==parent[r])return r;
    return parent[r]=find(parent[r]);
}

void un(int x, int y)
{
    int tx=find(x);
    int ty=find(y);
    if (tx==ty)return;
    parent[tx]=y;
    return;
}

int main()
{
    scanf("%d %d %d", &n, &m, &p);
    for (int i=0; i<=n; i++)
    {
        parent[i]=i;
    }
    int a, b;
    for (int i=0; i<m; i++)
    {
        scanf("%d %d", &a, &b);
        un(a, b);
    }
    for (int i=0; i<p; i++)
    {
```

```
            scanf("%d %d", &a, &b);
            if (find(a)==find(b))
            {
                printf("Yes\n");
            }else
            {
                printf("No\n");
            }
        }
        return 0;
    }
```

【例 5.2】 一个叫 Gorwin 的女孩和一个叫 Vivin 的男孩是一对情侣。他们来到一个叫爱情的国家，这个国家由 N 个城市组成而且只有 N－1 条小道(像一棵树)，每条小道有一个值表示两个城市间的距离。他们选择两个城市住下，Gorwin 在一个，Vivin 在另外一个城市。第一次约会，Gorwin 去找 Vivin，她会写下路径上最长的一条小道(maxValue)；第二次约会，Vivin 去找 Gorwin，他会写下路径上最短的一条小道(minValue)；然后计算 maxValue 减去 minValue 的结果作为爱情经验值；再然后重新选择两个城市居住，并且计算新的爱情经验值，重复一次又一次。

当他们选择过所有的情况后，请帮助他们计算一下爱情经验值的总和。

输入文件中大约有 5 组数据。

对于每一组测试数据，第一行一个数 N，后面的 N－1 行，每行三个数 a、b 和 c，表示一条小道连接城市 a 和城市 b，距离为 c。

[参数说明]

$1<N\leqslant 150\ 000$，$1\leqslant a, b\leqslant n$，$1\leqslant c\leqslant 10^9$。

【算法分析】 初看本题，似乎可以使用时间复杂度为 $O(N^2)$ 的算法解答，但是数据范围并不允许这种复杂度的算法。看到题目是一棵树，很多读者会想到一个基于 dfs 的做法：

首先枚举最大的边，那么最大的边两边的点各取一个，他们之间的路径上，边的最大值必然是这条边的值，因此直接使用这条边两边点的个数乘积乘以该边大小计入答案。此时，以该边作为答案的点对已经处理完毕，可以将该边删掉，分别去处理剩余的两棵子树即可。同理，最小值也可以用同样的算法求得。利用最大值答案之和减去最小值答案之和，就是最终的答案。

实际上，这样的做法确实可以通过相当一部分的数据，算法如下：

(1) 对所有的边按照从大到小的顺序排序。

(2) 枚举每一条边对(i, j, dis)，将(i, j)这条边从图中删去，dfs 分别统计 i、j 所在的连通块中的节点个数 x、y，将 $dis\times x\times y$ 计入答案。

(3) 将所有的边按照从小到大的顺序排序。

(4) 枚举每一条边对(i, j, dis)，将(i, j)这条边从图中删去，dfs 分别统计 i、j 所在的连通块中的节点个数 x、y，将 $-dis\cdot x\cdot y$ 计入答案。

假设这棵树是一棵较为均衡的树，每次拆分节点都可以从树的重心附近将它拆分，那么，每次执行 dfs 的时间复杂度将会急剧下降，算法的速度会很快。但是，当每次删掉的边是一条连着叶子的边时，这棵树依然很大很重，dfs 的时间复杂度很高。更精确的，这个算法的时间复杂度是$\sum(x+y)$，x、y 是每次执行 dfs 的结果。

```
#include<iostream>
#include<stdio.h>
#include<string.h>
#include<set>
#include<vector>
#include<algorithm>
#include<math.h>
#include<map>
#define mod 10000007
using namespace std;
int n, cnt;
struct edg{
    int i, j;
    long long dis;
}edge[150001];
int flag[150001];
vector<int>lin[150001];
vector<long long>dis[150001];
map<long long, bool>vis;
long long hashs(int i, int j)
{
    long long t=i;
    t=t*150001+j;
    return t;
}
long long cmp1(edg x, edg y)
{
    return x.dis>y.dis;
}
long long cmp2(edg x, edg y)
{
    return x.dis<y.dis;
}
int dfs(int now)
{
    int num=1, j;
    long long ds;
    flag[now]=cnt;
    for (int nex=0; nex<lin[now].size(); nex++)
    {
        j=lin[now][nex];
        if (flag[j]==cnt)continue;
```

```
            if (vis[hashs(now, j)]==1)continue;
            num+=dfs(j);
        }
        return num;
}
int main()
{
        int cc=0;
        while (scanf("%d", &n)!=EOF)
        {
            cc++;
            long long sum=0;
            cnt=0;
            memset(flag, 0, sizeof(flag));
            int i, j;
            long long ds;
            vis.clear();
            for (int i=1; i<=n; i++){lin[i].clear(); dis[i].clear(); }
            for (int t=1; t<n; t++)
            {
                scanf("%d%d%lld", &i, &j, &ds);
                edge[t].i=i; edge[t].j=j; edge[t].dis=ds;
                lin[i].push_back(j);
                lin[j].push_back(i);
                dis[i].push_back(ds);
                dis[j].push_back(ds);
            }
            sort(edge+1, edge+n, cmp2);
            for (int t=1; t<n; t++)
            {
                int i, j;
                long long ds;
                i=edge[t].i; j=edge[t].j; ds=edge[t].dis;
                vis[hashs(i, j)]=1;
                vis[hashs(j, i)]=1;
                cnt++;
                int n1, n2;
                n1=dfs(i);
                n2=dfs(j);
                sum-=n1 * n2 * ds;
            }
            vis.clear();
            sort(edge+1, edge+n, cmp1);
            for (int t=1; t<n; t++)
```

```
            {
                int i, j;
                long long ds;
                i=edge[t].i; j=edge[t].j; ds=edge[t].dis;
                vis[hashs(i, j)]=1;
                vis[hashs(j, i)]=1;
                cnt++;
                int n1, n2;
                n1=dfs(i);
                n2=dfs(j);
                sum+=n1 * n2 * ds;
            }
            printf("Case #%d: %I64d\n", cc, sum);
        }
    }
```

在上述做法中，本质上是将一棵树拆成一个一个的节点，而并查集是将一个一个的节点合并成若干棵树，合并 n－1 次，就是一整棵树。借用这个思路，我们可以倒着来枚举每一条边，首先假设每个点之间是没有边的，每枚举一条边，将这条边所属的两个点所在集合合并，并把两个集合原来的点数 x、y 作 dis×x×y 计入答案。需要注意的是，这个算法实际上是倒着执行了刚才的拆分一棵树的过程，因此，本次顺序排序，用 dis 计算，倒序排序，用－dis 来计算。

【程序实现】

```
/*
prob: BestCoder Valentine's Day Round T1003
lang: c++
*/
#include<cstdio>
#include<cstring>
#include<algorithm>
#include<iostream>
using namespace std;
const int N=155555;
struct Node
{
    int u, v;
    unsigned long long w;
}e[N];
unsigned long long siz[N];
int f[N];
unsigned long long g[N];
bool cmp(Node x, Node y)
{
    return x.w<y.w;
}
```

```
int find(int u)
{
    return u==f[u]? f[u]: f[u]=find(f[u]);
}
int main()
{
    int n, nCase=0;
    while (scanf("%d", &n)!=EOF)
    {
        for (int i=1; i<=n; i++)
        {
            f[i]=i;
            siz[i]=1;
        }
        for (int i=0; i<n-1; i++)
        {
            scanf("%d%d%I64u", &e[i].u, &e[i].v, &e[i].w);
        }
        sort(e, e+n-1, cmp);
        for (int i=0; i<n-1; i++)
        {
            int u=find(e[i].u);
            int v=find(e[i].v);
            g[i]=siz[u] * siz[v];
            f[v]=u;
            siz[u]+=siz[v];
        }
        for (int i=1; i<=n; i++)
        {
            f[i]=i;
            siz[i]=1;
        }
        for (int i=n-2; i>=0; i--)
        {
            int u=find(e[i].u);
            int v=find(e[i].v);
            g[i]-=siz[u] * siz[v];
            f[v]=u;
            siz[u]+=siz[v];
        }
        unsigned long long ans=0;
        for (int i=0; i<n-1; i++)ans+=g[i] * e[i].w;
        printf("Case #%d: ", ++nCase);
```

```
        cout<<ans<<endl;
    }
    return 0;
}
```

【例 5.3】 连续攻击游戏。

lxhgww 最近迷上了一款游戏。在游戏里，他拥有很多的装备，每种装备都有 2 个属性，这些属性的值用[1，10 000]之间的数表示。当他使用某种装备时，他只能使用该装备的某一个属性。并且每种装备最多只能使用一次。游戏进行到最后，lxhgww 遇到了终极 boss，这个终极 boss 很奇怪，攻击他的装备所使用的属性值必须从 1 开始连续递增地攻击，才能对 boss 产生伤害。也就是说一开始的时候，lxhgww 只能使用某个属性值为 1 的装备攻击 boss，然后只能使用某个属性值为 2 的装备攻击 boss，然后只能使用某个属性值为 3 的装备攻击 boss……以此类推。现在 lxhgww 想知道他最多能连续攻击 boss 多少次？

输入的第一行是一个整数 N，表示 lxhgww 拥有 N 种装备；接下来 N 行，是对这 N 种装备的描述，每行 2 个数字，表示第 i 种装备的 2 个属性值。

对于 30%的数据，保证 N≤1000。

对于 100%的数据，保证 N≤1 000 000。

【算法分析】 初看此题，很像是一道贪心算法的题目，通过观察发现如下规律：

(1) 对于一个武器的两个属性(i，j)(i<j)，如果 i 还没有被攻击，那么这个武器一定是优先留给 i 的。

(2) 对于一个武器的两个属性(i，j)，如果 i 已经被攻击，那么用这个武器去攻击属性 j 一定不会比最优情况差。

在这种情况下，很容易设计出一个贪心准则：

将 i 作为第一关键字，j 作为第二关键字排序，然后每次贪心的攻击，如果 i 还未被攻击，则攻击 i，如果 i 已经被攻击，则攻击 j。之后枚举到第一个没有被攻击的属性即为答案。

这样的算法很容易给出反例：

```
2
1 2
1 3
```

使用这样的贪心准则只能够攻击 1 次，而正确答案应该是 2 次。虽然这个贪心算法是错误的，但却能给我们不小的启发：每个武器的两个属性之间是有联系的！

每当读入一个武器的两个属性(i，j)，我们就将 i 和 j 之间建立一条边，例如：

```
3
1 2
1 3
3 4
```

那么此时，属性(1、2)、(1、3)、(3、4)之间各有一条边，他们构成了一个连通块。因为每一条边我们都可以选择其中的某一个节点，那么，这个连通块一共有 3 条边，我们至少可以选择其中 3 个节点。按照贪心的思路从小到大选择，可以选择到节点 1、2、3 三个点，因此，答案是 3。

在此基础上，还有一个特殊情况：

3
1 2
2 3
2 3

这也是一个连通块，连通块中共有 3 个节点、三条边(其中一条边是重边)。此时，还是可以选择 3 个节点，因为这个连通块中有环，一个环上所有的点必然都可以选择。从环上出发，每次都选择离环较远的点进行选择，就可以把连通块内所有的节点都选择。

该算法重点在于维护连通性，选择并查集是一个非常好的选择。算法的流程如下：

(1) 按顺序读入每一条边。

(2) 对于每一条边，找出它们所在集合的编号。

(3) 如果它们所在集合是同一个集合，则标记该节点位置构成了一个环。

(4) 如果它们所在集合不是同一个，则合并它们，并标记较小的属性位置可以被选择。

(5) 顺序枚举每一个节点，如果该节点没有被标记过，则输出。

该算法共进行了 n 次并查集操作，因此时间复杂度是 O(n)。

此题还有最大匹配的做法，请读者自行思考。

【程序实现】

```
/*
prob: BZOJ-1854
lang: c++
*/
#include<cstdio>
#include<cstring>
#include<algorithm>

using namespace std;


int n;
int parent[1000010];
int vis[1000010];
int find(int p)
{
    if (p==parent[p])return p;
    return parent[p]=find(parent[p]);
}

void un(int x, int y)
{
    if (x<y)swap(x, y);
    vis[y]=1;
    parent[y]=x;
}
```

```
int main()
{
    scanf("%d", &n);
    for (int i=1; i<=n+1; i++)
    {
        parent[i]=i;
    }
    int x, y;
    for (int i=0; i<n; i++)
    {
        scanf("%d %d", &x, &y);
        int rx=find(x);
        int ry=find(y);
        if (rx==ry)vis[rx]=1;
        else un(rx, ry);
    }
    for (int i=1; i<=n+1; i++)
    {
        if (! vis[i])
        {
            printf("%d\n", i-1);
            break;
        }
    }
    return 0;
}
```

5.2 生 成 树

生成树是图论中的另一个问题，最常见到的是最小生成树，其定义为：对于一个无向连通图 G=(V, E)，其中 V 是顶点集合，E 是边的集合，对于 E 中每一条边(u, v)，都有一个权值 w(u, v)表示连接 u 和 v 的代价。我们希望找出一个无回路的 E 的子集 T，它将 G 中所有的顶点连通，并且其权值之和最小。生成树模型如图 5.3 所示。

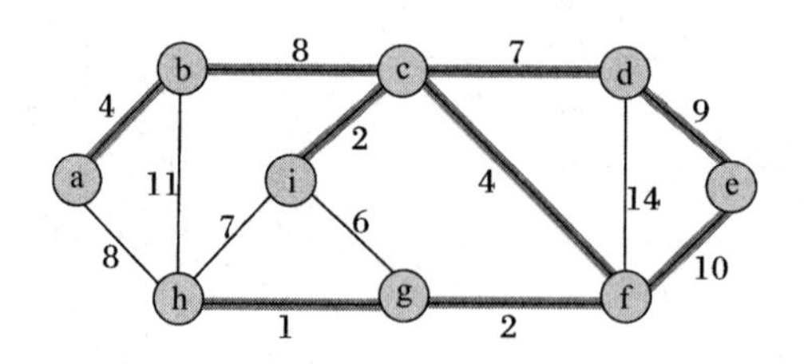

图 5.3 生成树模型

由于图中无回路且连通了所有的节点，其必然是一棵树，称为生成树(spanning tree)。又因为子集 T 是其中 w(T)最小的方案，因此称子集 T 构成的树为图 G 的最小生成树。

$$w(T)=\sum w(u, v) \qquad (u, v)\text{属于} T$$

求最小生成树常用的算法有 prim 算法和 kruskal 算法，本书中只介绍应用较广泛、效率相对较高的 kruskal 算法。

kruskal 算法本质上是一种贪心算法，要用到并查集来维护节点之间的连通性，算法流程如下：

(1) 对所有边按照从小到大排序。

(2) 枚举每一条边(i, j)，如果 i 与 j 不属于同一个连通块，则将其加入最小生成树边集。

(3) 加入 n－1 条边时，最小生成树完成。

算法的时间复杂度是 O(mlnm＋m)＝O(mlnm)

【例 5.4】 Two Famous Companies。

给定一个 n 个点、m 条边的图，图上的边要么属于公司 a，要么属于公司 b，现在要求一个最小生成树，要求这个最小生成树上属于 a 公司的边恰好有 k 个。

N≤50 000，M≤100 000。

【算法分析】 题目已经说明要求最小生成树，因此算法中必定会包含最小生成树算法，而 kruskal 算法的复杂度是 O(mlnm)≈10^6，使用单纯的 kruskal 算法显然可以把数据出的更大一些，因此此题必定还会结合某复杂度在 O(10)级别的算法。但本题中，数据范围并没有接近 10 的数字，因此，考虑 log 级别的算法。

首先考虑单纯对本图做最小生成树。那么会有三种情况：

公司 a 的边＜k；

公司 a 的边＝k；

公司 a 的边＞k。

如果公司 a 的边＝k，那么已经得到答案。如果公司 a 的边＜k，我们希望在最小生成树中尽量多的加入公司 a 的边。如果公司 a 的边＞k，我们希望在最小生成树中尽量少的加入公司 a 的边。

在 kruskal 算法中，想要让某一种边尽量少的加入到最小生成树中，一种办法就是改变排序的比较方式，让它尽量向后排，反之则让它尽量靠前排。比较时，比较的是每条边的大小，因此，可以考虑如下方式：

(1) 如果公司 a 的边＜k，则把公司 a 的边都减少一定数字，使得其尽量靠前排。

(2) 如果公司 a 的边＞k，则把公司 a 的边都增加一定数字，使得其尽量靠后排。

以上做法以 k 为分界点，在分界点的两边做了不同的决定，正符合了二分算法的特点！利用二分法的思想，我们可以二分一个区间 delta[－r, r]，每次将 delta 加进每一条边 a 中，做最小生成树，根据公司 a 的边的个数，决定 delta 抛弃左区间还是右区间，直到找到恰好使用 k 条边的位置。

算法复杂度在原来的基础上增加一维二分复杂度，恰好满足题目要求。

【程序实现】

```
/*
prob: Hdoj-4253
```

```
lang: c++
*/
#include<cstdio>
#include<iostream>
#include<cstring>
#include<algorithm>
using namespace std;
const int maxm=100010;
const int maxn=50010;
struct node
{
    int u, v, w, ty;
}e[maxm];
int r[maxn], n, m, k, ret, telecom;

bool cmpw(node a, node b)
{
    if(a.w!=b.w)return a.w<b.w;
    return a.ty<b.ty;
}
int root(int a)
{
    if(r[a]==-1)return a;
    return r[a]=root(r[a]);
}
bool kru(int x)
{
    for(int i=0; i<m; i++)
        if(e[i].ty==0)e[i].w+=x;
    sort(e, e+m, cmpw);
    memset(r, -1, sizeof r);
    int edge=0; telecom=n-1; ret=0;
    for(int i=0; i<m; i++)
    {
        int ra=root(e[i].u);
        int rb=root(e[i].v);
        if(ra!=rb)
        {
            r[ra]=rb;
            ret+=e[i].w;
            telecom-=e[i].ty;
            if(++edge==n-1)break;
        }
```

```
    }
    for(int i=0; i<m; i++)
        if(e[i].ty==0)e[i].w-=x;
    return telecom>=k;
}

int main()
{
    int cas=1;
    while(~scanf("%d%d%d", &n, &m, &k))
    {
        for(int i=0; i<m; i++)
            scanf("%d%d%d%d", &e[i].u, &e[i].v, &e[i].w, &e[i].ty);
        int l=-100, r=100, mid, ans=0x3f3f3f3f;
        while(l<=r)
        {
            mid=(l+r)/2;
            if(kru(mid))l=mid+1, ans=ret-mid*k;
            else r=mid-1;
        }
        printf("Case %d: %d\n", cas++, ans);
    }
    return 0;
}
```

【例 5.5】 给定一个有 n 个点的完全图，每条边有两个权值(c，l)，现在要求一个生成树，使得生成树上所有边的 c 之和除以所有边的 l 之和最小。

$n \leqslant 1000$。

【算法分析】

本题是一道最优比例生成树的问题，也是最小生成树问题的一个变种，题目的目的是求一个生成树，使得下式取得最小值。

$$(c1+c2+c3+\cdots)/(l1+l2+l3+\cdots)$$

将上式改变一下描述方式，则题目要求的是：

$$(c1+c2+c3+\cdots)/(l1+l2+l3+\cdots)\leqslant r$$

求 r 的最小值。

显然，r 是满足单调性特性的。现在来考虑，当 r 确定时，如何知道 r 是否能够满足上面的式子。

当 r 确定时，将上式稍作变形，变为：

$$(r\times l1-c1)+(r\times l2-c2)+(r\times l3-c3)+\cdots\geqslant 0$$

我们将每条边的权值从(li，ci)修改为 $r\times li-ci$，然后对其按照从大到小顺序排序做“最大生成树”。如果其“最大生成树”可以满足非负，则说明此时枚举的 r 满足题目要求，否则则不满足。

算法流程如下：

(1) 二分枚举每一个 r，对每一个 r，修改边权为 r×li－ci，做最大生成树。

(2) 如果最大生成树边权之和小于 0，则二分右区间。

(3) 如果最大生成树边权之和非负，则二分左区间。

该算法的时间复杂度为 $O(\ln r n^2)$，r 是区间大小。

实现时需注意，此题二分的是一个实数区间，而非整数区间。

【程序实现】

```
/*
prob: Poj-2728
lang: c++
*/
#include<iostream>
#include<cstdio>
#include<cstdlib>
#include<cstring>
#include<cmath>
usingnamespace std;

#define maxn 1005
#define TIF 0.0001
#define inf 1000000000

struct Village
{
    int x, y, z;
} village[maxn];

double dist[maxn][maxn], map[maxn][maxn], mindist[maxn];
int height[maxn][maxn], n;
bool vis[maxn];

double getdist(const Village &a, const Village &b)
{
    return sqrt((a.x-b.x) * (a.x-b.x)+(a.y-b.y) * (a.y-b.y));
}

void input()
{
    for (int i=0; i<n; i++)
        scanf("%d%d%d", &village[i].x, &village[i].y, &village[i].z);
    for (int i=0; i<n; i++)
        for (int j=i+1; j<n; j++)
```

```
            {
                dist[i][j]=dist[j][i]=getdist(village[i], village[j]);
                height[i][j]=height[j][i]=abs(village[i].z-village[j].z);
            }
}

void makemap(double mid)
{
    for (int i=0; i<n; i++)
        for (int j=i+1; j<n; j++)
            map[j][i]=map[i][j]=-mid * dist[i][j]+height[i][j];
}

double prim(double dist[])
{
    double ans=0;
    for (int i=0; i<n; i++)
        dist[i]=inf;
    memset(vis, 0, sizeof(vis));
    dist[0]=0;
    while (1)
    {
        double mindist=inf;
        int mini=-1;
        for (int i=0; i<n; i++)
            if (dist[i]<mindist && ! vis[i])
            {
                mindist=dist[i];
                mini=i;
            }
        if (mini==-1)
            return ans;
        vis[mini]=true;
        ans+=mindist;
        for (int i=0; i<n; i++)
            if (!vis[i] && map[mini][i]<dist[i])
                dist[i]=map[mini][i];
    }
}

double binarysearch()
{
    double l=0, r=1000000000;
    while (r-l>TIF)
```

```
        {
            double mid=(l+r)/2;
            makemap(mid);
            double temp=prim(mindist);
            if (temp>=0)
                l=mid;
            else
                r=mid;
        }
        return l;
    }

    int main()
    {
        //freopen("D:\\t.txt", "r", stdin);
        while (scanf("%d", &n)!=EOF && n!=0)
        {
            input();
            printf("%.3f\n", binarysearch());
        }
        return0;
    }
```

【例 5.6】 在古老的秦国，秦始皇希望国家的 n 个城市被 n－1 条道路所连接，以便他能够从首都咸阳到达其他所有城市。虽然秦始皇是一个暴君，但他依然希望道路的总长度最小。一个道士徐福告诉秦始皇，他可以通过一种魔法使得道路修建没有成本，但这样的魔法只能够使用一次。秦始皇决定使用徐福的魔法，此时，他希望道路满足如下的条件：

(1) 道路的总长度最小。

(2) 在此基础上，他希望 A/B 最大。A 代表魔法道路连接的两个城市的人口总和，B 代表其他所有非魔法道路。

在输入中，每个城市的坐标以及人口总数已经被告知。

$n \leqslant 1000$。

【算法分析】 如果没有魔法道路，这道题目使用最小生成树算法求解即可。有了魔法道路后，考虑结果与最小生成树的联系。

当魔法道路确定后，分子 A 已经确定，那么，要让 A/B 尽量大，B 就应该尽量小。依照 kruskal 算法的思路，相当于首先将魔法道路连接的两个节点合并，之后再对剩余边做最小生成树。因此，这样的算法下求出的最小生成树，与没有魔法道路时的最小生成树最多相差一条边，即该魔法道路。

如此一来，可以先当做没有魔法道路，做最小生成树，记录选择的 n－1 条边。然后对这 n－1 条边进行枚举，假设这条边并没有被加入到答案的方案中。此时，所有的点通过这条边被分成了两个连通块。除了一条魔法道路外，其余边已经确定，通过这些边，可以计算出 B。此时，要求 A 尽量小即可，由于 A 没有距离代价的特殊性质，只需要在两个连通块中分别贪心取一个人口最多的城市，将它们相连即可。

统计两个连通块中人口最多的城市，最简单的一种实现是直接搜索一遍即可，时间复杂度 O(n)。也可以在枚举删边之前进行两边 dfs，预处理出来，预处理的复杂度为 O(n)，每次查询 O(1)。该算法已经在树形动态规划的章节中提及，此处不再赘述。

最小生成树采用 prim 算法实现，时间复杂度为 $O(n^2)$，共需要枚举 n－1 次，每次枚举需要做一次 dfs，复杂度为 O(n)，总的时间复杂度是 $O(n^2+n^2)=O(n^2)$。

【程序实现】

```
/*
prob: Hdu-4081
lang: c++
*/
#include<iostream>
#include<stdio.h>
#include<string.h>
#include<math.h>
using namespace std;
const int maxn=1111, inf=99999999;
double d[maxn][maxn], dist;
int n;
double ans;
struct
{
    int x, y, p;
}a[maxn];

double f(int t, int s)
{
    double x=a[t].x-a[s].x;
    x*=x;
    double y=a[t].y-a[s].y;
    y*=y;
    return(sqrt(x+y));
}

int text[maxn], fa[maxn];
double key[maxn];

int min()
{
    int txt=inf, ted;
    for(int i=1; i<=n; i++)
    if(key[i]<txt&&! text[i])
    {
```

```
            txt=key[i];
            ted=i;
        }
        return(ted);
}

int head[maxn], lon;
struct
{
        int to, next;
        double w;
}e[111111];

int edgemake(int from, int to, double w)
{
        e[++lon].w=w;
        e[lon].to=to;
        e[lon].next=head[from];
        head[from]=lon;
}

int prim()
{
        memset(key, 111, sizeof(key));
        memset(text, 0, sizeof(text));
        text[1]=1;
        key[1]=0;
        for(int i=1; i<=n; i++)
        {
            key[i]=d[1][i];
            fa[i]=1;
        }
        for(int k=2; k<=n; k++)
        {
            int u=min();
            edgemake(u, fa[u], key[u]);
            edgemake(fa[u], u, key[u]);
            text[u]=1;
            dist+=key[u];
            for(int i=1; i<=n; i++)
            if(d[u][i]<key[i])
            {
                key[i]=d[u][i];
```

```
                fa[i]=u;
            }
        }
}

int dfs(int t, int s, int sum)
{
    sum=sum>a[t].p?sum:a[t].p;
    for(int k=head[t]; k!=-1; k=e[k].next)
    {
        int u=e[k].to;
        if(u==s)continue;
        if(text[u])continue;
        text[u]=1;
        int txt=dfs(u, s, sum);
        sum=sum>txt? sum:txt;
        text[u]=0;
    }
    return(sum);
}

int main()
{
    int tcase;
    scanf("%d", &tcase);
    while(tcase--)
    {
        memset(head, -1, sizeof(head));
        lon=0;
        scanf("%d", &n);
        for(int i=1; i<=n; i++)
        {
            int x, y, p;
            scanf("%d %d %d", &x, &y, &p);
            a[i].x=x;
            a[i].y=y;
            a[i].p=p;
        }
        for(int i=1; i<=n; i++)
        for(int j=1; j<=n; j++)
        d[i][j]=f(i, j);
        dist=0;
        prim();
```

```
        ans=0;
        for(int i=1; i<=n; i++)
        {
            memset(text, 0, sizeof(text));
            for(int k=head[i]; k!=-1; k=e[k].next)
            {
                int txt1=dfs(i, e[k].to, 0);
                int txt2=dfs(e[k].to, i, 0);
                double tmp=(txt1+txt2)/(dist-e[k].w);
                ans=ans>tmp?ans: tmp;
            }
        }
        printf("%.2f\n", ans);
    }
    return 0;
}
```

5.3 最短路

最短路算法是图论中最经典、也是最常见的算法之一。其模型是在一幅图 G 中，找到从某个点 s 到另一个点 t 的一条路径，使得这条路径的距离之和最小。

最短路径又分为单源最短路径和多源最短路径。单源最短路径常用的算法有 dijkstra、spfa 等，多源最短路径常用的算法有 floyd 等，这里只简单介绍 spfa 算法和 floyd 算法。

spfa 算法是 bellman-ford 算法的一个优化，该算法简单，效率较高，程序员经常使用它。spfa 的作用是对于一个起点 s，求出图中其他所有节点距离它的最短路径。其基本流程是：

(1) 将起点加入队列中。

(2) 如果队列不为空，取队首元素，通过队首元素，更新与队首元素相连的所有节点距离起点的最短路径。

(3) 如果有节点被更新，且其不在队列中，则将其加入队列。

(4) 将已经处理后的当前队首元素出队。

(5) 重复(2)-(4)过程，直到队列中不再有元素。

其伪代码如下：

```
q.push(s);
while (!q.empty())
{
    head=q.front();
    for (every edge connected head)
    {
        update(edge.j);
```

```
            if (updated()&& edge.j not in q)
                q.push(edge.j);
        }
        q.pop();
    }
```

spfa 算法的时间复杂度没有严格的证明，一般情况下，我们认为 spfa 算法的时间复杂度是 O(kE)，k 是一个常数，E 是边的个数。

spfa 算法不仅仅可以解决单源最短路径问题，也可以解决多源最短路径问题。对于一张图，如果我们需要知道任何两个节点之间的距离，只需要枚举每一个起点，对每一个起点做一次单源最短路即可。

除了 spfa 算法，还有一种非常容易实现的 $O(n^3)$ 复杂度的多源最短路径算法 floyd，有些并非最短路径算法的问题，使用 floyd 算法可以很好的缩短代码量，提高编码效率。

floyd 算法的本质是动态规划。其核心思想是：

dis[i][j]=min(dis[i][k]+dis[k][j])

即：从 i 到 j 的最短路等于从 i 到 k 的最短路+从 k 到 j 的最短路。

伪代码如下：

```
for (int k=1; k<=n; k++)
    for (int i=1; i<=n; i++)
        for (int j=1; j<=n; j++)
        if (i!=k!=j)
            dis[i][j]=min(dis[i][j], dis[i][k]+dis[k][j]);
```

floyd 算法除了求最短路以外，还可以求图上的最小环，感兴趣的读者请自行了解。

由于最短路径算法本质上是一种动态规划算法，因此经常会有很多与最短路径算法相似的动态规划题目。这类题目一般归类在最短路径算法中。

【例 5.7】 昂贵的聘礼。

给定一幅图 G，除了每条边上有一个距离之外，每个点上还有一个 level，现要求一个从 s 到 t 的最短路，要求路径上经过的任意两个节点 level 之差不能超过 k，求最短路径长度。

N≤100，level≤100。

【算法分析】 本题的数据范围特别小，因此直接枚举 level 的最小值，然后每次把 level 满足在[level, level+k]区间内的边提取出来，执行一次 spfa 即可，共需要执行最多 100 次 spfa，时间复杂度是 $O(level\times N^2)$。

【程序实现】

```
/*
prob: Poj-1062
lang: c++
*/
#include<cstdio>
#include<cstring>
#include<algorithm>
```

```
#include<iostream>
#include<vector>
#include<queue>

using namespace std;

struct Edge
{
    int to, v;
    Edge(int a, int b): to(a), v(b)
    {}
};

int n, m;
int level[105];
vector<Edge>edges[105];
int dist[105];
int vis[105];
void spfa(int l, int r)
{
    queue<int>q;
    memset(dist, 0x3f, sizeof(dist));
    memset(vis, 0, sizeof(vis));
    dist[0]=0;
    q.push(0);
    vis[0]=1;
    while (!q.empty())
    {
        int cur=q.front();
        q.pop();
        for (int i=0; i<edges[cur].size(); i++)
        {
            Edge e=edges[cur][i];
            if (level[e.to]<l || level[e.to]>r)continue; // 限制之外的点不考虑
            if (dist[cur]+e.v<dist[e.to])
            {
                dist[e.to]=dist[cur]+e.v;
                if (!vis[e.to])
                {
                    q.push(e.to);
                    vis[e.to]=1;
                }
            }
```

```
            }
            vis[cur]=0;
        }
    }

    int main()
    {
        while (~scanf("%d %d", &m, &n))
        {
            int a, b, k;
            for (int i=0; i<=n; i++)
                edges[i].clear();
            for (int i=1; i<=n; i++)
            {
                scanf("%d %d %d", &a, &b, &k);
                edges[0].push_back(Edge(i, a));
                level[i]=b;
                for (int j=1; j<=k; j++)
                {
                    scanf("%d %d", &a, &b);
                    edges[a].push_back(Edge(i, b));
                }
            }
            int ans=0x3f3f3f3f;
            for (int i=level[1]-m; i<=level[1]; i++)
            {// 枚举等级限制
                spfa(i, i+m);
                ans=min(ans, dist[1]);
            }
            cout<<ans<<endl;
        }
        return 0;
    }
```

【例 5.8】 给定一个无向图，求从 1 到 n 的路径上的最小值的最大值。

【算法分析】 这样的题目是典型的最短路题目的变形，定义距离的方式从距离长度变为了最小值的最大值，其余写法与最短路算法没有区别。因此，修改路径长度写法变为：

dist[j]=max(dist[j], min(dist[i], dis(i, j)))

【程序实现】

```
/*
prob: Poj-1797
lang: c++
*/
```

```
#include<cstdio>
#include<cstring>
#include<algorithm>
#include<iostream>
#include<vector>
#include<queue>

using namespace std;

struct Edge
{
    int to, v;
    Edge(int a, int b): to(a), v(b)
    {}
};

int T;
int n, m;
vector<Edge>edges[1005]; //邻接表
int vis[1005];
int dist[1005];

int spfa()
{
    queue<int>q;
    memset(vis, 0, sizeof(vis));
    memset(dist, 0, sizeof(dist));
    q.push(1);
    vis[1]=1;
    dist[1]=0x3f3f3f3f;
    while (!q.empty())
    {
        int cur=q.front();
        q.pop();
        for (int i=0; i<edges[cur].size(); i++)
        {
            Edge e=edges[cur][i];
            if (min(dist[cur], e.v)>dist[e.to])
            {
                dist[e.to]=min(dist[cur], e.v);
                if (!vis[e.to])
                {
                    vis[e.to]=1;
```

```
                    q.push(e.to);
                }
            }
        }
        vis[cur]=0;
    }
    return dist[n];
}

int main()
{
    scanf("%d", &T);
    int cas=1;
    while (T--)
    {
        scanf("%d %d", &n, &m);
        for (int i=0; i<=n; i++)
            edges[i].clear();
        int a, b, c;
        for (int i=0; i<m; i++)
        {
            scanf("%d %d %d", &a, &b, &c);
            edges[a].push_back(Edge(b, c));
            edges[b].push_back(Edge(a, c));
        }
        int ans=spfa();
        printf("Scenario #%d:\n%d\n\n", cas++, ans);
    }
    return 0;
}
```

【例 5.9】 给定一个矩阵，这个矩阵上每一个位置上有一个值 a[i][j]，表示经过这个点的代价。在这个矩阵上共有 K 个宝藏，坐标已知。初始时，有一个人在矩阵外，他可以从任何一个地方进入该宝藏，从任何一个地方走出该宝藏。

问最少需要多少代价，才能够拿到所有宝藏并离开矩阵？

$N, M \leqslant 200$，$K \leqslant 13$。

【算法分析】 定义 dp[i][j][state]，表示到达(i, j)这个点、宝藏获取状态是 state(state 是一个 K 位二进制数)的情况下、最短的路径长度。

状态数最多有 $200 \times 200 \times 2^{13} = 327\ 680\ 000$，并不能满足内存要求。

考虑到在动态规划扩展的过程中，仅仅在某个位置有宝藏的时候，state 才会变化，我们可以用 x 从 1 到 K 来表示每一个宝藏的位置，用 0 来表示矩阵外，那么，使用 dp[x][state] 来表示走到第 x 个宝藏所在的位置、状态为 state 的最短路，状态数大大减少。

这样的算法非常快，但是需要知道任意两个 x 之间的最短路径长度，对于每一个 x 使用 spfa 算法预处理一遍即可。

最短路在各种题目中都能够混合，或是作为预处理，或是作为中间某一个关键的步骤，合理的利用最短路径算法，是解此类问题的关键。

【程序实现】

```
/*
prob: Hdu-4568
lang: c++
*/
#include<cstdio>
#include<iostream>
#include<algorithm>
#include<queue>
#include<cstring>
using namespace std;
int n, m, tre;
int ID[205][205];
int map[205][205];
int dis[20][20];
bool vis[205][205];
int dp[1<<16][20];
struct node
{
    int x, y;
}t[20];
struct node2
{
    int x, y, dis;
    bool operator<(const node2 & f)const
    {
        return dis>f.dis;
    }
};
int dx[]={-1, 1, 0, 0};
int dy[]={0, 0, -1, 1};
bool isok(int x, int y)
{
    return x>=0&&x<n&&y>=0&&y<m&&map[x][y]!=-1;
}
void bfs(int k)
{
    priority_queue<node2>Q;
    int v[20]={0};
```

```
    memset(vis, 0, sizeof(vis));
    node2 f, r;
    r.x=t[k].x;
    r.y=t[k].y;
    r.dis=0;
    Q.push(r);
    v[k]=1;
    vis[r.x][r.y]=1;
    int tot=1, id;
    while(!Q.empty())
    {
        f=Q.top(); Q.pop();
        if(!v[0]&&(f.x==0||f.y==0||f.x==n-1||f.y==m-1))
        {
            v[0]=1;
            dis[k][0]=f.dis;
            dis[0][k]=f.dis+map[t[k].x][t[k].y];
            tot++;
            if(tot==tre+1)return;
        }
        id=ID[f.x][f.y];
        if(id&&!v[id])
        {
            tot++;
            v[id]=1;
            dis[k][id]=f.dis;
            if(tot==tre+1)return;
        }
        for(int d=0; d<4; d++)
        {
            r.x=f.x+dx[d];
            r.y=f.y+dy[d];
            r.dis=f.dis+map[r.x][r.y];
            if(isok(r.x, r.y)&&! vis[r.x][r.y])
            {
                vis[r.x][r.y]=1;
                Q.push(r);
            }
        }
    }
}
int main()
{
```

```
    int cas;
    scanf("%d", &cas);
    while(cas--)
    {
        memset(ID, 0, sizeof(ID));
        memset(dis, 0x3f, sizeof(dis));
        memset(dp, 0x3f, sizeof(dp));
        scanf("%d%d", &n, &m);
        for(int i=0; i<n; i++)
            for(int j=0; j<m; j++)
                scanf("%d", &map[i][j]);
        scanf("%d", &tre);
        for(int i=1; i<=tre; i++)
        {
            scanf("%d%d", &t[i].x, &t[i].y);
            ID[t[i].x][t[i].y]=i;
        }
        for(int i=1; i<=tre; i++)
            {
                bfs(i);
            }
        dis[0][0]=0;
        if(!tre){printf("0"); continue; }

        for(int i=0; i<=tre; i++)
        {
            dp[1<<i][i]=dis[0][i];
        }
        int end=(1<<(tre+1));
        for(int i=0; i<end; i++)
        {
            for(int j=0; j<=tre; j++)
            {
                if((i>>j)&1)
                {
                    for(int k=0; k<=tre; k++)
                    {
                        if((i>>k)&1)
                        {
                            dp[i][j]=min(dp[i][j], dp[i&(~(1<<j))][k]+dis[k][j]);
                        }
                    }
                }
```

```
            }
        }
        printf("%d\n", dp[end-1][0]);
    }
    return 0;
}
```

5.4　强连通分量

强连通分量是图论中又一重要知识点。强连通分量的定义是：如果在图 G(V，E)中，存在一个 V 的子集 C，使得对于 C 中的任意一对节点(x，y)都满足从 x 可以到达 y，我们称 C 是图 G 的一个强连通分量。另外，强连通分量是可以合并的。例如，对于图 G 的两个子集 C1、C2，若 C1 和 C2 都是强连通分量，且它们至少有一个节点相同，则 C1∪C2 也是一个强连通分量。

求图的强连通分量常用的算法是 Kosaraju 或 Tarjan，本章介绍 Tarjan 算法。

我们可以从某一个节点开始，对整幅图进行 dfs，用 dfn[i]表示节点 i 是从起点开始经过几步到达，即 i 是处在本次 dfs 的第几层。用 low[i]表示在 dfs 的过程中，从 i 之后的 dfs 能够到达的最小的 dfn 值是多少。那么，如果对于一个节点 i 满足：

dfn[i]=low[i]

说明，从 i 这个点可以回到它本身，i 以及它在找到 low[i]过程中的所有点共同构成了一个强连通分量，可以合并。为了将这些节点合并，我们还需要在 dfs 的过程中将所有 dfs 到的点压入一个栈中，以便于合并时的操作。

伪代码如下：

```
tarjan(u)
{
DFN[u]=Low[u]=++Index   //为节点 u 设定次序编号和 Low 初值
Stack.push(u)           //将节点 u 压入栈中
for each (u, v)in E     //枚举每一条边
    if (v is not visted)        //如果节点 v 未被访问过
        tarjan(v)               //继续向下找
        Low[u]=min(Low[u], Low[v])
    else if (v in S)            //如果节点 v 还在栈内
        Low[u]=min(Low[u], DFN[v])
if (DFN[u]==Low[u])     //如果节点 u 是强连通分量的根
    repeat
        v=S.pop                 //将 v 退栈，为该强连通分量中一个顶点
        print v
    until (u==v)
}
```

Tarjan 算法的时间复杂度是 O(N+M)，其中 N 是点的个数，M 是边的个数。Tarjan 算法可以在找到强连通分量的同时，将这些节点标记成同样的颜色，然后根据每个节点的

颜色，对颜色相同的节点进行缩点，即把它们变成一个“超级点”，缩点后的点继承了原来被缩之前所有点的边，例如：有边(1，2)、(3，4)，若将点(2，3)缩点，则这个点与1、4都是连通的。

【例5.10】 Summer Holiday。

听说lcy帮大家预定了新马泰7日游，Wiskey真是高兴的夜不能寐啊，他想着得快点把这消息告诉大家，虽然他手上有所有人的联系方式，但是一个一个联系过去实在太耗时间和电话费了。他知道其他人也有一些别人的联系方式，这样他可以通知其他人，再让其他人帮忙通知一下别人。你能帮Wiskey计算出至少要通知多少人，至少得花多少电话费就能让所有人都被通知到吗？

第一行两个整数N和M(1≤N≤1000，1≤M≤2000)，表示人数和联系对数。接下一行有N个整数，表示Wiskey联系第i个人的电话费用。接着有M行，每行有两个整数X、Y，表示X能联系到Y，但是不表示Y也能联系X。

【算法分析】 本题是给定一幅图，问至少从多少个点出发，才能够遍历整图所有的点。要解决此问题，首先考虑强连通分量的定义：强连通分量中所有的点可以两两到达。如此一来，对于任何一个强连通分量，只需要选择其中一个点即可遍历分量内的所有点。

因此，我们可以首先对原图进行一次缩点，将所有的强连通分量都缩成点。此时，新图必定不存在环。(但并不一定是森林，请读者自行证明)

我们对新图进行一次枚举，统计每一个节点的入度，将入度为0的点的个数T记下来，此时，入度为0的点的个数即为答案ans。一个简单的证明如下：

对于该图来说，入度为0的点必然不会被其他节点到达，所以必定需要作为起始点，因此，ans≥T。

对于该图，所有入度大于0的点必然会被其他节点到达，而图中没有环，不存在互相依赖的问题，因此，只有入度为0的点可能会被需要作为起始点，ans≤T。

综上，ans=T。

缩点时，需注意本题只关注新图的每个节点的度数，而不关心新图的拓扑结构，因此，不需要构建新图，仅统计每个点的入度即可。

【程序实现】

```
/*
prob: Hdu-1827
lang: c++
*/
#include<stdio.h>
#include<string.h>
#include<stdlib.h>
#include<stack>
#include<algorithm>
using namespace std;
const int maxn=1005;
const int maxm=2005;
const int inf=999999;
```

```
struct node
{
    int v, u, next;
}edge[ maxm ];
int head[ maxn ], cnt;
int vis[ maxn ], low[ maxn ], dfn[ maxn ], id;
int n, m, ans1; //ans1：缩点的个数( from 1 to ans1 )
int cost[ maxn ];
int belong[ maxn ], inde[ maxn ]; //缩点，入度
stack<int>q;
void init()
{
    cnt=0;
    id=0;
    ans1=0;
    memset( vis, 0, sizeof( vis ));
    memset( dfn, -1, sizeof(dfn));
    memset( low, -1, sizeof( low ));
    memset( head, -1, sizeof( head ));
}
void addedge( int a, int b )
{
    edge[ cnt ].v=a;
    edge[ cnt ].u=b;
    edge[ cnt ].next=head[ a ];
    head[ a ]=cnt++;
}
void tarjan( int now )
{
    dfn[ now ]=low[ now ]=id++;
    vis[ now ]=1;
    q.push( now );
    for( int i=head[ now ]; i!=-1; i=edge[ i ].next )
    {
        int next=edge[ i ].u;
        if( dfn[ next ]==-1 )
        {
            tarjan( next );
            low[ now ]=min( low[ now ], low[ next ]);
        }
        else if( vis[ next ]==1 )
        {
            low[ now ]=min( low[ now ], dfn[ next ] );
```

```
            }
        }
        if( low[ now ]==dfn[ now ] )
        {
            ans1++;
            while( 1 )
            {
                int tmp;
                tmp=q.top(), q.pop();
                vis[ tmp ]=0;
                belong[ tmp ]=ans1;
                if( tmp==now )break;
            }
        }
    }

    int main()
    {
        while( scanf("%d%d", &n, &m)==2 )
        {
            for( int i=1; i<=n; i++ )
                scanf("%d", &cost[ i ]);
            init();
            int a, b;
            while( m--)
            {
                scanf("%d%d", &a, &b);
                addedge( a, b );
            }
            while(!q.empty())q.pop();
            for( int i=1; i<=n; i++ )
            {
                if( dfn[ i ]==-1 )
                {
                    tarjan( i );
                }
            }
            memset( inde, 0, sizeof( inde ));
            for( int i=0; i<cnt; i++ )
            {
                a=edge[ i ].v, b=edge[ i ].u;
                if( belong[ a ]!=belong[ b ] )
                {
```

```
                    inde[ belong[ b ] ]++;
                }
            }
            int ANS1, ANS2;
            ANS1=ANS2=0;
            int tmp_cnt[ maxn ];
            for( int i=1; i<=ans1; i++ )
            {
                if( inde[ i ]==0 )
                    ANS1++; //统计缩点之后，入度为 0 的点
                tmp_cnt[ i ]=inf;
            }
            for( int i=1; i<=n; i++ )
            {
                int tmp=belong[ i ];
                if( inde[ tmp ]==0 )
                {
                    tmp_cnt[ tmp ]=min( tmp_cnt[ tmp ], cost[ i ] );
                }
            }
            for( int i=1; i<=ans1; i++ )
            {
                if( tmp_cnt[ i ]!=inf )
                    ANS2+=tmp_cnt[ i ];
            }
            printf("%d %d\n", ANS1, ANS2);
        }
        return 0;
    }
```

【例 5.11】 给定一幅有向图，问：对于任何两个节点(u, v)，是否都满足从 u 可以到 v 或从 v 可以到 u?

点的个数 n≤1000，边的个数 m<6000。

【算法分析】 首先考虑，什么样的图满足上述条件？一条链，或是一个环，都满足上述条件。然而图中可能既有环，又有链，却依然满足条件，例如：

1－>2

2－>3

3－>4

4－>2

4－>5

如上的图中，既有环，又有链，却依旧满足条件。为了解决此问题，可以考虑使用 tarjan 去缩点，将所有的强连通分量缩成一个点。显而易见的，强连通分量必然满足题目的要求。

缩点以后，图中必然不存在环形的结构，此时，考虑什么样的结构不能满足题目的要求。

看如下的例子：

1－＞2

2－＞3

2－＞4

在节点 2 位置，图上的边出现了分叉。由于此时已经是缩点完以后的图，因此，对于节点 3 和节点 4，它们必然不能回到节点 2。如此一来，节点 3 和节点 4 就永远无法满足题目的要求。更普遍的，当缩点后的图中出现一个分叉结构时，答案就应该是 No。

需要注意的是，如下结构并不算是一个分叉：

1－＞2

2－＞3

3－＞4

2－＞4

原因是在节点 2 处产生的分叉依然指向了同一个分支中的节点。

现在题目转化为对于一个没有环的图，如何判定其是否没有分叉。使用逆向思维，考虑如果该图没有分叉，将会是一个怎样的结构，显然是一条链，那么，这条链上应该包括了图中所有的点。因此，可以通过最长路径算法或动态规划的算法求出图中的最长链，如果最长链长度不等于节点个数，则说明答案是 No，否则是 Yes。本处采用动态规划的方法去处理。状态转移方程是：

DP[i]＝max(DP[next])＋1；

使用记忆化搜索的形式实现即可。

【程序实现】

```
/*
prob: Poj-2762
lang: c++
*/
#include<cstdio>
#include<cstring>
#include<algorithm>
#include<iostream>
#include<vector>
#include<stack>

using namespace std;

int T, n, m, t;
vector<int>edges[1005];
vector<int>tree[1005];
int dp[1005];
bool flag[1005][1005];
stack<int>s;
int dfn[1005];
```

```
int low[1005];
int vis[1005];
int col[1005];
int cnt, num;

void dfs(int u)
{
    s.push(u);
    vis[u]=1;
    dfn[u]=low[u]=++cnt;
    for (int i=0; i<edges[u].size(); i++)
    {
        int v=edges[u][i];
        if (!dfn[v])
        {
            dfs(v);
            low[u]=min(low[u], low[v]);
        } else if (vis[v])
            low[u]=min(low[u], dfn[v]);
    }
    if (low[u]==dfn[u])
    {
        num++;
        do
        {
            t=s.top();
            s.pop();
            vis[t]=0;
            col[t]=num;
        } while (t!=u);
    }
}

void tarjan()
{
    while (!s.empty())s.pop();
    memset(dfn, 0, sizeof(dfn));
    memset(low, 0, sizeof(low));
    memset(vis, 0, sizeof(vis));
    memset(col, 0, sizeof(col));
    cnt=num=0;
    for (int i=1; i<=n; i++)
        if (!dfn[i])dfs(i);
```

```
}

int DP(int x)
{
    if (dp[x]!=-1)return dp[x];
    int ans=0;
    for (int i=0; i<tree[x].size(); i++)
    {
        int nex=tree[x][i];
        ans=max(ans, DP(nex));
    }
    dp[x]=++ans;
    return ans;
}

int main()
{
    scanf("%d", &T);
    while (T--)
    {
        scanf("%d %d", &n, &m);
        for (int i=0; i<=n; i++)
        {
            tree[i].clear();
            edges[i].clear();
        }
        int a, b;
        for (int i=0; i<m; i++)
        {
            scanf("%d %d", &a, &b);
            edges[a].push_back(b);
        }
        tarjan();
        memset(flag, 0, sizeof(flag));
        for (int i=1; i<=n; i++)
        {
            for (int j=0; j<edges[i].size(); j++)
            {
                if (col[i]!=col[edges[i][j]] && !flag[col[i]][col[edges[i][j]]])
                {
                    flag[col[i]][col[edges[i][j]]]=1;
                    tree[col[i]].push_back(col[edges[i][j]]);
                }
```

```
            }
        }
        memset(vis, 0, sizeof(vis));
        memset(dp, -1, sizeof(dp));
        int ans=0;
        for (int i=1; i<=num; i++)
            ans=max(ans, DP(i));
        if (ans==num)printf("Yes\n");
        else printf("No\n");
    }
    return 0;
}
```

【例 5.12】 给定一幅图，图上每个节点都住着一只飞鼠，有一只飞鼠想给其他飞鼠送礼物，已知送礼之后每个飞鼠的高兴程度(高兴程度是整数而非正整数)，当它经过一个点的时候，它可以选择送，也可以选择不送，但每个节点最多只能送一次。问：如果飞鼠可以选择任意一个节点作为起点，它能够送礼获得的最大高兴程度之和是多少?

【算法分析】 本题和上一题有些类似，首先，应考虑强连通分量所具有的性质：

在同一个强连通分量内，从任意一个点可以到达其他所有分量内的点。

在这个基础上，假设飞鼠走到某强连通分量上的点时，它显然可以将这个分量内所有高兴程度为正数的点全部遍历，并从这个分量内的任意一个点走出这个强连通分量。

因此，可以将所有的强连通分量缩点，缩点后的点的高兴程度是"所有高兴值为正数的高兴值总和"。缩点后，所有节点具有拓扑序，此时，按照它们的拓扑序，对每个点进行动态规划即可，与最长链算法相同。

需注意的是，对于每一个点，其可以走过而不送礼，即从一个点到达另一个点时有两种情况：

(1) 走过而不送礼。

(2) 走过且送礼。

显而易见的，如果这个节点的高兴程度是负数，那么必定不值得送礼，如果这个节点的高兴程度是正数，那么一定会送礼。

在实现动态规划代码时，可以不进行拓扑排序，使用上题的实现方式直接记忆化搜索，也可以使用拓扑排序，把所有点按照拓扑序进行扩展。两种方式都可以，但复杂度上有细微区别，方法 1 的时间复杂度是 O(M)，但是使用递归实现，常数较大，方法 2 的时间复杂度是 O(N+M)，稳定高效。

【程序实现】

```
/*
prob: Poj-3160
lang: c++
*/
#include<cstdio>
#include<vector>
#include<stack>
```

```
#include<algorithm>
using namespace std;
int low[30000], num[30000], comfort[30000], total[30000], ans[30000], counter, set
[30000], sn, n, m, in[30000], max_ans;
vector<int>group[30000], arc[30000], reverse_arc[30000];
bool visited[30000], instack[30000];
stack<int>connect, start;
void tarjan(int u)
{
    int i, v;
    connect.push(u);
    instack[u]=true;
    visited[u]=true;
    low[u]=num[u]=++counter;
    for(i=0; i<arc[u].size(); i++)
    {
        v=arc[u][i];
        if(!visited[v])
        {
            tarjan(v);
            if(low[u]>low[v])
                low[u]=low[v];
        }
        else if(instack[v] && low[u]>num[v])
            low[u]=num[v];
    }
    if(num[u]==low[u])
    {
        total[sn]=0;
        do
        {
            v=connect.top();
            connect.pop();
            set[v]=sn;
            group[sn].push_back(v);
            instack[v]=false;
            if(comfort[v]>0)
                total[sn]+=comfort[v];
        }while(u!=v);
        ans[sn]=total[sn];
        sn++;
    }
}
```

```
void backtrace(int u)//on condiction of indegree[u]==0
{
    int i, v;
    for(i=0; i<reverse_arc[u].size(); i++)
    {
        v=reverse_arc[u][i];
        if(ans[v]<ans[u]+total[v])
            ans[v]=ans[u]+total[v];
        in[v]--;
        if(in[v]==0)
            start.push(v);
    }
    if(max_ans<ans[u])
        max_ans=ans[u];
}
int main()
{
    int i, u, v;
    while(~scanf("%d%d", &n, &m))
    {
        for(i=0; i<n; i++)
        {
            visited[i]=false;
            instack[i]=false;
            scanf("%d", &comfort[i]);
        }
        for(i=0; i<m; i++)
        {
            scanf("%d%d", &u, &v);
            arc[u].push_back(v);
        }
        counter=sn=0;
        for(i=0; i<n; i++)
        {
            if(!visited[i])
                tarjan(i);
        }
        //reverse_arc
        for(i=0; i<sn; i++)
            in[i]=0;
        for(u=0; u<n; u++)
        {
            for(i=0; i<arc[u].size(); i++)
```

```
            {
                v=arc[u][i];
                if(set[v]!=set[u] && find(reverse_arc[set[v]].begin(), reverse_arc[set[v]].end(), set[u])==reverse_arc[set[v]].end())
                {
                    reverse_arc[set[v]].push_back(set[u]);
                    in[set[u]]++;
                }
            }
        }
        for(i=0; i<sn; i++)
        {
            if(in[i]==0)
                start.push(i);
        }
        max_ans=0;
        while(!start.empty())
        {
            u=start.top();
            start.pop();
            backtrace(u);
        }
        for(i=0; i<sn; i++)
        {
            reverse_arc[i].clear();
            group[i].clear();
        }
        for(i=0; i<n; i++)
            arc[i].clear();
        printf("%d\n", max_ans);
    }
    return 0;
}
```

5.5 2—SAT

2—SAT 问题的一般情况是：由 N 个布尔值组成的序列 X，给出一系列的限制关系，例如 X[a] and X[b]=0，X[c] or X[d]=1 等，每个限制关系只对最多两个元素进行限制。2—SAT 问题的目的是求一个序列 X，使得其满足题目所给定的限制关系。

对于 2—SAT 问题，由于每种限制最多只对两个元素进行限制，因此，可能的限制方法有 11 种：

X。

NOT X。

X AND Y。

X AND NOT Y。

X OR Y。

X OR NOT Y。

X XOR Y。

X XOR NOT Y。

NOT (X XOR Y)。

NOT (X AND Y)。

NOT (X OR Y)。

为了解决 2－SAT 问题，我们对这样的问题做如下建模。

类似跳舞链一样，2－SAT 问题共有 2N 种可能的填法：第 1 个位置填 1、第 1 个位置填 0、第 2 个位置填 1、第 2 个位置填 0、…、第 N 个位置填 1、第 N 个位置填 0。我们把每一种填法当做一个点，把第 i 个位置填 0 的填法对应的点记为 i，第 i 个位置填 1 的填法对应的点记为 i'。显然，i 和 i' 是不能同时选择的。

与跳舞链不同的是，跳舞链把那些互相之间有限制的点连了起来，而 2－SAT 问题中，是把那些有依赖的点连了起来，用有向边(X, Y)表示取了 X 就必须取 Y，例如：

X XOR Y＝1

那么，如果 X 选择了 1(X')，则为了满足上述等式，Y 必须是 0(Y)，此时，对 X' 和 Y 建立一条边，来描述上述的关系。

(1) X：(X, X')。X 必须取 1，那么，就必然要取 X'，而不能取 X，因此建立一条从 X 到 X' 的边，由于 2－SAT 模型本身的定义是 X 和 X'，只能取一个，而边(X, X')限制取了 X 就必须得取 X'，因此相当于限制了 X 不能选 0。

(2) NOT X：(X', X)。原因同上。

(3) X AND Y。X 和 Y 都必须同时为 1，相当于 X 取 1 且 Y 取 1，按照方法 1 建图即可。

(4) X AND NOT Y。X 必须取 1，Y 必须取 0，对 X 按照方法 1，Y 按照方法 2 建模即可。

(5) X OR Y：(X, Y')，(Y, X')。X 和 Y 至少有一个为 1，意味着当 X 或 Y 有一个取 0 的时候，另一个就必须取 1，因此建立(X, Y')，(Y, X')。

(6) X OR NOT Y：(X, Y)，(Y', X')。X 取 1 或 Y 取 0，那么，当 X 取 0 的时候 Y 就必须取 0，当 Y 取 1 的时候 X 就必须取 1。

(7) X XOR Y：(X, Y')，(X', Y)，(Y', X)，(Y, X')。X 和 Y 中只能取 1 个，那么，当 X 为 1，Y 就必须为 0；当 X 为 0，Y 就必须为 1；当 Y 为 0，X 就必须为 1；当 Y 为 1，X 就必须为 0。

(8) X XOR NOT Y：(X, Y)，(X', Y')，(Y, X)，(Y', X')。X 取 1，Y 必须取 1；X 取 0，Y 必须取 0。

(9) NOT (X XOR Y)。该式可以简化成 X XOR NOT Y，同上。

(10) NOT (X AND Y)：(X', Y)，(Y', X)。X 和 Y 不能同时为 1，那么，当 X 为 1 时

Y 必须为 0，当 Y 为 1 时 X 必须为 0。

(11) NOT(X OR Y)。相当于 X 和 Y 都必须是 0，利用方法 2 处理。

当图建立好之后，相当于是在图上恰好找到 N 个点，并且这 N 个点所连接的点都被选择。

求解 2－SAT 问题有两种算法，第一种算法是暴力的做法，算法如下：

枚举每一对尚未确定的 Ai、Ai′，任选一个，推导和其相关的所有组，如果都满足条件，则可以选择，否则选出另一个，同样的方式推导，如果依然矛盾，则必然无解。

这种做法在最坏情况下的复杂度是 O(NM)。

另一种做法利用到了图中的对称性。试想，假设在图中发现了一个环 A，那么，一旦选择了环中的某一个点，就意味着要把环中所有其他节点都选择。利用求强连通分量的算法对原图进行缩点，把所有的环都缩成点，那么，选择这样一个点，就意味着把这个强连通分量内的点全部选择。

在对原图缩点后，如果存在一对节点(i，i′)属于同一个强连通分量内，那么意味着 i 和 i′必须同时选，显然无解。否则，采用拓扑排序的思路自底向上顺序推导，一定可以得到可行解。该算法的证明过程较为复杂，此处不进行证明。算法的流程如下：

(1) 构图。

(2) 利用强连通分量的相关算法把原图缩点，构造一个新的有向无环图。

(3) 判断每个点内是否存在矛盾的点(i，i′)，如果存在则无解。

(4) 对新图进行拓扑排序。

(5) 按照拓扑序从大到小的顺序进行选择，若此时可以选择该节点，则选择，若此时不能选择该节点，则删除。

该算法的复杂度等于拓扑排序＋缩点的复杂度，都是 O(N＋M)。

需要注意的是，第二种算法虽然复杂度低，但只能保证构造可行解，并不能保证字典序最小，因此，在需要构造一组字典序最小的解时，需要使用第一种算法。

【例 5.13】 有 N 个炸弹，每个炸弹可以放置的位置有两个坐标可选。每个炸弹的爆炸半径一样，问：炸弹的爆炸半径最大是多少时，可以保证任何两个炸弹都互相不炸到对方(相切不算炸到)？

【算法分析】 假设本题的问题是：已知炸弹的爆炸半径，问：能否有一种方案使得任意两个炸弹都不互相炸到对方？显然，这是一道非常简单的 2－SAT 问题。

对于任意两个炸弹的放置位置 X、Y，如果 X 和 Y 的距离＜2r，则说明这两个位置中最多只能选择一个；反之，则选择了某炸弹的其中一个位置，另一个炸弹则必须选择对应的另一个位置，所以，连接(X，Y′)、(Y，X′)。

按如上规则构图，进行求解判断合法性即可。

本题要求的是最大半径，可以使用二分的思路，对于当前区间(l，r)，每次二分查找当前半径 mid，如果这个半径可以被满足，则二分(mid，r)区间，否则二分(l，mid)区间。

【程序实现】

```
/*
prob: Hdu-3622
lang: c++
```

```
*/
#include<stdio.h>
#include<algorithm>
#include<string.h>
#include<iostream>
#include<math.h>
using namespace std;
const int MAXN=210;
const int MAXM=40005; //边的最大数
const double TIF=1e-5;

struct Edge
{
    int to, next;
}edge1[MAXM], edge2[MAXM];
int head1[MAXN];
int head2[MAXN];
int tol1, tol2;
bool vis1[MAXN], vis2[MAXN];
int Belong[MAXN]; //连通分量标记
int T[MAXN]; //dfs 结点结束时间
int Bcnt, Tcnt;
void add(int a, int b)//原图和逆图都要添加
{
    edge1[tol1].to=b;
    edge1[tol1].next=head1[a];
    head1[a]=tol1++;
    edge2[tol2].to=a;
    edge2[tol2].next=head2[b];
    head2[b]=tol2++;
}
void init()//建图前初始化
{
    memset(head1, -1, sizeof(head1));
    memset(head2, -1, sizeof(head2));
    memset(vis1, false, sizeof(vis1));
    memset(vis2, false, sizeof(vis2));
    tol1=tol2=0;
    Bcnt=Tcnt=0;
}
void dfs1(int x)//对原图进行 dfs，算出每个结点的结束时间，哪个点开始无所谓
{
    vis1[x]=true;
```

```
        int j;
        for(int j=head1[x]; j!=-1; j=edge1[j].next)
          if(!vis1[edge1[j].to])
            dfs1(edge1[j].to);
        T[Tcnt++]=x;
    }
    void dfs2(int x)
    {
        vis2[x]=true;
        Belong[x]=Bcnt;
        int j;
        for(j=head2[x]; j!=-1; j=edge2[j].next)
          if(!vis2[edge2[j].to])
            dfs2(edge2[j].to);
    }

    struct Point
    {
        int x, y;
    }s[MAXN];
    double dist(Point a, Point b)
    {
        return sqrt((double)(a.x-b.x)*(a.x-b.x)+(a.y-b.y)*(a.y-b.y));
    }

    bool ok(int n)//判断可行性
    {
        for(int i=0; i<2*n; i++)
          if(!vis1[i])
            dfs1(i);
        for(int i=Tcnt-1; i>=0; i--)
          if(!vis2[T[i]])//这个别写错，是vis2[T[i]]
          {
              dfs2(T[i]);
              Bcnt++;
          }
        for(int i=0; i<=2*n-2; i+=2)
          if(Belong[i]==Belong[i+1])
            return false;
        return true;
    }
    int main()
    {
```

```
    int n;
    double left, right, mid;
    while(scanf("%d", &n)!=EOF)
    {
        for(int i=0; i<n; i++)
          scanf("%d%d%d%d", &s[2*i].x, &s[2*i].y, &s[2*i+1].x, &s[2*i+1].y);
        left=0;
        right=40000.0;
        while(right-left>=TIF)
        {
            mid=(left+right)/2;
            init();
            for(int i=0; i<2*n-2; i++)
            {
                int t;
                if(i%2==0)t=i+2;
                else t=i+1;
                for(int j=t; j<2*n; j++)
                  if(dist(s[i], s[j])<2*mid)//冲突了
                  {
                      add(i, j^1);
                      add(j, i^1); //注意顺序不能变的
                  }
            }
            if(ok(n))left=mid;
            else right=mid;
        }
        printf("%.2lf\n", right);
    }
    return 0;
}
```

【例 5.14】 已知如下一段代码：

```
void calculate(int a[N], int b[N][N]){
    for (int i=0; i<N; ++i){
        for (int j=0; j<N; ++j){
            if (i==j)b[i][j]=0;
            else if (i % 2==1 && j % 2==1)b[i][j]=a[i] | a[j];
            else if (i % 2==0 && j % 2==0)b[i][j]=a[i] & a[j];
            else b[i][j]=a[i] ^ a[j];
        }
    }
}
```

现在，给定 b 数组，问能否构造出一种 a 数组使得满足题目的要求？a 数组长度≤500。

【算法分析】 2－SAT 问题是解决当一个位置上只有两种决策时候的解法，而对于本题，a 的范围可以到 2^{31}，因此要换一种思路来解决。

题中，b 数组中所有的数字都是由位运算得来，而位运算对二进制下其他位并没有影响，对于任何一个 a 二进制下的每一位，其只有 0 或者 1 两种选择，因此，可以按位枚举二进制下的每一位，对于每一位上取 0 或者 1 建立节点，做 2－SAT。

这样，对于每一个数组中的数字 a[i]，需要建立 2×32＝64 个节点，a 数组长度最多是 500，因此，点的个数最多是 64×500＝32 000。对于每一个 b 数组中的节点，都需要添加至少 32 条边，b 数组共有 500^2 个点，边的个数在 250 000×32 条以上，最坏情况下可以达到 32×10^6 级别。这样的边数显然太多了，也就是说，空间复杂度太大了。

实际上，二进制下的每一位互相之间是完全没有影响的，因此，在处理二进制下第一位时，完全不需要第二、三等位上的限制，基于此，可以用枚举位的形式，每次枚举二进制下的某一位，根据这一位对模型建图，用 2－SAT 判断合法性即可。这样，每次只需要加入最多 10^6 条边，即可完成对某一位的判断，最多做 32 次这样的操作，就可以完成对所有位上的判断，最坏情况下时间复杂度 $O(32\times10^6)$。

【程序实现】

```
/*
prob: HDU4421
lang: c++
*/
#include<iostream>
#include<stack>
using namespace std;
const int maxn=5000;
const int MAX=1000001;
struct node
{
    //int from;
    int to;
    int next;
}edge[MAX];
int cnt, head[maxn]; //静态链表头指针
int n;
int b[501][501];
void addedge(int u, int v)
{
    // edge[cnt].from=u; //这句如果不注释，你会纠结的发现 TLE
     edge[cnt].to=v;
     edge[cnt].next=head[u];
     head[u]=cnt++;
}
```

```
void buildgraph(int i, int j, int c)//建图(2-sat 问题中的难点也是关键)
{
    if(i==j)return;
    else if(i%2==1&&j%2==1)
    {
        if(c)
        {
            addedge(i+n, j);
            addedge(j+n, i);
        }
        else
        {
            addedge(i, i+n);
            addedge(j, j+n);
        }
    }
    else if(i%2==0&&j%2==0)
    {
        if(c)
        {
            addedge(i+n, i);
            addedge(j+n, j);
        }
        else
        {
            addedge(i, j+n);
            addedge(j, i+n);
        }
    }
    else
    {
        if(c)
        {
            addedge(i, j+n);
            addedge(j, i+n);
            addedge(i+n, j);
            addedge(j+n, i);
        }
        else
        {
            addedge(i, j);
            addedge(j, i);
```

```
                addedge(i+n, j+n);
                addedge(j+n, i+n);
            }
        }
    }
    stack<int>s;
    int dfn[maxn]; //记录搜索到该点的时间，也就是第几个搜索这个点的
    int low[maxn]; //标记数组，记录该点所在的强连通子图所在搜索子树的根节点的 dfn 值
    int belong[maxn]; //记录每个点属于哪一个强连通分量
    int num, index;
    bool instack[maxn]; //是否在栈中
    void tarjan(int u)//求强连通分量(模版)
    {
        /*
```

数组的初始化：当首次搜索到点 p 时，Dfn 与 Low 数组的值都为到该点的时间。

堆栈：每搜索到一个点，将它压入栈顶。

当点 p 与点 p′相连时，如果此时(时间为 dfn[p]时)p′不在栈中，p 的 low 值为两点的 low 值中较小的一个。

当点 p 与点 p′相连时，如果此时(时间为 dfn[p]时)p′在栈中，p 的 low 值为 p 的 low 值和 p′的 dfn 值中较小的一个。

每当搜索到一个点经过以上操作后(也就是子树已经全部遍历)的 low 值等于 dfn 值，则将它以及在它之上的元素弹出栈。这些出栈的元素组成一个强连通分量。

继续搜索(或许会更换搜索的起点，因为整个有向图可能分为两个不连通的部分)，直到所有点被遍历。

```
        */
        int i;
        dfn[u]=low[u]=++index;
        s.push(u);
        instack[u]=true;
        int v;
        for(i=head[u]; i!=-1; i=edge[i].next)
        {
            v=edge[i].to;
            if(!dfn[v])
            {
                tarjan(v);
                low[u]=min(low[u], low[v]);
            }
            else
                if(instack[v])low[u]=min(low[u], dfn[v]);
        }
        if(dfn[u]==low[u])
```

```
        {
            num++;                      //强连通分量个数
            do
            {
                v=s.top();
                s.pop();
                belong[v]=num;      //第 v 个点属于第 num 个连通块
                instack[v]=false;
            }while(u!=v);
        }
}
void TwoSat()
{
    index=num=0;
    memset(low, 0, sizeof(low));
    memset(dfn, 0, sizeof(dfn));
    memset(belong, 0, sizeof(belong));
    memset(instack, false, sizeof(instack));
    while(!s.empty())s.pop();
    for(int i=0; i<n*2; i++)
        if(!dfn[i])tarjan(i);
}
bool judge()//判断是否有解
{
    for(int i=0; i<n; i++)
        if(belong[i]==belong[i+n])
            return 0;
    return 1;
}
int main()
{
    //freopen("test.txt", "r", stdin);
    int i, j, c;
    while(scanf("%d", &n)!=EOF)
    {
        for(i=0; i<n; i++)
            for(j=0; j<n; j++)
                scanf("%d", &b[i][j]);
        bool flag=true;
        for(i=0; i<n; i++)
        {
            for(j=0; j<n; j++)
            {
```

```
                if(i==j&&b[i][j]!=0)
                {
                    flag=false;
                    break;
                }
                if(b[i][j]!=b[j][i])
                {
                    flag=false;
                    break;
                }
            }
        }
        if(!flag)
        {
            printf("NO\n");
            continue;
        }
        flag=true;
        for(int k=0; k<32; k++)
        {
            cnt=0;
            memset(head, -1, sizeof(head));
            for(i=0; i<n; i++)
            {
                for(j=0; j<n; j++)
                {
                    c=b[i][j]&(1<<k);
                    buildgraph(i, j, c);
                }
            }
            TwoSat();
            if(!judge())
            {
                flag=false;
                break;
            }
        }
        if(flag)printf("YES\n");
        else printf("NO\n");
    }
    return 0;
}
```

5.6 差分约束

差分约束系统是一种将数学问题转化为最短路径问题的算法。一般情况下差分约束系统会给出一系列例如 $x-y\leqslant b$ 的式子，然后通过建图的方式将其转换成最短路径模型。例如：

$$b-a\leqslant i$$
$$c-b\leqslant j$$
$$c-a\leqslant k$$

求 $c-a$ 的最大值。我们可以把 a、b、c 当做图 G 中的三个点，因为 $b-a\leqslant i$，我们可以认为 a 到 b 的距离最少是 i，建立一条从 a 到 b 的长度为 i 的边；$c-b\leqslant j$，建立一条从 b 到 c 长度为 j 的边；$c-a\leqslant k$，建立一条从 a 到 c 的长度为 k 的边。此时，三条边分别为：

a－＞b　　i

b－＞c　　j

a－＞c　　k

图上的每一条边相当于是一个路径的传递。例如，通过边(a，b)、(b，c)，从 a 到 c 则意味着 $c-a\leqslant i+j$。那么，每一条从 s 到 t 的边都是 $t-s$ 范围的一个约束。题目中需要求 $c-a$ 的最大值，实际上是求 $c-a$ 的上界。对于每一条从 a 到 c 的路径，其长度都是一个上界，最小的那一个上界就是其最终的上界，即 $c-a$ 的最大值。

【例 5.15】 给定 n 个区间，要求选一些数，使得每个区间最少包含两个数。问最少要选几个数？

【算法分析】

假设题目给出区间[x，y]中至少要选择两个数，用 s[i]来表示前 i 个数中共选择了多少个，那么有：

$$s[y]-s[x-1]\geqslant 2$$

另外，对于任何两个相邻的 s[i]、s[i+1]，必然有：

$$s[i+1]-s[i]\geqslant 0$$

以及：

$$s[i+1]-s[i]\leqslant 1$$

这是一个典型的差分约束系统的式子，但是如何对这样的式子建图才能使得最短路径算法的结果满足题目要求。对于 $s[y]-s[x-1]\geqslant 2$ 这样的式子，我们可以直接建立一条从 $x-1$ 到 y 长度为 2 的边。对于 $s[i+1]-s[i]\geqslant 0$，我们一样对其建立一条从 i 到 $i+1$ 长度为 0 的边。

对于 $s[i+1]-s[i]\leqslant 1$，其符号与前两式符号不同，首先对两边同时乘以 -1，得到：

$$s[i]-s[i+1]\geqslant -1$$

因此，建立一条从 $i+1$ 到 i 的边，长度为 -1。

对于本题，需要求的是最少选择的数字的个数，而所有的不等式都是使用大于等于来进行约束的，因此，所有从 s 到 t 的路径都对应了一种从 s 到 t 的最少选择的下界。由于本题要求最少选择的数字个数，即所有下界中的上界，因此，使用 spfa 求最长路径，最长路径的值即为答案。

【程序实现】

```
/*
prob: Poj1716
lang: c++
*/
#include<cstdio>
#include<cstring>
#include<algorithm>
#include<iostream>
#include<vector>
#include<queue>

using namespace std;

struct Edge
{
    int to, v;
    Edge(int a, int b): to(a), v(b)
    {}
};

int n;
vector<Edge>edges[10005];
int vis[10005];
int dist[10005];
void addEdge(int from, int to, int v)
{
    edges[from].push_back(Edge(to, v));
}

int spfa(int t)
{
    memset(vis, 0, sizeof(vis));
    for (int i=0; i<=t; i++)
        dist[i]=-0x3f3f3f3f;
    queue<int>q;
    q.push(0);
    vis[0]=1;
    dist[0]=0;
    while (!q.empty())
    {
        int current=q.front();
        q.pop();
```

```
        for (int i=0; i<edges[current].size(); i++)
        {
            Edge e=edges[current][i];
            if (dist[current]+e.v>dist[e.to])
            {
                dist[e.to]=dist[current]+e.v;
                if (!vis[e.to])
                {
                    vis[e.to]=1;
                    q.push(e.to);
                }
            }
        }
        vis[current]=0;
    }
    return dist[t];
}

int main()
{
    while (~scanf("%d", &n))
    {
        int a, b;
        int s=0, t=0;
        for (int i=0; i<=10003; i++)
            edges[i].clear();
        for (int i=0; i<n; i++)
        {
            scanf("%d %d", &a, &b);
            addEdge(a, b+1, 2);
            t=max(t, b+1);
        }
        for (int i=0; i<=t; i++)
        {
            addEdge(i, i+1, 0);
            addEdge(i+1, i, -1);
        }
        int ans=spfa(t);
        printf("%d\n", ans);
    }
    return 0;
}
```

【例 5.16】 一家 24 小时营业的超市，需要雇佣一些出纳员来满足需求。超市在不同时刻需要不同数目的出纳员，记为 ri ($0 \leqslant i \leqslant 23$)。

有 n 个人来申请职位，一旦雇佣一个人，他将从一个时刻 ti 开始，连续工作 8 小时。

输入 ri 和 ti，求满足需求最少需要雇佣多少人？

【算法分析】 设：

r[i]为每小时需要的出纳员数目，

t[i]为每小时应征者的数目，

s[i]为从时刻 0 到时刻 i 雇佣的出纳员总数，

sum 为雇佣的所有出纳员总数。

那么有：

$s[i]-s[i-1]\geqslant 0$，

$s[i-1]-s[i]\geqslant -t[i]$，

$s[i]-s[i-8]\geqslant r[i]$，

$s[i]-s[i+16]\geqslant r[i]-s[23]$，

$s[23]-s[-1]\geqslant sum$

其中，s[i]是图中的每一个节点，t[i]、r[i]可以通过预处理求得，上式中仅 sum 是不知道的。通过生活经验可知，当 sum 为 i 时，如果：

共雇用 i 个人不能够满足条件，答案必定大于 i；

共雇用 i 个人能够满足条件，答案必定小于等于 i。

这显然是一个二分的情景，使用二分算法对 sum 进行枚举，再对确定的 sum 用差分约束的思路建图做最短路即可。需要注意的是：本题要求的是下界，因此需要把所有不等式变换成 $a-b\leqslant c$ 的形式，然后建立 b－>a 长度为 c 的边，最后跑一遍最短路即可。如果图中存在负环，则说明该 sum 下无解，如果存在最短路径，则说明可以满足该 sum 下的约束。

由于本题数据范围很小，使用从小到大枚举的算法也是可以的。

【程序实现】

```
/*
prob: Poj1275
lang: c++
*/
#include<cstdio>
#include<cstring>
#include<algorithm>
#include<iostream>
#include<vector>
#include<queue>

using namespace std;

struct Edge
```

```
{
    int to, v;
    Edge(int a, int b): to(a), v(b)
    {}
};

int n;
vector<Edge>edges[10005];
int vis[10005];
int dist[10005];
void addEdge(int from, int to, int v)
{
    edges[from].push_back(Edge(to, v));
}

int spfa(int t)
{
    memset(vis, 0, sizeof(vis));
    for (int i=0; i<=t; i++)
        dist[i]=-0x3f3f3f3f;
    queue<int>q;
    q.push(0);
    vis[0]=1;
    dist[0]=0;
    while (!q.empty())
    {
        int current=q.front();
        q.pop();
        for (int i=0; i<edges[current].size(); i++)
        {
            Edge e=edges[current][i];
            if (dist[current]+e.v>dist[e.to])
            {
                dist[e.to]=dist[current]+e.v;
                if (!vis[e.to])
                {
                    vis[e.to]=1;
                    q.push(e.to);
                }
            }
        }
        vis[current]=0;
    }
```

```
        return dist[t];
    }

    int main()
    {
        while (~scanf("%d", &n))
        {
            int a, b;
            int s=0, t=0;
            for (int i=0; i<=10003; i++)
                edges[i].clear();
            for (int i=0; i<n; i++)
            {
                scanf("%d %d", &a, &b);
                addEdge(a, b+1, 2);
                t=max(t, b+1);
            }
            for (int i=0; i<=t; i++)
            {
                addEdge(i, i+1, 0);
                addEdge(i+1, i, -1);
            }
            int ans=spfa(t);
            printf("%d\n", ans);
        }
        return 0;
    }
```

5.7 二 分 图

二分图又称双分图、二部图、偶图，指顶点可以分成两个不相交的集合 U 和 V，使得在同一个集内的顶点皆无公共边的图。二分图是一种特殊的图，实际生活中有很多例子，例如男生和女生的配对(假设没有同性恋)，螺丝和螺帽的配对，上衣和裤子的配对等。

判断一个图是否是一个二分图，当且仅当其满足以下两个条件：

(1) 没有长度为奇数的环。

(2) 点色数为 2。

点色数的定义是：使用若干种颜色对一幅图进行染色，要求任意两个相邻的点不能同色，最少使用的颜色个数即为点色数。

二分图有一个重要的概念：匹配。给定一个二分图 G，在 G 的一个子图 M 中，若选定的所有边都没有公共顶点，则称 M 是图 G 的一个匹配。这些匹配中，选定了所有节点 V 的匹配称作完备匹配，点数最多的匹配称作最大匹配。如果二分图 G 的边是带权的，则选定边权之和最大的最大匹配称作最佳匹配。求最大匹配一般使用的是匈牙利算法，求最佳匹配一般使用 KM 算法，在后文中会有详细介绍。

二分图作为一种特殊的图，解答的难点往往在于建立模型，一旦模型被建立，问题也就迎刃而解。

【例 5.17】 双栈排序。

Tom 最近在研究一个有趣的排序问题。如图 5.4 所示，通过 2 个栈 S1 和 S2，Tom 希望借助以下 4 种操作实现将输入序列升序排序。

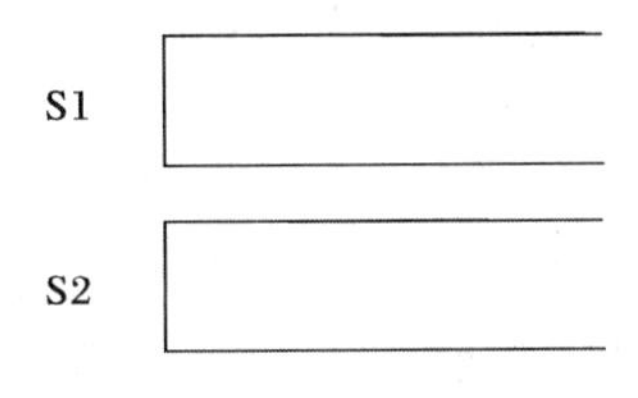

图 5.4　双栈排序

操作 a：

如果输入序列不为空，将第一个元素压入栈 S1。

操作 b：

如果栈 S1 不为空，将 S1 栈顶元素弹出至输出序列。

操作 c：

如果输入序列不为空，将第一个元素压入栈 S2。

操作 d：

如果栈 S2 不为空，将 S2 栈顶元素弹出至输出序列。

如果一个 1～n 的排列 P，可以通过一系列操作使得输出序列为 1、2、…、(n－1)、n，Tom 就称 P 是一个“可双栈排序序列”。例如(1，3，2，4)就是一个“可双栈排序序列”，而(2，3，4，1)不是。如图 5.5 所示，我们描述了一个将(1，3，2，4)排序的操作序列：＜a，c，c，b，a，d，d，b＞。

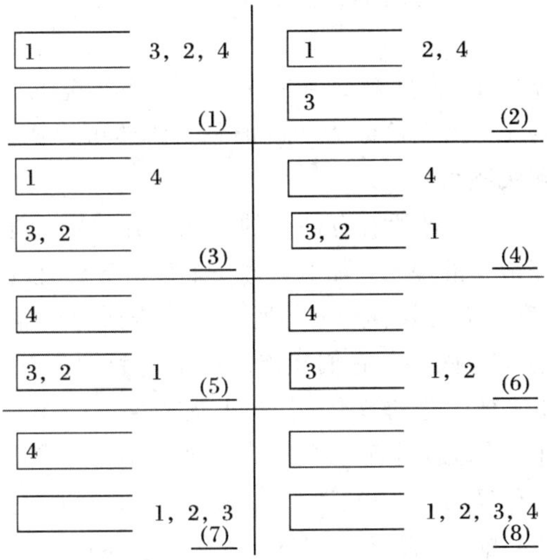

图 5.5　一种合法的操作方式

当然，这样的操作序列有可能有几个，对于上例(1，3，2，4)，＜a，c，c，b，a，d，d，b＞是另外一个可行的操作序列。Tom 希望知道其中字典序最小的操作序列是什么。

n≤1000。

【算法分析】

这道题目显然是有搜索的做法的，但搜索的做法显然不能得到满分。这一道看起来与二分图完全无关的题目，正解却是二分图。我们一步一步对题目的信息进行挖掘。

首先考虑这样一个问题：怎样的两个数字不能在排序的过程中放进同一个栈中？在此处不能放进同一个栈代表着自始至终都不能放进同一个栈。

例如：

输入序列是＜2，3，1，4＞

显然，没有一种操作方法能够使得 2 和 3 在排序的过程中放入同一个栈中。原因是，1 是第三个出栈的元素，因此，在 1 入栈前，2 和 3 必然不能够出栈，而 2 又比 3 先入栈，还要先出栈。栈是一种先进后出的数据结构，如果 2 和 3 在排序的过程中进入的是同一个栈，那么出栈时，必然是 3 先出栈，之后才是 2 出栈。

更普遍的，如果对于输入序列中的两个元素 s[i]、s[j]，如果存在 k 满足：

(1) $i<j<k$。

(2) $s[k]<s[i]<s[j]$。

那么 s[i]和 s[j]在排序的过程中必然不能进入同一个栈，证明方法同上。

我们用边(i，j)来描述 i 和 j 不能够进入同一个栈，通过这样的方法建图。本题中，一共只有 2 个栈，那么，如果一旦在这样的图中存在一个长度为奇数的环，则说明必然无解，例如：

(i，j)

(j，k)

(k，i)

这三个点两两不能进入同一个栈中，那么，至少需要 3 个以上的栈，才能够满足这个限制条件。当环的长度为 5、7…时一样不能用 2 个栈满足题目要求。

在本节开始时提到，二分图的判定有一个非常重要的条件：

没有长度为奇数的环。

显然，本题判断是否有解，其实就是判断按照这样的建边方式，能否用一个二分图来描述这幅图。需要注意的是，当点色数为 1 的时候，依然可以满足题目的要求，只是仅仅使用操作 a 和 b 就可以解决题目。

通过 O(n^2)的复杂度，可以把所有有冲突的边找到并建图，剩下就是求解的过程了。

题目要求的是字典序最小的序列，那么，第一个元素显然是应该使用操作 a 来进栈的，染色为颜色 0，此时，与第一个元素有冲突的所有点都应该使用操作 c 来进栈，染色为颜色 1，通过这些颜色为 1 的点，又能将与它们相连的点染色为颜色 0…如此递归的颜色。接下来，枚举当前最靠前的还未被染色的节点，执行上述的染色操作。

如果在染色的过程中，发现某个节点既被染了颜色 0，又被染了颜色 1，那么，显然是产生了矛盾，该图不可能有解。如果染色已经结束，还未出现冲突，则说明原题目是有解的，此时，所有的元素进入哪一个栈已经明确，按顺序模拟即可。

本题是二分图判定的经典题目，思维难度较大，读者再仔细分析、斟酌。

【程序实现】

```
/*
prog: NOIP2008-T4
lang: c++
*/
#include<iostream>
#include<cstdio>
#include<cstdlib>
#include<cstring>
#include<algorithm>
#include<stack>
using namespace std;
const int maxn=1000+5;
bool Edge[maxn][maxn];
int s[maxn], F[maxn], color[maxn];
stack<int>staA, staB;
int n;
void  NoAnswer()
{
        printf("0\n");
        exit(0);
}
void  dfs(int x, int c)
{
        color[x]=c;
        for (int i=1; i<=n; ++i)
        if (Edge[x][i])
        {
            if (color[i]==c )NoAnswer();
            if (!color[i])
               dfs(i, 3-c);
        }
}
int main()
{
      cin>>n;
      for ( int  i=1;   i<=n; ++i)cin>>s[i];
      F[n+1]=0x7fffffff;
      for (int i=n; i>=1; --i)F[i]=min(s[i], F[i+1]);


      for (int i=1; i<n  ; ++i)
          for (int j=i+1; j<=n; ++j)
```

```
        if (s[i]<s[j] && F[j+1]<s[i])
            Edge[i][j]=Edge[j][i]=true;

    for (int i=1; i<=n; ++i)
        if (!color[i])dfs(i, 1);



    int aim=1;
    for (int i=1; i<=n; ++i)
    {
        if (color[i]==1)
        {
            staA.push(s[i]);
            printf("a ");
        } else
        {
            staB.push(s[i]);
            printf("c ");
        }

        while (!staA.empty() && staA.top()==aim ||
               !staB.empty() && staB.top()==aim)
        {
            if (!staA.empty() && staA.top()==aim)
            {
                staA.pop();
                printf("b ");
            } else
            {
                staB.pop();
                printf("d ");
            }
            aim++;
        }
    }
    return 0;
}
```

【例 5.18】 给定一个 n・m 的矩阵，其中一些点上有小行星。一次可以摧毁 1 行或者 1 列的全部小行星，问最少几次可以摧毁所有小行星？

【算法分析】 本题目中，共有 n 行 m 列，摧毁的方式共有 n+m 种，对于一个位于坐标(x，y)的小行星，通过摧毁行 x 或列 y，都可以达到摧毁该小行星的目的，我们把这 n+m 种摧毁方式当做二分图上的点分成两部分，第一部分是这 n 行，第二部分是这 m 列。

如果在一个坐标(x，y)上有小行星，则连一条从行 x 到列 y 的边。那么，对于这样的二分图来说，一种摧毁所有星星的方案，对应着这样一个点集 V，在图 G 中，任何一条边(x，y)都至少有一个点∈V。

特别的，在二分图中，选定一个点集使得这些点覆盖了二分图中的所有边，这样的方法叫做一个覆盖。这些覆盖中，节点个数最少的那一个叫做最小点覆盖。

对于二分图，它满足这样一个特性，最小点覆盖＝最大匹配，因此，建图之后，就只剩下求最大匹配了。本题目接下来的篇幅是介绍二分图求最大匹配的匈牙利算法，熟悉该算法的读者请略过该部分。

首先引出一个概念：增广路。

若 P 是图 G 中一条连通两个未匹配顶点的路径，并且属于 M 的边和不属于 M 的边(即已匹配和待匹配的边)在 P 上交替出现，则称 P 为相对于 M 的一条增广路径。

由增广路的定义可以推出下述三个结论：

(1) P 的路径个数必定为奇数，第一条边和最后一条边都不属于 M。

(2) 将 M 和 P 进行取反操作可以得到一个更大的匹配 M′。

(3) M 为 G 的最大匹配当且仅当不存在 M 的增广路径。

因此，求最大匹配的方法实质上就是找增广路的过程。

找增广路的算法流程实际上是 dfs，流程如下：

对于一个节点 k，枚举每一条边(k，j)，如果 j 没有匹配或者通过 j 可以找到一个没有匹配的点，则找到一条增广路，进行增广，代码如下：

```
bool dfs(int k)
{
    for (int i=0; i<edges[k].size(); i++)
    {
        int j=edges[k][i];
        if (!vis[j])
        {
            vis[j]=1;
            if (!mat[j] || dfs(mat[j]))
            {
                mat[j]=k;
                return true;
            }
        }
    }
    return false;
}
```

对于求最大匹配，只需要从每一个还没有找到匹配的点开始做一次增广路即可。使用邻接表实现的匈牙利算法的时间复杂度是 O(nm)，n 是点的个数，m 是边的个数。

【程序实现】

```
/*
prob: Poj3041
```

```
lang: c++
*/
#include<cstdio>
#include<cstring>
#include<algorithm>
#include<iostream>
#include<vector>

using namespace std;

int n, m;
vector<int>edges[505];
int mat[505];
int vis[505];

bool dfs(int k)
{
    for (int i=0; i<edges[k].size(); i++)
    {
        int j=edges[k][i];
        if (!vis[j])
        {
            vis[j]=1;
            if (!mat[j] || dfs(mat[j]))
            {
                mat[j]=k;
                return true;
            }
        }
    }
    return false;
}

int match()
{
    int ans=0;
    memset(mat, 0, sizeof(mat));
    for (int i=1; i<=n; i++)
    {
        memset(vis, 0, sizeof(vis));
        if (dfs(i))ans++;
    }
    return ans;
}
```

```
int main()
{
    while (~scanf("%d %d", &n, &m))
    {
        for (int i=1; i<=n; i++)
            edges[i].clear();
        int a, b;
        for (int i=0; i<m; i++)
        {
            scanf("%d %d", &a, &b);
            edges[a].push_back(b);
        }
        printf("%d\n", match());
    }
    return 0;
}
```

【例 5.19】 n 个矩形从 A+1 到 A+n 标号，n 个数字从 1 到 n 标号。给出矩形和数字的坐标，如果数字在矩形内则可以匹配。问哪些匹配是唯一确定的？

$n \leqslant 100$。

【算法分析】

本题的要求非常明显：要求哪些边必然是最大匹配中的边。

第一种做法很简单，先求一次最大匹配，然后枚举最大匹配中的每一条边，删掉这条边之后，再求一次最大匹配，看是否和之前的匹配数一样，如果不一样，说明该边是要求的边。

这样的做法是可以的，但复杂度是 $O(n \cdot m \cdot n)$，不能满足题目要求。

实际上，删掉一条边之后，剩下的边依然是一种匹配，仅仅是少匹配了一条边而已。因此，可以利用当前的情况去设计第二种算法：

在最大匹配的基础上，枚举删掉每一条边，仅仅对这一条边对应的点做一次增广路，如果找不到增广路径，则这条边是一条必须边。代码如下：

```
//枚举每一条边
for (int i=1; i<=n; i++)
{
    if (!mat[i])continue;
    int point=mat[i];
    //删掉这一条边以及他的匹配
    mat[i]=0;
    edges[point][i]=0;
    memset(vis, 0, sizeof(vis));
    //如果找不到增广路，记录答案，并且恢复原图
    if (!dfs(point))
    {
        if (flag)printf(" ");
        else flag=true;
```

```
            printf("(%c, %d)", 'A'+i-1, point);
            mat[i]=point;
        }
        //如果找到了增广路，仅仅需要把边恢复即可
        edges[point][i]=1;
    }
```

由于每次不再重新做最大匹配，仅仅是做一次增广路径，因此，时间复杂度变为O(n·m)。

【程序实现】

```
/*
author: rsj
prob: Poj1486
lang: c++
*/
#include<cstdio>
#include<cstring>
#include<algorithm>
#include<iostream>
#include<vector>

using namespace std;

struct Rec
{
    int x1, y1, x2, y2;
};

int n;
int edges[105][105];
Rec recs[105];
int mat[105];
int vis[105];

bool dfs(int k)
{
    for (int i=1; i<=n; i++)
    {
        if (edges[k][i] && !vis[i])
        {
            vis[i]=1;
            if (!mat[i] || dfs(mat[i]))
            {
                mat[i]=k;
                return true;
```

```
            }
        }
    }
    return false;
}

void match()
{
    memset(mat, 0, sizeof(mat));
    for (int i=1; i<=n; i++)
    {
        memset(vis, 0, sizeof(vis));
        dfs(i);
    }
}

int main()
{
    int cas=1;
    while (~scanf("%d", &n)&& n)
    {
        memset(edges, 0, sizeof(edges));
        for (int i=1; i<=n; i++)
            scanf("%d %d %d %d", &recs[i].x1, &recs[i].x2, &recs[i].y1, &recs[i].y2);
        int x, y;
        for (int i=1; i<=n; i++)
        {
            scanf("%d %d", &x, &y);
            for (int j=1; j<=n; j++)
            {
                if (recs[j].x1<x && recs[j].x2>x && recs[j].y1<y && recs[j].y2>y)
                    edges[i][j]=1;
            }
        }
        match();
        bool flag=false;
        printf("Heap %d\n", cas++);
        //枚举每一条边
        for (int i=1; i<=n; i++)
        {
            if (!mat[i])continue;
            int point=mat[i];
            //删掉这一条边以及他的匹配
```

```
            mat[i]=0;
            edges[point][i]=0;
            memset(vis, 0, sizeof(vis));
            //如果找不到增广路，记录答案，并且恢复原图
            if (!dfs(point))
            {
                if (flag)printf(" ");
                else flag=true;
                printf("(%c, %d)", 'A'+i-1, point);
                mat[i]=point;
            }
            //如果找到了增广路，仅仅需要把边恢复即可
            edges[point][i]=1;
        }
        if (!flag)printf("none");
        printf("\n\n");
    }
    return 0;
}
```

【例 5.20】 有 n 个人和 n 个房子，给出他们的平面坐标。要把人和房子一一匹配，问所有人回家的总路程的最小值。人与房子的距离为曼哈顿距离。

【算法分析】

本题目是非常明显的最优匹配问题，不但要求最大匹配，还要在最大匹配的基础上求边权之和最小的匹配，也就是最优匹配。求最优匹配的算法是 KM 算法，基本思想如下：

KM 算法是在最大匹配的基础上，对所有节点设置了一个可行顶标 l[i]，并且 l[i]要满足对于任意两个节点(x, y)，有 $l[x]+l[y]\geqslant w(x, y)$。定义相等子图为包含原图中所有的点，但只包含 $l[x]+l[y]=w(x, y)$的边的图。

那么，如果在相等子图中存在一个完备匹配，该完备匹配就必然是原图中的最优匹配，原因是：被选中的点的 l[i]之和恰好就是被选中的所有的边之和，又有：$l[x]+l[y]\geqslant w(x, y)$。因此，答案的下界必然是所有节点 l[i]之和。

在实现这样的算法中，首先可以给每个节点构造一个可行顶标 l[i]，一般选择 l[i]为 max(w(i, k))，这样每个 l[i]必定满足之前的限制条件。

在此基础上，求相等子图做一次最大匹配，如果产生了完备匹配，则该完备匹配就是答案，如果没有产生，则需要添加更多的边进入相等子图中，根据枚举的思想，每次只能让加入的边具有同样的边权。

因此，每次可以枚举所有访问过的 x 和未访问的 y，求出最小的 $w(x, y)-l[x]-l[y]$ 作为 delta，对所有 x 执行 dec(l[x], delta)，对所有 y 执行 inc(l[y], delta)，这样，既保证了新的边加入到了相等子图内，又保证了原来的边依然满足条件。

更改顶标后，继续做完备匹配。重复上述过程直到找到了完备匹配即是答案。

该算法的复杂度是 $O(n^3)$。

【程序实现】

```
/*
prob: Poj2195
lang: c++
*/
#include<cstdio>
#include<cstring>
#include<algorithm>
#include<iostream>
#include<vector>

#define INF 0x3f3f3f3f

using namespace std;

struct Point
{
    int x, y;
}man[105], house[105];

int n, m;
int mcnt, hcnt;
int edges[105][105];
int A[105], B[105];
int mat[105];
bool visA[105], visB[105];
int d;

void init()
{
    for (int i=1; i<=mcnt; i++)
        for (int j=1; j<=hcnt; j++)
            edges[i][j]=abs(man[i].x-house[j].x)+abs(man[i].y-house[j].y);

    memset(A, 0x3f, sizeof(A));
    memset(B, 0, sizeof(B));
    for (int i=1; i<=mcnt; i++)
        for (int j=1; j<=hcnt; j++)
            A[i]=min(A[i], edges[i][j]);
}

bool dfs(int i)
{
```

```
        visA[i]=1;
        for (int j=1; j<=hcnt; j++)
        {
            if (!visB[j] && edges[i][j])
            {
                int t=edges[i][j]-A[i]-B[j];
                if (!t)
                {
                    visB[j]=1;
                    if (!mat[j] || dfs(mat[j]))
                    {
                        mat[j]=i;
                        return true;
                    }
                } else d=min(d, t);
            }
        }
        return false;
    }

    int match()
    {
        memset(mat, 0, sizeof(mat));
        for (int i=1; i<=mcnt; i++)
        {
            while (true)
            {
                memset(visA, 0, sizeof(visA));
                memset(visB, 0, sizeof(visB));
                d=INF;
                if (dfs(i))break;
                for (int j=1; j<=mcnt; j++)
                {
                    if (visA[j])A[j]+=d;
                    if (visB[j])B[j]-=d;
                }
            }
        }
        int ans=0;
        for (int i=1; i<=hcnt; i++)
            ans+=edges[mat[i]][i];
        return ans;
    }
```

```
int main()
{
    while (~scanf("%d %d", &n, &m)&& n && m)
    {
        char c;
        mcnt=hcnt=0;
        for (int i=0; i<n; i++)
        {
            for (int j=0; j<m; j++)
            {
                cin>>c;
                if (c=='m')
                {
                    mcnt++;
                    man[mcnt].x=i;
                    man[mcnt].y=j;
                } else if (c=='H')
                {
                    hcnt++;
                    house[hcnt].x=i;
                    house[hcnt].y=j;
                }
            }
        }
        init();
        int ans=match();
        printf("%d\n", ans);
    }
    return 0;
}
```

5.8 网络流

网络流算法是图论中一种高效的算法，用类似水流的方式来描述整个图的状况，它是图论中模型最复杂、编程复杂度最高的一种算法。网络流算法中用到了图论中的各种算法，如最短路径、BFS 序等，对编程者的综合能力要求很高，网络流类的题目可以结合各种算法去考察，适用范围很广。

5.8.1 网络流的概念

1. 网络的定义

图 G(V, E)是一个简单的有向图，在图中，有两个节点 s、t，其中 s 称作源点，t 称作汇点，源点有无穷多的水流可以流出，汇点可以接收无穷多的水流。图中的每一条边(i，j)有一个权值 C_{ij}，称作该条边的容量，我们把这样的图称作一个网络，记作 G=(V，E，C)。如图 5.6 所示。

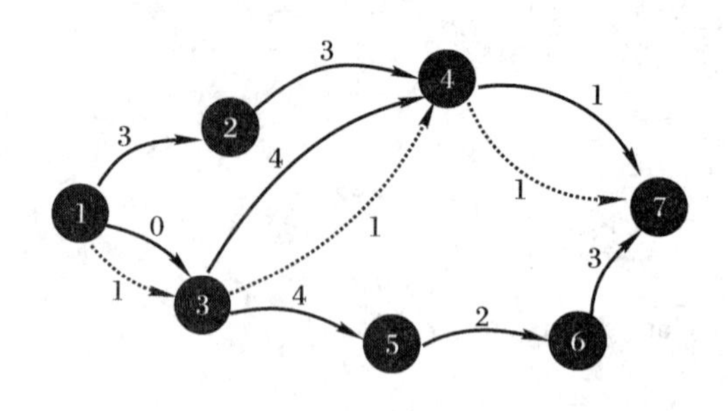

图 5.6　一个网络

2. 最大流的定义

在网络中，单位时间内可以从源点 s 流出无穷多的水流，单位时间内汇点可以接收无穷多的水流，每条边最多可以接收的流量为其容量大小 C_{ij}。最大流的定义是，在最好的情况下，每单位时间可以从源点 s 流入多少水流到汇点 t。原图中的最大流是 3，如图 5.7 所示。

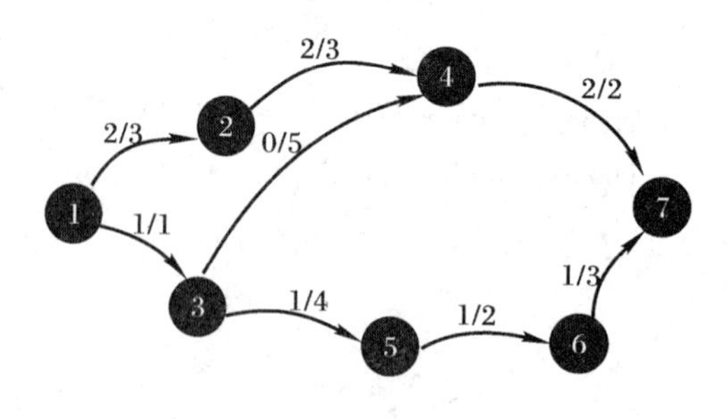

图 5.7　最大流

5.8.2　最大流的求解方法

求最大流的方法与二分图中求最大匹配的方法很相似，都是使用求增广路的方法，其区别在于：二分图中求增广路，每条边的长度都是 1，网络流中求增广路，则是要求一个最大的流量。例如，在一条水流中，依次经过了 4 条边，这四条边的容量分别为 5、4、6、2，那么，在这一条路径中，单位时间能够经过的最大水流是 2，即所有边中容量最少的那一个。更普遍的，在求解最大流时，使用的是残余流量这个概念，如图 5.8 所示，虽然边(2，4)的容量为 3，但由于已经有 1 的流量经过，剩余的容量只有 3−1=2。

在求解增广路的过程中，有些边的水流方向可能是错的，需要把这些水流“退回来”，需要引入反向弧的概念。如图 5.9 所示。反向弧通俗的理解，就是“给程序一次后悔的机会”，例如，在一个网络中，从点 x 到点 y 的容量是 16，当前经过的流量是 11，剩余的容量是 5，那么，意味着从 y 到 x 此时最多可以“退”11 的流量回去，因此，可以建立一条从 y 到 x 的容量为 0，流量为−11 的边。更普遍的，对于网络中任何一条从 i 到 j 容量为 C_{ij} 的边，可以构造一条从 j 到 i 容量为 0，流量为 0 的边，当有流量 flow 从 i 流向 j 时，反向边的流量=−flow。

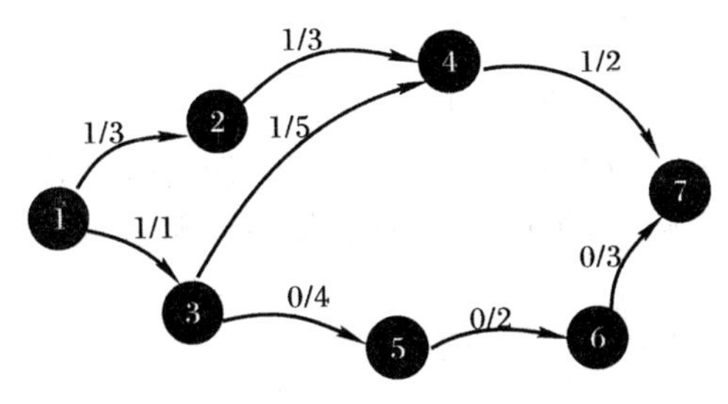

图 5.8 残余流量

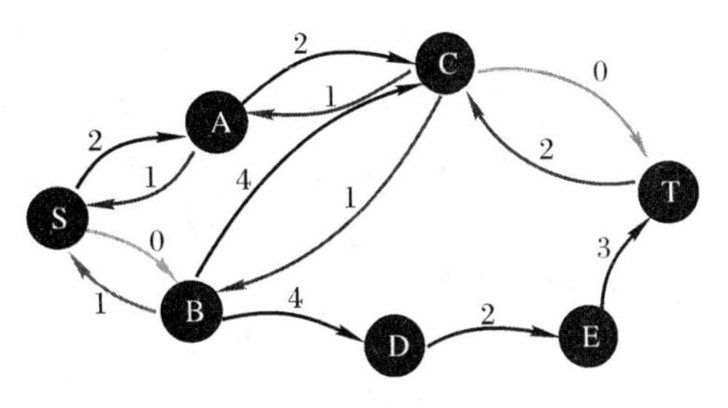

图 5.9 反向弧

求解增广路的常用方法有：

(1) 宽度优先搜索。

(2) 深度优先搜索。

(3) 带标号的搜索。

在网络流算法中，一般使用效率较高的第三种搜索方式，其也被称作 dinic 算法。求解增广路的带标号搜索算法流程如下：

(1) 以 s 为根节点，对原图做一次宽度优先搜索，按照每个节点距离根节点的深度对所有节点编号并分层。

(2) 从 s 开始，使用深度优先搜索向下一层寻找节点 t，在寻找的过程中记录路径上的可行流量 flow 即 $\min(C_{ij})$，找到节点 t 后，把所有的正向边流量＋flow，所有的反向边流量－flow。起初，对于一条边(i, j)，反向边的流量为 C_{ij}，意味着不能有反向的流量从 j 流到 i，随着从 i 到 j 的流量增加，反向边流量将逐渐减少。

(3) return flow 给上一层。

流程 2 的伪代码如下：

```
//x是当前节点编号，a是当前流量大小
int dfs(int x, int a)
{
    if (a==0 即没有流量 or x==T 即到达目标)
        return a; //返回流量给调用者
    //flow是当前节点可以扩展出的流量，f是临时变量
    int flow=0, f;
    for (每一条层次只比 x 大 1 的边，对应节点是 y)
    {
        //如果水流走向 y 可以通到目标 T
        if (dfs(y, min(a, 剩余流量(x, y)))!=0)
        {
            正向边流量+=f;
            反向边流量-=f;
            当前流量 a-=f;
            该节点的流量 flow+=f;
        }
    }
    return flow;
```

```
    }
```

在网络流中有这样一个定理：当网络中找不到增广路时，网络必定已经达到最大流。因此，求解最大流的思路就是不断重复上述操作，直到再也找不到增广路。伪代码如下：

```
    //build是按层次标号的过程，由于在求解最大流的过程中边的流量在变化，因此有些边所在的层次会改变
    //当从s层次遍历不能到达t时，说明不存在增广路，可以break
    while (build())
    {
        //做一次增广路
        ans+=dfs(0, INF);
    }
```

dinic 算法的时间复杂度是 $O(n^2m)$，对于网络流中的大部分题目已经够用。

dinic 算法的一个较好实现如下，请读者选择性阅读。

【程序实现】

```
struct Edge
{
    int from, to, cap, flow;
    Edge(int a, int b, int c, int d): from(a), to(b), cap(c), flow(d)
    {}
};
vector<Edge>edges;
vector<int>G[410];
void addEdge(int from, int to, int cap)
{
    edges.push_back(Edge(from, to, cap, 0));
    edges.push_back(Edge(to, from, 0, 0));
}
int cur[410];
int layer[410];
bool build()
{
    memset(layer, -1, sizeof(layer));
    queue<int>q;
    q.push(0);
    layer[0]=0;
    while (!q.empty())
    {
        int current=q.front();
        q.pop();
        for (int i=0; i<G[current].size(); i++)
        {
            Edge &e=edges[G[current][i]];
```

```
            if (layer[e.to]==-1 && e.cap>e.flow)
            {
                layer[e.to]=layer[current]+1;
                q.push(e.to);
            }
        }
    }
    return layer[T]!=-1;
}

int dfs(int x, int a)
{
    if (a==0 || x==T)return a;
    int flow=0, f;
    for (int &i=cur[x]; i<G[x].size(); i++)
    {
        Edge & e=edges[G[x][i]];
        if (layer[e.to]==layer[x]+1 && (f=dfs(e.to, min(e.cap-e.flow, a))))
        {
            e.flow+=f;
            //边 0 和 1 互为反向边，边
            edges[G[x][i] ^ 1].flow-=f;
            a-=f;
            flow+=f;
            if (!a)break;
        }
    }
    return flow;
}
int dinic()
{
    int ans=0;
    while (build())
    {
        memset(cur, 0, sizeof(cur));
        ans+=dfs(0, INF);
    }
    return ans;
}
```

【例 5.21】 n 种插座各一个接在电源上，m 个用电器，每个用电器有一个插座类型，k 种转换器，可以将前一种类型转换为后一种。每种转换器可以用无数个。问：最多能支持多少个用电器？

【算法分析】 这是一道典型的网络流题目，通过此题来学习如何把原本跟水流不相关的题目转化成网络流问题。

首先，我们假设有一个源点 s 以及汇点 t，它们并不代表任何内容。

从源点 s 向每个插座连一条容量为 1 的边，这样，最大流最多不超过插座个数 n，每个插座最多可以通过流量为 1 的水流(本题中可以理解为电流)，那么，通过电流则说明该插座被用着了，没有通过电流则说明该插座没有被用到。

其次，从 m 个用电器向汇点 t 连一条容量为 1 的边，这样，最大流最多不超过用电器个数 m，如果一个用电器的边被通过了电流，则说明这个用电器被通电。

最后，来考虑如何把转换器、插座和用电器联系起来。分两个层面来考虑：

(1) 如果一个转换器可以把插座 i 转换为插座 j，那么，给插座 i 连接一条到插座 j、容量为无穷大的边，这样，通过插座 i 的电流可以通过插座 j 传递给用电器。由于转换器的个数是无穷多的，因此这条边的容量也是无穷大。

(2) 如果一个插座 i 可以给用电器 j 供电，那么，给插座 i 连接一条到用电器 j 的边，容量为 1。此处容量为无穷大也没有问题，原因是在用电器处对流量进行了限制。

按照这样的建图方式，对原图求最大流，即这样的电网中的最大电流，每一道电流对应一个用电器被使用，因此最大流即最多能满足的用电器个数。

【程序实现】

```
/*
prob: Poj1087
lang: c++
*/
#include<cstdio>
#include<cstring>
#include<algorithm>
#include<iostream>
#include<vector>
#include<map>
#include<string>
#include<queue>

#define INF 0x3f3f3f3f
#define T 401

using namespace std;

struct Edge
{
    int from, to, cap, flow;
    Edge(int a, int b, int c, int d): from(a), to(b), cap(c), flow(d)
    {}
};
```

```
int n, m, k;
int tot;
map<string, int>nodes; //每个插座或用电器对应的节点编号
vector<Edge>edges;
vector<int>G[410];
void addEdge(int from, int to, int cap)
{
    edges.push_back(Edge(from, to, cap, 0));
    edges.push_back(Edge(to, from, 0, 0));
    int t=edges.size();
    G[from].push_back(t-2);
    G[to].push_back(t-1);
}

int cur[410];
int layer[410];
bool build()
{
    memset(layer, -1, sizeof(layer));
    queue<int>q;
    q.push(0);
    layer[0]=0;
    while (!q.empty())
    {
        int current=q.front();
        q.pop();
        for (int i=0; i<G[current].size(); i++)
        {
            Edge &e=edges[G[current][i]];
            if (layer[e.to]==-1 && e.cap>e.flow)
            {
                layer[e.to]=layer[current]+1;
                q.push(e.to);
            }
        }
    }
    return layer[T]!=-1;
}

int dfs(int x, int a)
{
    if (a==0 || x==T)return a;
    int flow=0, f;
```

```
    for (int &i=cur[x]; i<G[x].size(); i++)
    {
        Edge & e=edges[G[x][i]];
        if (layer[e.to]==layer[x]+1 && (f=dfs(e.to, min(e.cap-e.flow, a))))
        {
            e.flow+=f;
            edges[G[x][i]^1].flow-=f;
            a-=f;
            flow+=f;
            if (!a)break;
        }
    }
    return flow;
}

int dinic()
{
    int ans=0;
    while (build())
    {
        memset(cur, 0, sizeof(cur));
        ans+=dfs(0, INF);
    }
    return ans;
}

int main()
{
    while (~scanf("%d", &n))
    {
        for (int i=0; i<405; i++)
            G[i].clear();
        edges.clear();
        nodes.clear();
        string s1, s2;
        tot=1;
        for (int i=1; i<=n; i++)
        {
            cin>>s1;
            nodes[s1]=tot++;
            addEdge(0, nodes[s1], 1);
        }
        scanf("%d", &m);
```

```
        for (int i=0; i<m; i++)
        {
            cin>>s1>>s2;
            nodes[s1]=tot++;
            if (!nodes[s2])nodes[s2]=tot++; // 用电器可能有未知类型的插座(即没连在
                                               电源上)
            addEdge(nodes[s1], T, 1);
            addEdge(nodes[s2], nodes[s1], 1);
        }
        scanf("%d", &k);
        for (int i=1; i<=k; i++)
        {
            cin>>s1>>s2;
            if (!nodes[s1])nodes[s1]=tot++;
            if (!nodes[s2])nodes[s2]=tot++; // 转换器可能有未知类型的插座
            addEdge(nodes[s2], nodes[s1], INF);
        }
        int ans=dinic();
        printf("%d\n", m-ans);
    }
    return 0;
}
```

【例 5.22】 一个电力网络，一共 n 个节点，m 条边，np 个发电站，nc 个用户。每条边有一个容量，每个发电站有一个最大负载，每一个用户也有一个最大接受量。

问最多能供给多少电力?

【算法分析】 此题和上一题解法非常相似，首先，将源点 s 与每一个发电站连一条其最大负载的边，用来控制发电站所流出的最大电流。其次，将所有用户向汇点 t 连一条其最大接收量的边，用来控制用户的最大接受电量。其余的边题目已经给好，直接按照题目的要求来建立。

此时，对原图求最大流，结果就是最大的电力，简单分析如下:

(1) 由于从 s 流出的所有流量最大不超过所有发电站最大负载之和，因此答案必然小于等于理论上界。

(2) 由于流入每个发电站的电量最大不超过其负载，因此，每个发电站都不会超过负载。

(3) 由于从每个用户流出的电量最大不超过其接受量，因此，每个用户不会过多的接受电量。

(4) 从每个发电站流向用户的电量代表着这个发电站给用户供了多少电。

(5) 每个用户所接受的流量代表着每个发电站给用户供了多少电。

【程序实现】

```
/*
prob: Poj1459
```

```
lang: c++
*/
#include<cstdio>
#include<cstring>
#include<algorithm>
#include<iostream>
#include<vector>
#include<queue>

#define INF 0x3f3f3f3f
#define T (n+1)

using namespace std;

struct Edge
{
    int from, to, cap, flow;
    Edge()
    {}
    Edge(int a, int b, int c, int d): from(a), to(b), cap(c), flow(d)
    {}
};

int n, np, nc, m;
vector<Edge>edges;
vector<int>G[105];
void addEdge(int from, int to, int cap)
{
    edges.push_back(Edge(from, to, cap, 0));
    edges.push_back(Edge(to, from, 0, 0));
    int siz=edges.size();
    G[from].push_back(siz-2);
    G[to].push_back(siz-1);
}

int cur[105];
int layer[105];

bool build()
{
    memset(layer, -1, sizeof(layer));
    queue<int>q;
    q.push(0);
```

```
    layer[0]=0;
    while (!q.empty())
    {
        int current=q.front();
        q.pop();
        for (int i=0; i<G[current].size(); i++)
        {
            Edge e=edges[G[current][i]];
            if (layer[e.to]==-1 && e.cap>e.flow)
            {
                layer[e.to]=layer[current]+1;
                q.push(e.to);
            }
        }
    }
    return layer[T]!=-1;
}

int find(int x, int curflow)
{
    if (x==T || !curflow)
        return curflow;
    int f, flow=0;
    for (int &i=cur[x]; i<G[x].size(); i++)
    {
        Edge &e=edges[G[x][i]];
        if (layer[e.to]==layer[x]+1
            && (f=find(e.to, min(curflow, e.cap-e.flow))))
        {
            e.flow+=f;
            edges[G[x][i]^1].flow-=f;
            flow+=f;
            curflow-=f;
            if (!curflow)break;
        }
    }
    return flow;
}

int dinic()
{
    int maxflow=0;
    while (build())
```

```
    {
        memset(cur, 0, sizeof(cur));
        maxflow+=find(0, INF);
    }
    return maxflow;
}

int main()
{
    while (~scanf("%d %d %d %d", &n, &np, &nc, &m))
    {
        char t;
        int a, b, c;
        for (int i=0; i<=n; i++)
            G[i].clear();
        edges.clear();
        for (int i=0; i<m; i++)
        {
            cin>>t>>a>>t>>b>>t>>c;
            addEdge(a+1, b+1, c);
        }
        for (int i=0; i<np; i++)
        {
            cin>>t>>a>>t>>b;
            addEdge(0, a+1, b);
        }
        for (int i=0; i<nc; i++)
        {
            cin>>t>>a>>t>>b;
            addEdge(a+1, T, b);
        }
        int ans=dinic();
        printf("%d\n", ans);
    }
    return 0;
}
```

【例 5.23】 给定一个长度为 n 的整数数组 a，以及 m 个好的配对(i, j)，保证 i+j 是奇数并且 i、j⩽n。

你可以执行下面的操作：

(1) 选择一个好的配对(i, j)，以及一个大于 1 的整数 v，这个整数 v 必须满足 a[i]%v=0，a[j]%v=0。

(2) 执行 a[i]/=v，a[j]/=v。

问：最多能执行多少次操作？(保证每对(i，j)不同且 i<j)

$n \leqslant 100$，$m \leqslant 100$，$a[i] \leqslant 10^9$。

【算法分析】

此题目看起来和网络流并没有关系，首先从数学的角度推导其是否有可参考的结论。

(1) 每次选择的数字 v 是否一定是素数？

答案是肯定的，如果有一次除以了一个合数 v，那么显然可以把它分成若干个素数的乘积，然后做多次这样的操作。

(2) 把每个数字分解质因数是否有价值？

答案也是肯定的，每次只能选择素数，那么显然只能从每个数字分解出的质因数来选择。

(3) i+j 是奇数有什么用？

这个问题稍后解答。

有了以上两个结论，就可以逐步把题目转化成网络流的模型了。

首先，把所有读入的 a[i]分解质因数，表示成：

$$a[i]=a[i][0]^{b[i][0]} \times a[i][1]^{b[i][1]} \times \cdots \times a[i][t]^{b[i][t]}$$

例如：

$$a[1]=12=2^2 \times 3^1$$

那么，可以把 a[1]这个点拆成 2 个点，分别是：2，代表第一个素因数；3，代表第二个素因数。

此时，从 s 向节点 2 连一条长度为 2 的边，代表 a[1]这个数字最多只能被 2 除两次，从 s 向 3 连一条长度为 1 的边，代表 a[1]这个数字最多只能被 3 除一次。

用这样的思路，可以控制每个数字被除的次数。

其次来考虑如何把 i 和 j 联系起来。很显然，从 i 和 j 共同因数的点连一条流量为无穷大的边即可。

此时，会有一个明显的问题，既然所有水流都可以从 s 到中间的每一个点，为何还需要从 i 到 j 的边呢？此时考虑题目中一个从来都没有用过的条件：i+j=奇数。即 i 和 j 一奇一偶。

从 s 到每一个素数的边可以控制每个素数用的次数，从每个素数到 t 的边也可以控制每个素数用的次数，但重复建立两次边显然是没用的。因此，我们可以把节点分成两部分：编号为奇数的点是一部分，编号为偶数的点是一部分，此时，从 s 到每个编号为奇数的素因子建立边，从每个编号为偶数的素因子到 t 建立边，再从每对(i，j)(i 是奇数，j 是偶数)建立一条长度为无穷大的边即可。

这样，每一次操作(即水流)必然会经过节点 i 和 j，并且它们的使用次数得到了保证。

在此基础上做最大流，最大流的流量即为答案。

实际上，本题的做法可以更简单：显然，不同的素因数是不可能有公共边的，因此，完全可以枚举每一个素因数，然后对它们分别建图去求最大流，这样，每次图中的边非常少，算法的复杂度更低。

【程序实现】

```
/*
prob: CF408C
```

```
lang: c++
*/
#include<cstdio>
#include<iostream>
#include<cstring>
#include<cmath>
#define LL long long
#define inf 0x3ffffff
#define S 0
#define T 99999
#define N 200010
using namespace std;
inline LL read()
{
    LL x=0, f=1; char ch=getchar();
    while(ch<'0'||ch>'9'){if(ch=='-')f=-1; ch=getchar(); }
    while(ch>='0'&&ch<='9'){x=x*10+ch-'0'; ch=getchar(); }
    return x*f;
}
struct edge{int to, next, v; }e[10*N];
int head[N];
int a[N], h[N], q[N], u[N], v[N];
int n, m, cnt=1, ans;
inline void ins(int u, int v, int w)
{
    e[++cnt].v=w;
    e[cnt].to=v;
    e[cnt].next=head[u];
    head[u]=cnt;
}
inline void insert(int u, int v, int w)
{
    ins(u, v, w);
    ins(v, u, 0);
}
inline bool bfs()
{
    int t=0, w=1;
    memset(h, -1, sizeof(h));
    q[1]=S; h[S]=0;
    while (t<w)
    {
        int now=q[++t];
```

```
        for (int i=head[now]; i; i=e[i].next)
          if (e[i].v&&h[e[i].to]==-1)
          {
            h[e[i].to]=h[now]+1;
            q[++w]=e[i].to;
          }
    }
    if (h[T]==-1)return 0;
    return 1;
}
inline int dfs(int x, int f)
{
    if (x==T||!f)return f;
    int w, used=0;
    for (int i=head[x]; i; i=e[i].next)
        if (e[i].v&&h[e[i].to]==h[x]+1)
        {
            w=dfs(e[i].to, min(e[i].v, f-used));
            e[i].v-=w;
            e[i^1].v+=w;
            used+=w;
            if (f==used)return f;
        }
    if (!used)h[x]=-1;
    return used;
}
inline void dinic(){while (bfs())ans+=dfs(S, inf); }
inline void solve(int x)
{
    cnt=1;
    memset(head, 0, sizeof(head));
    for (int i=1; i<=n; i++)
    {
        int t=0;
        while (a[i]%x==0)t++, a[i]/=x;
        if(i&1)insert(S, i, t);
        else insert(i+n, T, t);
    }
    for (int i=1; i<=m; i++)insert(u[i], v[i]+n, inf);
    dinic();
}
int main()
{
```

```
    n=read(); m=read();
    for (int i=1; i<=n; i++)a[i]=read();
    for (int i=1; i<=m; i++)
    {
        u[i]=read();
        v[i]=read();
        if (u[i]%2==0)swap(u[i], v[i]);
    }
    for (int i=1; i<=n; i++)
    {
        int t=sqrt(a[i]);
        for (int j=2; j<=t; j++)if (a[i]%j==0)solve(j);
        if (a[i]!=1)solve(a[i]);
    }
    printf("%d\n", ans);
    return 0;
}
```

【例 5.24】 有 n 块田地，给出每块田地上初始的牛的数量和每块田地可以容纳的牛的数量。m 条双向的路径，每条路径上可以同时通过的牛没有限制。

问牛要怎么走，能在最短时间内使得每块田地都能容纳得下，如果有解输出最短时间，否则输出−1。

【算法分析】 首先来确定本题需要控制的几个要点：每块田地最多可以流出的牛的数量，也就是它初始的牛的数量；最后可以流入每块田地的牛的数量，也就是它可以容纳的牛的最大数量。

对于这两个条件，我们可以把每块田地当做一个节点 i，从 s 连一条到 i 的节点，容量是每块田地初始的牛的数量，从 i 连一条到 t 的节点，容量是每块田地可以容纳的牛的数量，这样，每块田地的这两个限制得到了保证。

题目中还有一个条件，那就是田地之间还可以相互行走。显然的，如果两块田地之间可以相互到达，则建立一条边。此时遇到两个问题：

(1) 本题是双向边，建立一条(i，j)的双向边有什么意义？

(2) 如何通过这个网络求最短时间？

第一个问题的答案是：没有意义。这样会影响反向边的建立。如何解决这个问题？方法是拆点！

把每一块田地对应的节点 i 拆成节点 i 和节点 i′，从 s 到 i 建边，容量是初始牛的数量，从 i′到 t 建边，容量是田地的容纳量，从 i 到 i′建立一条容量无穷大的边，这样，既不改变原来的限制，又使得节点 i 拆成了两个不同的点。

此时，如果 i 和 j 可以互相到达，建立一条从 i 到 j′的容量为无穷大的边，和一条从 j 到 i′的容量为无穷大的边，解决了建边的问题。

第二个问题的答案是：无法求。

显然，网络中并没有哪一个参数涉及到了时间这一变量。因此，直接求最短时间是不可能的，但如果这变成一个可行性问题，是可以求解的。给定网络以及网络中的边，问能否满足条件？此时直接求最大流，判断是否是满流即可。

遇到可行性问题求最小值，最常见的方法就是二分，此题也不例外。我们可以对原图做 floyd 求出两两之间的最短路径，二分一个时间 t，把那些距离≤t 的边全部加入到网络中，求一遍最大流，看能否满足题目的要求，如果可以，则二分右区间，如果不行，则二分左区间。

时间复杂度为预处理复杂度＋二分复杂度×网络流复杂度$=O(n^3+(\log t)\times n^2 m)$。

注意：在二分的时候，可以根据所有的距离对时间进行离散化，这样，二分的范围最多只可能是从 1 到 n^2。

【程序实现】

```
/*
prob: Poj2391
lang: c++
*/
#include<cstdio>
#include<cstring>
#include<algorithm>
#include<iostream>
#include<vector>
#include<queue>

#define T (n<<1 | 1)

using namespace std;

const long long INF=1e16;

struct Edge
{
    int from, to, cap;
    Edge()
    {}
    Edge(int a, int b, int c): from(a), to(b), cap(c)
    {}
};

int n, m;
int sum;
long long arr[405][405];
int cow[405];
int cap[405];
vector<Edge>edges;
vector<int>G[405];
```

```
void floyd()
{
    for (int k=1; k<=n; k++)
        for (int i=1; i<=n; i++)
            for (int j=1; j<=n; j++)
                arr[i][j]=min(arr[i][j], arr[i][k]+arr[k][j]);
}

void addEdge(int from, int to, int cap)
{
    edges.push_back(Edge(from, to, cap));
    edges.push_back(Edge(to, from, 0));
    int siz=edges.size();
    G[from].push_back(siz-2);
    G[to].push_back(siz-1);
}

int cur[405];
int layer[405];
bool build()
{
    queue<int>q;
    memset(layer, -1, sizeof(layer));
    q.push(0);
    layer[0]=0;
    while (!q.empty())
    {
        int current=q.front();
        q.pop();
        for (int i=0; i<G[current].size(); i++)
        {
            Edge e=edges[G[current][i]];
            if (layer[e.to]==-1 && e.cap>0)
            {
                layer[e.to]=layer[current]+1;
                q.push(e.to);
            }
        }
    }
    return layer[T]!=-1;
}
```

```
int find(int x, int curFlow)
{
    if (x==T ||! curFlow)return curFlow;
    int flow=0, f;
    for (int &i=cur[x]; i<G[x].size(); i++)
    {
        Edge &e=edges[G[x][i]];
        if (layer[e.to]==layer[x]+1
            && (f=find(e.to, min(curFlow, e.cap))))
        {
            e.cap-=f;
            edges[G[x][i]^1].cap+=f;
            flow+=f;
            curFlow-=f;
            if (!curFlow)break;
        }
    }
    return flow;
}

int dinic()
{
    int ans=0;
    while (build())
    {
        memset(cur, 0, sizeof(cur));
        ans+=find(0, 0x3f3f3f3f);
    }
    return ans;
}

void buildGraph(long long x)
{
    for (int i=0; i<=T; i++)
        G[i].clear();
    edges.clear();
    for (int i=1; i<=n; i++)
    {
        addEdge(0, i, cow[i]);
        addEdge(i+n, T, cap[i]);
        addEdge(i, i+n, 0x3f3f3f3f);
    }
    for (int i=1; i<=n; i++)
```

```
        {
            for (int j=i+1; j<=n; j++)
            {
                if (arr[i][j]<=x)
                {
                    addEdge(i, j+n, 0x3f3f3f3f);
                    addEdge(j, i+n, 0x3f3f3f3f);
                }
            }
        }
}

long long solve()
{
    long long ans=-1;
    long long l=0, r=INF-1;
    while (l<=r)
    {
        long long mid=l+r>>1;
        buildGraph(mid);
        if (dinic()>=sum)
        {
            ans=mid;
            r=mid-1;
        } else l=mid+1;
    }
    return ans;
}

int main()
{
    while (~scanf("%d %d", &n, &m))
    {
        sum=0;
        for (int i=1; i<=n; i++)
        {
            scanf("%d %d", &cow[i], &cap[i]);
            sum+=cow[i];
        }
        int a, b, c;
        for (int i=1; i<=n; i++)
            for (int j=1; j<=n; j++)
                arr[i][j]=INF;
```

```
            for (int i=0; i<m; i++)
            {
                scanf("%d %d %d", &a, &b, &c);
                if (c<arr[a][b])arr[a][b]=arr[b][a]=c;
            }
            floyd();
            long long ans=solve();
            printf("%lld\n", ans);
        }
        return 0;
    }
```

有关网络流的内容特别多，如要详细讲解，已经可以单独编书，建议要进一步了解网络流知识的读者继续阅读图论的相关书籍。

习　题　5

1. 编写并查集、最小生成树、最短路径、强连通分量、2-SAT、二分图、网络流中的相关算法程序，并整理成自己的模板。

2. 思考并简述并查集在维护集合的归属情况时，还能维护什么样的内容。

3. 试证明 tarjan 算法的正确性。

4. 举例说明什么是二分图。

5. 试用网络流的思路求解二分图最大匹配，并比较两者效率。

6. 了解有关最小费用、最大流的知识。

7. 买礼物。

题目描述：

又到了一年一度的明明生日了，明明想要买 B 样东西，巧的是，这 B 样东西价格都是 A 元。

但是，商店老板说最近有促销活动，具体是：

如果你买了第 I 样东西，再买第 J 样，那么就可以只花 K[I, J]元，更巧的是，K[I, J]竟然等于 K[J, I]。

现在明明想知道，他最少要花多少钱。

输入格式：

第一行两个整数：A，B。

接下来 B 行，每行 B 个数，第 I 行第 J 个为 K[I, J]。

我们保证 K[I, J]=K[J, I]并且 K[I, I]=0。

特别的，如果 K[I, J]=0，那么表示这两样东西之间不会导致优惠。

输出格式：

仅一行一个整数，为最小要花的钱数。

样例输入：

```
3 3
```

0 2 4
2 0 2
4 2 0

样例输出：

7

8. 最短路计数。

题目描述：

给出一个 N 个顶点 M 条边的无向无权图，顶点编号为 1～N。问从顶点 1 开始，到其他每个点的最短路有几条。

输入格式：

输入第一行包含 2 个正整数 N、M，为图的顶点数与边数。

接下来 M 行，每行两个正整数 x、y，表示有一条顶点 x 连向顶点 y 的边，请注意可能有自环与重边。

输出格式：

输出包括 N 行，每行一个非负整数，第 i 行输出从顶点 1 到顶点 i 有多少条不同的最短路，由于答案有可能会很大，你只需要输出 mod 100003 后的结果即可。如果无法到达顶点 i 则输出 0。

输入样例：

5 7
1 2
1 3
2 4
3 4
2 3
4 5
4 5

输出样例：

1
1
1
2
4

9. 封锁阳光大学。

题目描述：

曹是一个爱刷街的人，暑假期间，他每天都欢快地在阳光大学的校园里刷街。河蟹看到欢快的曹，感到不爽。河蟹决定封锁阳光大学，不让曹刷街。

阳光大学的校园是一张由 N 个点构成的无向图，N 个点之间由 M 条道路连接。每只河蟹可以对一个点进行封锁，当某个点被封锁后，与这个点相连的道路就被封锁了，曹就无法再在这些道路上刷街了。非常悲剧的一点是，河蟹是一种不和谐的生物，当两只河蟹封锁了相邻的两个点时，它们会发生冲突。

询问：最少需要多少只河蟹，可以封锁所有道路并且不发生冲突？

输入格式：

第一行：两个整数 N、M。

接下来 M 行：每行两个整数 A、B，表示点 A 到点 B 之间有道路相连。

输出格式：

仅一行：如果河蟹无法封锁所有道路，则输出“Impossible”，否则输出一个整数，表示最少需要多少只河蟹。

输入样例：

```
3 3
1 2
1 3
2 3
```

输出样例：

```
Impossible
```

10. 兽径管理。

题目描述：

约翰农场的牛群希望能够在 N 个（1≤N≤200）草地之间任意移动。草地的编号由 1 到 N。草地之间有树林隔开。牛群希望能够选择草地间的路径，使牛群能够从任一片草地移动到任一片其他草地。牛群可在路径上双向通行。

牛群并不能创造路径，但是它们会保有及利用已经发现的野兽所走出来的路径（以下简称兽径）。每星期它们会选择并管理一些或全部已知的兽径当作通路。

牛群每星期初会发现一条新的兽径。它们接着必须决定管理哪些兽径来组成该周牛群移动的通路，使得牛群得以从任一草地移动到任一草地。牛群只能使用当周有被管理的兽径做为通路。

牛群希望它们管理的兽径长度和为最小。牛群可以从它们知道的所有兽径中挑选出一些来管理。牛群可以挑选的兽径与它之前是否曾被管理无关。

兽径决不会是直线，因此连接两片草地之间的不同兽径长度可以不同。此外虽然两条兽径或许会相交，但牛群非常的专注，除非交点是在草地内，否则不会在交点换到另外一条兽径上。

在每周开始的时候，牛群会描述它们新发现的兽径。如果可能的话，请找出可从任何一草地通达另一草地的一组需管理的兽径，使其兽径长度和最小。

输入格式：

输入的第一行包含两个用空白分开的整数 N 和 W。W 代表你的程序需要处理的周数（1≤W≤6000）。

以下每处理一周，读入一行数据，代表该周新发现的兽径，由三个以空白分开的整数分别代表该兽径的两个端点（两片草地的编号）与该兽径的长度（1～10 000）。一条兽径的两个端点一定不同。

输出格式：

每次读入新发现的兽径后，你的程序必须立刻输出一组兽径的长度和，此组兽径可从任何一草地通达另一草地，并使兽径长度和最小。如果不能找到一组可从任一草地通达另一草地的兽径，则输出“－1”。

输入样例：

4 6
1 2 10
1 3 8
3 2 3
1 4 3
1 3 6
2 1 2

输出样例：

－1 //No trail connects 4 to the rest of the fields.
－1 //No trail connects 4 to the rest of the fields.
－1 //No trail connects 4 to the rest of the fields.
14 //Maintain 1 4 3，1 3 8，and 3 2 3.
12 //Maintain 1 4 3，1 3 6，and 3 2 3.
8 //Maintain 1 4 3，2 1 2，and 3 2 3.
//program exit

11．瑞瑞的木棍。

题目描述：

瑞瑞有一堆的玩具木棍，每根木棍的两端分别被染上了某种颜色，现在他突然有了一个想法，想要把这些木棍连在一起拼成一条线，并且使得木棍与木棍相接触的两端颜色都是相同的，给出每根木棍两端的颜色，请问是否存在满足要求的排列方式？

例如，如果只有 2 根木棍，第一根两端的颜色分别为 red、blue，第二根两端的颜色分别为 red、yellow，那么 blue－red|red－yellow 便是一种满足要求的排列方式。

输入格式：

输入有若干行，每行包括两个单词，表示一根木棍两端的颜色，单词由小写字母组成，且单词长度不会超过 10 个字母，最多有 250 000 根木棍。

输出格式：

如果木棍能够按要求排列，输出“Possible”，否则输出“Impossible”。

输入样例：

blue red
red violet
cyan blue
blue magenta
magenta cyan

输出样例：

Possible

12．海拔。

题目描述：

YT 市是一个规划良好的城市，城市被东西向和南北向的主干道划分为 n×n 个区域。简单起见，可以将 YT 市看作一个正方形，每一个区域也可看作一个正方形。从而 YT 城市中包括(n+1)×(n+1)个交叉路口和 2n×(n+1)条双向道路(简称道路)，每条双向道路连接主干道上两个相邻的交叉路口。

小 Z 作为该市的市长，他根据统计信息得到了每天上班高峰期间 YT 市每条道路两个方向的人流量，即在高峰期间沿着该方向通过这条道路的人数。每一个交叉路口都有不同的海拔高度值，YT 市市民认为爬坡是一件非常累的事情，每向上爬 h 的高度，就需要消耗 h 的体力。如果是下坡的话，则不需要耗费体力。因此如果一段道路的终点海拔减去起点海拔的值为 h(注意 h 可能是负数)，那么一个人经过这段路所消耗的体力是 max{0，h}(这里 max{a，b}表示取 a、b 两个值中的较大值)。

小 Z 还测量得到这个城市西北角的交叉路口海拔为 0，东南角的交叉路口海拔为 1(如下图所示)，但其他交叉路口的海拔高度都无法得知。小 Z 想知道在最理想的情况下(即你可以任意假设其他路口的海拔高度)，每天上班高峰期间所有人爬坡消耗的总体力和的最小值。

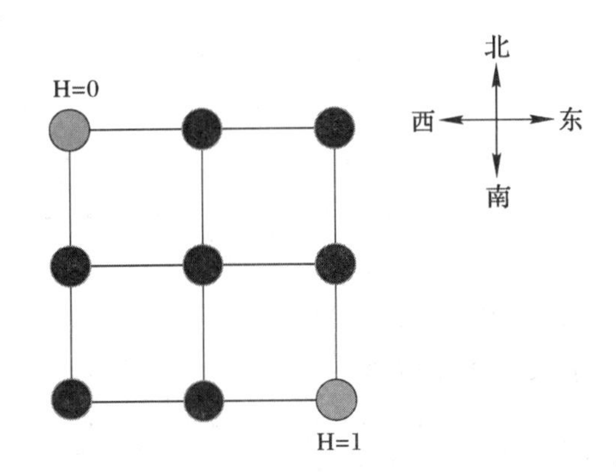

输入格式：

输入第一行包含一个整数 n，含义如上文所示。

接下来 4n(n+1)行，每行包含一个非负整数分别表示每一条道路每一个方向的人流量信息。输入顺序：n(n+1)个数表示所有从西到东方向的人流量，然后 n(n+1)个数表示所有从北到南方向的人流量，n(n+1)个数表示所有从东到西方向的人流量，最后是 n(n+1)个数表示所有从南到北方向的人流量。对于每一个方向，输入顺序按照起点由北向南，若南北方向相同时由从西到东的顺序给出(参见样例输入)。

输出格式：

输出仅包含一个数，表示在最理想情况下每天上班高峰期间所有人爬坡所消耗的总体力和(即总体力和的最小值)，结果四舍五入到整数。

输入样例：

```
1 1 2 3 4 5 6 7 8
```

输出样例：

```
3
```

13. 放置机器人。

题目描述：

有一个 N×M 的棋盘，棋盘的每一格是三种类型之一：空地、草地、墙。机器人只能放在空地上。在同一行或同一列的两个机器人，若它们之间没有墙，则它们可以互相攻击。

问给定的棋盘，最多可以放置多少个机器人，使它们不能互相攻击？

输入格式：

第 1 行为两个整数 N、M。

接下来 N 行，每行 M 个大写字母(只可能是‘E’、‘G’或‘W’，E 表示空地，G 表示草地，W 表示墙壁)。

输出格式：

一个整数 N，表示最多能放置 N 个机器人。

样例输入：

```
5 5
EGGGW
GWWWG
EEWEE
GGGWE
WEGGE
```

样例输出：

```
4
```

14. 最后之战。

题目描述：

KID：想不到 OIBH 还是找了你，工藤新一。

Conan：少废话，今天我要你束手就擒。

KID：呵呵。我们来个君子约定如何？

Conan：什么君子约定？

KID：(拿出一副牌)看好了，这可不是普通的扑克牌，这副扑克牌有 n 张，大小则从 1 到 n，没有 J\Q\K 大王小王之类哦。

一阵眼花缭乱的变戏法般的洗牌后，Conan 定睛一看，整副牌剩下了 1、4、5、16、20、25…也就是说，对于任意一张牌 k 都满足 $k=4^i\times5^j$，其中 i、j≥0。KID 慢条斯理地洗着牌，道出游戏规则：现在我们要取牌，但是，取了某张 x，则 4x、5x、x/4、x/5 都不能再取(如果它们在牌堆里的话，当然如果不在，或者说不存在，比如说 4/5，是本来就没办法取的)。取的张数没有限制，可以取 1 张、2 张等，也可以不取。谁想出来的取法比较多，谁就算赢。

Conan：如果我赢了呢？

KID：那我就把宝石还回去，跟你走。

Conan：你等着瞧吧。

KID 心想：我要把所有取法都想出来，让你一定输！

输入格式：

一个整数 N，表示牌的大小上限。

输出格式：

一个整数。由于取法可能会很多，KID 不想记长串的数字，所以只要你输出总数 mod 10^8 的值就可以了。

输入样例：

5

输出样例：

5

15. 拓扑编号。

题目描述：

H 国有 n 个城市，城市与城市之间有 m 条单向道路，满足任何城市不能通过某条路径回到自己。

现在国王想给城市重新编号，令第 i 个城市的新的编号为 a[i]，满足所有城市的新的编号都互不相同，并且编号为[1，n]之间的整数。国王认为一个编号方案是优美的，当且仅当对于任意的两个城市 i、j，如果 i 能够到达 j，那么 a[i]应当＜a[j]。

优美的编号方案有很多种，国王希望使 1 号城市的编号尽可能小，在此前提下，使得 2 号城市的编号尽可能小，依此类推。

输入格式：

第一行读入 n、m，表示 n 个城市，m 条有向路径。

接下来读入 m 行，每行两个整数：x、y，表示第 x 个城市到第 y 个城市有一条有向路径。

输出格式：

输出一行：n 个整数，第 i 个整数表示第 i 个城市的新编号 a[i]，输出应保证是一个关于 1 到 n 的排列。

输入样例：

5 4
4 1
1 3
5 3
2 5

输出样例：

2 3 5 14

参 考 文 献

[1] T. Cormen, C. Leiserson, R. Riverst and C. Stein. Introduction to Algorithms(2nd Edition). MIT Press, 2001.

[2] Anany Levitin. 算法设计与分析基础. 2 版. 潘彦，译. 北京：清华大学出版社，2007.

[3] D. E. Kunth. Art of Computer Program, volume 1/Fundamental Algorithms, volume 3/Sorting and Searching. Addison Wesley-Publishing Company Inc, 1973.

[4] N. Wirth. Algorithms＋Data Structures＝Program. Prentice Hall Inc, 1976.

[5] Dasgupta, S, 等. 算法概论(注释版)钱枫，邹世明，注释. 北京：机械工业出版社，2009.

[6] 严蔚敏，吴伟民. 数据结构. 2 版. 北京：清华大学出版社，1992.

[7] 司存瑞，苏秋萍. 程序设计与基本算法. 西安：西安电子科技大学出版社，2007.

[8] 司存瑞，苏秋萍. 数据结构与程序实现. 西安：西安电子科技大学出版社，2009.

[9] 宁正元，王秀丽. 算法与数据结构. 北京：清华大学出版社，2006.

[10] 王建德，吴永辉. 新编实用算法分析与程序设计. 北京：电子工业出版社，2008.

[11] Mark Allen Weiss. 数据结构与算法分析. 冯舜玺，译. 北京：机械工业出版社，2007.

[12] Thomas H. Cormen, 等. 算法导论. 3 版. 殷建平，等，译. 北京：机械工业出版社，2012.

[13] 卢开澄. 组合数学. 2 版. 北京：清华大学出版社，1991.

[14] 卢开澄. 卢华明. 图论及其应用. 2 版. 北京：清华大学出版社，1997.

[15] 徐俊明. 图论及其应用. 北京：中国科学技术大学出版社，2004.

[16] 王晓东. 计算机算法设计与分析. 2 版. 北京：电子工业出版社，2004.

[17] 齐德昱. 数据结构与算法. 北京：清华大学出版社，2003.